Technische Anleitung zur Reinhaltung der Luft (TA Luft)

Erste Allgemeine Verwaltungsvorschrift
zum Bundes-Immissionsschutzgesetz

Technische Anleitung zur Reinhaltung der Luft (TA Luft)

vom 27. Februar 1986
mit konkretisierten Dynamisierungsklauseln von 1991

3., überarbeitete und erweiterte Auflage

Fortentwicklung von Anforderungen an die Errichtung
und den Betrieb genehmigungsbedürftiger Anlagen

Verordnung über Verbrennungsanlagen für Abfälle und
ähnliche brennbare Stoffe – 17. BIm.SchV – mit
Auslegungshinweisen
Verordnung über genehmigungsbedürftige Anlagen
– 4. BImSchV –

Carl Heymanns Verlag KG · Köln · Berlin · Bonn · München

Die Deutsche Bibliothek – CIP-Einheitsaufnahme

Technische Anleitung zur Reinhaltung der Luft : (TA Luft) ;
erste Allgemeine Verwaltungsvorschrift zum Bundes-
Immissionsschutzgesetz ; vom 27. Februar 1986 ; mit
konkretisierten Dynamisierungsklauseln von 1991 ;
Fortentwicklung von Anforderungen der TA Luft '86 an die
Errichtung und den Betrieb genehmigungsbedürftiger Anlagen.
Verordnung über die Verbrennungsanlagen für Abfälle und
ähnliche brennbare Stoffe - 17. Blm.SchV - mit
Auslegungshinweisen [u.a]. - 3., überarb. und erw. Aufl. -
Köln ; Berlin ; Bonn ; München : Heymann, 1993
  Nebent. : TA Luft 1986
  ISBN 3-452-22680-8
NE: Beigef. Werk; NT

Das Werk ist urheberrechtlich geschützt. Die dadurch begründeten Rechte, insbesondere
die der Übersetzung, des Nachdruckes, der Entnahme von Abbildungen, der Funksendung,
der Wiedergabe auf photomechanischem oder ähnlichem Wege und der Speicherung in
Datenverarbeitungsanlagen, bleiben vorbehalten.

Carl Heymanns Verlag KG · Köln · Berlin · Bonn · München 1993
ISBN 3-452-22680-8
© Gesamtherstellung: Grafik + Druck, München

Inhaltsübersicht

	Seite
Vorwort zur ersten Auflage	IX
Vorwort zur zweiten und dritten Auflage	XI
Erste Allgemeine Verwaltungsvorschrift	1
Anwendungsbereich	3
Allgemeine Vorschriften zur Reinhaltung der Luft	4
Begriffsbestimmungen und Einheiten im Meßwesen	4
Luftverunreinigungen	4
Immissionen	4
Emissionen	4
Emissionsgrad	5
Emissionswerte und Emissionsbegrenzungen	5
Geruchszahl	6
Einheitenzeichen und Abkürzungen	6
Allgemeine Grundsätze für Genehmigung und Vorbescheid	7
Prüfung der Anträge auf Erteilung einer Genehmigung zur Errichtung und zum Betrieb neuer Anlagen	7
Prüfung der Anträge auf Erteilung einer Teilgenehmigung oder eines Vorbescheides	11
Prüfung der Anträge auf Erteilung einer Änderungsgenehmigung	12
Krebserzeugende Stoffe	12
Ableitung von Abgasen	14
Allgemeines	14
Ableitung über Schornsteine	14
Nomogramm zur Bestimmung der Schornsteinhöhe	16
Ermittlung der Schornsteinhöhe unter Berücksichtigung der Bebauung und des Bewuchses sowie in unebenem Gelände	17
Immissionswerte	18
Immissionswerte zum Schutz vor Gesundheitsgefahren	19
Immissionswerte zum Schutz vor erheblichen Nachteilen und Belästigungen	19
Ermittlung der Immissionskenngrößen	20
Allgemeines	20

	Seite
Kenngrößen für die Vorbelastung – Meßplan –	22
Kenngrößen für die Vorbelastung – Auswertung –	28
Kenngrößen für die Zusatzbelastung	29
Kenngrößen für die Gesamtbelastung	30
Begrenzung und Feststellung der Emissionen	31
Allgemeine Regelungen zur Begrenzung der Emissionen	31
Allgemeines	32
Grundsätzliche Anforderungen	32
Gesamtstaub	33
Staubförmige anorganische Stoffe	34
Staubförmige Emissionen bei Aufbereitung, Herstellung, Umschlag, Transport und Lagerung staubender Güter	36
Dampf- oder gasförmige anorganische Stoffe	39
Organische Stoffe	40
Dampf- oder gasförmige Emissionen beim Verarbeiten, Fördern, Umfüllen oder Lagern von flüssigen organischen Stoffen	41
Geruchsintensive Stoffe	42
VDI-Richtlinien zu Prozeß- und Gasreinigungstechniken	43
Messung und Überwachung der Emissionen	43
Meßplätze	43
Einzelmessungen	44
Kontinuierliche Messungen	46
Fortlaufende Überwachung der Emissionen besonderer Stoffe	51
Besondere Regelungen für bestimmte Anlagenarten	51
Wärmeerzeugung, Bergbau, Energie	51
Steine und Erden, Glas, Keramik, Baustoffe	67
Stahl, Eisen und sonstige Metalle einschließlich Verarbeitung	72
Chemische Erzeugnisse, Arzneimittel, Mineralölraffination und Weiterverarbeitung	79
Oberflächenbehandlung mit organischen Stoffen, Herstellung von bahnenförmigen Materialien aus Kunststoffen, sonstige Verarbeitung von Harzen und Kunststoffen	91
Holz, Zellstoff	94
Nahrungs-, Genuß- und Futtermittel, landwirtschaftliche Erzeugnisse	95
Verwertung und Beseitigung von Reststoffen	100

	Seite
Lagerung, Be- und Entladen von Stoffen	106
Sonstiges	107
Anforderungen an Altanlagen	108
Aufhebung von Vorschriften	112
Inkrafttreten	112

Anhang A	Zusatzbelastungswerte	113
Anhang B	S-Werte	113
Anhang C	Ausbreitungsrechnung	114
Anhang D	Nomogramm zur Bildung der Kenngröße I 2 G	126
Anhang E	Organische Stoffe	127
Anhang F	VDI-Richtlinien zu Prozeß- und Gasreinigungstechniken	131
Anhang G	VDI-Richtlinien zur Emissionsmeßtechnik	135

Fortentwicklung von Anforderungen an die Errichtung und den Betrieb genehmigungsbedürftiger Anlagen

1. Empfehlungen des Länderausschusses für Immissionschutz zur Konkretisierung von Dynamisierungsklauseln der TA Luft   136
2. 17. BImSchV mit Auslegungshinweisen des Länderausschusses für Immissionsschutz   153
3. 4. BImSchV   226

Vorwort zur ersten Auflage

Die Technische Anleitung zur Reinhaltung der Luft – TA Luft – vom 28. August 1974, geändert am 23. Februar 1983, ist abgelöst worden durch die neue TA Luft vom 27. Februar 1986. Damit wird nach der Neufassung des Immissionsteils im Jahre 1983 nach mehrjährigen Vorbereitungen eine umfassende Modernisierung des Rechts der genehmigungsbedürftigen Anlagen erreicht.

Durch das zweite Gesetz zur Änderung des Bundes-Immissionsschutzgesetzes vom 4. Oktober 1985 (BGBl. I S. 1950) sind die Grundlagen für ein Sanierungskonzept für Altanlagen geschaffen worden.

Mit der Verordnung über genehmigungsbedürftige Anlagen – 4. BImschV – vom 24. Juli 1985 (BGBl. I S. 1586) ist die Verordnung vom 14. Februar 1975 abgelöst worden. Bei vielen Anlagenarten sind unter Berücksichtigung ihrer Emissionsrelevanz Änderungen vorgenommen worden. So ist für einige Anlagenarten das Genehmigungserfordernis entfallen und bei anderen der Genehmigungsvorbehalt von einer bestimmten Größe oder Leistung der Anlage oder bestimmten Einsatzstoffen abhängig gemacht worden. In vielen Fällen hat sich auch ihre Zuordnung zum Verfahren mit Öffentlichkeitsbeteiligung oder zum vereinfachten Verfahren geändert.

Mit dem Immissionsteil der Novelle zur TA Luft von 1983 sind im wesentlichen die Vorschriften für die Beurteilung von Luftverunreinigungen aus genehmigungsbedürftigen Anlagen im Hinblick auf den Schutz der menschlichen Gesundheit, den Schutz besonders empfindlicher Tiere und Pflanzen sowie im Hinblick auf erhebliche Nachteile und Belästigungen verbessert worden.

Mit der neuen TA Luft werden für alle genehmigungsbedürftigen Anlagen die Anforderungen zur Emissionsbegrenzung entsprechend dem fortschrittlichen Stand der Technik festgelegt. Das Vorsorgeprinzip wird konsequent mit dem Ziel verfolgt, die notwendigen Maßnahmen an den Quellen der Luftverunreinigung zu treffen und auf diese Weise die Schadstoffbelastung innerhalb weniger Jahre entscheidend zu vermindern.

Die TA Luft erfaßt praktisch den gesamten Industriebereich, insbesondere Hochöfen, Stahlwerke, Zementwerke, Glashütten, Kokereien, Chemieanlagen, Raffinerien, Massentierhaltungen sowie die noch nicht durch die Großfeuerungsanlagen-Verordnung geregelten kleineren Feuerungsanlagen.

Die Emissionswerte sind umso schärfer, je höher das Risikopotential des jeweiligen Schadstoffs ist. Besonders scharfe Anforderungen gelten deshalb für krebserzeugende Stoffe und besonders kritische Schwermetalle.

Gegenüber der TA Luft 1974 ergeben sich zum Teil ganz erhebliche Verschärfungen. So werden beispielsweise die Emissionswerte für Benzol um das Vierfache, für Arsen um das Zwanzigfache und für das besonders gefährliche Cadmium um das Hundertfache gegenüber den Werten von 1974 gesenkt. Völlig neu ist das Sanierungskonzept, nach dem die bestehenden Anlagen in Abhängigkeit von dem Risikopotential der Schadstoffe innerhalb konkreter Fristen auf den Stand von Neuanlagen gebracht werden müssen.

Unterschiede gegenüber der TA Luft 1974 ergeben sich aufgrund der veränderten Systematik des Emissionsteils in Abschnitt 3 und der auf der Grundlage des Zweiten Gesetzes zur Änderung des Bundes-Immissionsschutzgesetzes vom 4. Oktober 1985 (BGBl. I S. 1950) festgelegten Regelungen zur Sanierung der Altanlagen in Abschnitt 4. Die stoffbezogenen Emissionswerte und sonstigen Anforderungen zur Emissionsbegrenzung in den Abschnitten 3.1 und 3.2 gelten grundsätzlich ohne Bezug zu einer Anlagenart. Der Abschnitt 3.3 enthält Ausnahmeregelungen für bestimmte Anlagen. Damit werden überwiegend anlagenspezifische Unterschiede bei Anlagenarten berücksichtigt, bei denen die heutige Abgasreinigungstechnik noch nicht in der Lage ist, die Unterschiede in den Produktionsverfahren auszugleichen. Bei einigen Anlagenarten, bei denen es aufgrund eines fortgeschrittenen Standes der Technik möglich ist, die stoffbezogenen Anforderungen wesentlich zu unterschreiten, wird dies gegenüber den Anforderungen in 3.1 durch eine entsprechende Herabsetzung der Emissionswerte berücksichtigt.

Nach Nummer 4.2.1 sollen alle Altanlagen innerhalb bestimmter Fristen den Anforderungen entsprechen, die für neue Anlagen im Abschnitt festgelegt sind. Dieser Altanlagenregelung liegt die Konzeption zugrunde, daß die Sanierung umso schneller durchgeführt werden soll, je größer das Gefährdungspotential einer Anlage nach Art und Menge der Schadstoffe ist.

Alle Anlagen sollen grundsätzlich spätestens innerhalb von 8 Jahren den neuesten, fortgeschrittenen Stand der Technik von Neuanlagen einhalten.

Im Regelfall müssen Altanlagen innerhalb von 5 Jahren nachgerüstet werden. Altanlagen, die Stoffe mit hohem Gefährdungspotential emittieren oder die mit geringem technischen Aufwand nachzubessern sind, sind innerhalb von 3 Jahren zu sanieren. Die Achtjahresfrist gilt für Anlagen, deren Emissionen nur geringfügig die Werte für Neuanlagen überschreiten.

Die neue TA Luft enthält in Nummer 4.2.10 als marktwirtschaftliches Instrument eine Regelung für Ausgleichsmaßnahmen zwischen Altanlagen. Diese Ausgleichsmaßnahmen sind auf höchstens 8 Jahre begrenzt.

Es wird erwartet, daß durch die neue TA Luft eine drastische Verminderung der Luftschadstoffe erreicht wird.

Vorwort zur zweiten und dritten Auflage

Seit Erlaß der TA Luft 86 sind in einigen Bereichen die Anforderungen zur Luftreinhaltung an die Errichtung und den Betrieb genehmigungsbedürftiger Anlagen fortgeschrieben worden. Darüber hinaus ist die Verordnung über genehmigungsbedürftige Anlagen — 4. BImschV — mehrfach geändert worden, zuletzt durch die Änderungverordnung vom 24. März 1993 (BGBl. I S. 383) und Artikel 9 des Investitionserleichterungs- und Wohnbaulandgesetzes vom 22. April 1993 BGBl. I S. 466). Der sich nach den Änderungen ergebende Wortlaut der 4. BImSchV wird hiermit in das Werk aufgenommen. Hierdurch sind Genehmigungsvorbehalte entfallen oder geändert worden; für Abfallentsorgungsanlagen, mit Ausnahme der Deponien, ist an die Stelle der Planfeststellung die Genehmigung nach den Vorschriften des Bundes-Immissionsschutzgesetzes getreten.

Der Abschnitt 3.3 der **TA Luft** enthält bei den unten genannten Anlagenarten für bestimmte Schadstoffe nur Emissionshöchstwerte als Mindestanforderungen. Der seinerzeit bei diesen Anlagen noch unbefriedigende Stand der Technik zur Emissionsbegrenzung sollte nicht festgeschrieben werden. Mit sogenannten Dynamisierungsklauseln wurden die zuständigen Behörden der Länder verpflichtet, in jedem Einzelfall zu prüfen, ob und mit welchen Maßnahmen die Mindestanforderungen unterschritten werden konnten. Die vom Länderausschuß für Immissionsschutz — LAI — anläßlich seiner 77. Sitzung am 06./08. Mai 1991 ausgesprochenen Empfehlungen mit Lösungsvorschlägen für eine bundeseinheitliche Anwendung der Dynamisierungsklauseln sind anläßlich der zweiten Auflage in dieses Werk aufgenommen worden. Anstelle der unbestimmten, allgemeinen Dynamisierungsklauseln werden für die nachstehend genannten Anlagen die in Frage kommenden technischen Maßnahmen und in den weitaus überwiegenden Fällen auch die damit erreichbaren, strengeren Emissionsbegrenzungen als Konkretisierung angegeben für

— Feuerungsanlagen für feste Brennstoffe oder brennbare Stoffe in Nr. 3.3.1.2.1 und 3.3.1.3.1,
— Feuerungsanlagen für flüssige Brennstoffe oder brennbare Stoffe in Nr. 3.3.1.2.2 und 3.3.1.3.2
— Verbrennungsmotoranlagen mit Selbstzündung in Nr. 3.3. 1.4.1,
— Gasturbinen in Nr. 3.3.1.5.1,
— Koksöfen in Nr. 3.3.1.11.1,

- Zementöfen in Nr. 3.3.2.3.1,
- Brennanlagen für die mineralischen Stoffe Bauxit, Dolomit, Gips, Kalkstein, Kieselgur, Magnesit, Quarzit oder Schamotte in Nr. 3.3.2.4.1,
- Glasschmelzöfen in Nr. 3.3.2.8.1,
- Brennanlagen für keramische Erzeugnisse, z. B. Ziegelöfen, in Nr. 3.3.2.10.1,
- Öfen zum Schmelzen mineralischer Stoffe, z. B. Basalt, in Nr.3.3.2.11.1,
- Wärme- und Wärmebehandlungsöfen von Anlagen zum Walzen von Metallen in Nr. 3.3.3.6.1,
- Kontinuierliche Beizanlagen in Nr. 3.3.3.10.1,
- Lackieranlagen in Nr. 3.3.5.1.1 und 3.3.5.1.2,
- Anlagen mit Rotationsdruckmaschinen zum Bedrucken von bahnen- oder tafelförmigen Materialien in Nr. 3.3.5.2.1,
- Anlagen zum Tränken von Glasfasern oder Mineralfasern mit Kunstharzen in Nr. 3.3.5.3.1 und
- Prüfstände für oder mit Verbrennungsmotoren.

Bei diesen Vorschriften der TA Luft wird jeweils durch Fußnoten auf die entsprechende Empfehlung des LAI zur **Konkretisierung der Dynamisierungsklausel** hingewiesen.

Mit der **Siebzehnten Verordnung** zur Durchführung des Bundes-Immissionsschutzgesetzes (Verordnung über Verbrennungsanlagen für Abfälle und ähnliche brennbare Stoffe — 17. BImschV — vom 23. November 1990 (BGBl. I S. 2545, 2832) sind die Anforderungen an die Errichtung und den Betrieb von Anlagen, in denen feste oder flüssige Abfälle verbrannt oder ähnliche feste oder flüssige brennbare Stoffe zielgerichtet der Verbrennung zugeführt werden, verbindlich festgelegt und z. Tl. gegenüber den Anforderungen der TA Luft erheblich verschärft worden. Vom Anwendungsbereich der Verordnung sind lediglich die Anlagen ausgenommen, in denen ausschließlich Stoffe verbrannt werden, die in

- Nr. 1.2 des Anhangs der 4. BImschV oder
- § 1 Abs. 3 der 17. BImschV

aufgeführt sind. Die Verordnung gilt für neue Anlagen und für die zum Zeitpunkt des Inkrafttretens der Verordnung im Bau oder in Betrieb befindlichen Anlagen (Altanlagen).

Die 17. BImschV ist anläßlich der zweiten Auflage in dieses Werk aufgenommen worden, weil sie sich auf Anlagenarten auswirkt, für die Anforderungen in der TA Luft festgelegt sind. Insbesondere wirkt sie sich auf Anlagenarten aus, die in den Nummern 3.3.1.2 bis 3.3.1.3.2, 3.3.8.1.1 und 3.3.8.3.1 der TA Luft aufgeführt sind. Darüber hinaus ergeben sich regelmäßig Auswirkungen auf sonstige immissionsschutzrechtlich genehmigungsbedürftige Anlagen, z.B. Kraftwerke, Zement- und Kalköfen, soweit neben handelsüblichen Brennstoffen Abfälle oder sonstige unter den Anwendungsbereich der Verordnung fallende brennbare Stoffe zielgerichtet verbrannt werden.

Im Zusammenhang mit dem Vollzug der Verordnung sind in den Ländern, insbesondere zum Anwendungsbereich der Verordnung, viele Zweifelsfragen aufgetreten. Der LAI hat anläßlich seiner 82. Sitzung vom 12. bis 14. Oktober 1992 im Interesse einer bundeseinheitlichen Klärung einen Fragen- und Antwortenkatalog verabschiedet. Die Fragen mit den begründeten Antwortvorschlägen werden nunmehr zu den entsprechenden §§ der Verordnung abgedruckt.

Erste Allgemeine Verwaltungsvorschrift
zum Bundes-Immissionschutzgesetz
(Technische Anleitung zur Reinhaltung der Luft — TA Luft)

Vom 27. Februar 1986 [1]

Nach § 48 des Bundes-Immissionsschutzgesetzes (BImSchG) vom 15. März 1974 (BGBl. I S. 721), geändert durch Artikel 1 des Gesetzes vom 4. Oktober 1985 (BGBl. I S. 1950), erläßt die Bundesregierung nach Anhörung der beteiligten Kreise mit Zustimmung des Bundesrates folgende allgemeine Verwaltungsvorschrift.

Inhaltsübersicht

1	Anwendungsbereich
2	Allgemeine Vorschriften zur Reinhaltung der Luft
2.1	Begriffsbestimmungen und Einheiten im Meßwesen
2.1.1	Luftverunreinigungen
2.1.2	Immissionen
2.1.3	Emissionen
2.1.4	Emissionsgrad
2.1.5	Emissionswerte und Emissionsbegrenzungen
2.1.6	Geruchszahl
2.1.7	Einheitenzeichen und Abkürzungen
2.2	Allgemeine Grundsätze für Genehmigung und Vorbescheid
2.2.1	Prüfung der Anträge auf Erteilung einer Genehmigung zur Errichtung und zum Betrieb neuer Anlagen
2.2.2	Prüfung der Anträge auf Erteilung einer Teilgenehmigung oder eines Vorbescheides
2.2.3	Prüfung der Anträge auf Erteilung einer Änderungsgenehmigung
2.3	Krebserzeugende Stoffe
2.4	Ableitung von Abgasen
2.4.1	Allgemeines
2.4.2	Ableitung über Schornsteine
2.4.3	Nomogramm zur Bestimmung der Schornsteinhöhe

---

[1] Veröffentlichung im Gemeinsamen Ministerialblatt (GMBL) Nr. 7 vom 28. 2. 1986 S. 95. Berichtigung in Nr. 11 vom 25. 4. 1986 S. 202.

2.4.4	Ermittlung der Schornsteinhöhe unter Berücksichtigung der Bebauung und des Bewuchses sowie in unebenem Gelände
2.5	Immissionswerte
2.5.1	Immissionswerte zum Schutz vor Gesundheitsgefahren
2.5.2	Immissionswerte zum Schutz vor erheblichen Nachteilen und Belästigungen
2.6	Ermittlung der Immissionskenngrößen
2.6.1	Allgemeines
2.6.2	Kenngrößen für die Vorbelastung — Meßplan —
2.6.3	Kenngrößen für die Vorbelastung — Auswertung —
2.6.4	Kenngrößen für die Zusatzbelastung
2.6.5	Kenngrößen für die Gesamtbelastung
3	Begrenzung und Feststellung der Emissionen
3.1	Allgemeine Regelungen zur Begrenzung der Emissionen
3.1.1	Allgemeines
3.1.2	Grundsätzliche Anforderungen
3.1.3	Gesamtstaub
3.1.4	Staubförmige anorganische Stoffe
3.1.5	Staubförmige Emissionen bei Aufbereitung, Herstellung, Umschlag, Transport und Lagerung staubender Güter
3.1.6	Dampf- oder gasförmige anorganische Stoffe
3.1.7	Organische Stoffe
3.1.8	Dampf- oder gasförmige Emissionen beim Verarbeiten, Fördern, Umfüllen oder Lagern von flüssigen organischen Stoffen
3.1.9	Geruchsintensive Stoffe
3.1.10	VDI-Richtlinien zu Prozeß- und Gasreinigungstechniken
3.2	Messung und Überwachung der Emissionen
3.2.1	Meßplätze
3.2.2	Einzelmessungen
3.2.3	Kontinuierliche Messungen
3.2.4	Fortlaufende Überwachung der Emissionen besonderer Stoffe
3.3	Besondere Regelungen für bestimmte Anlagenarten
3.3.1	Wärmeerzeugung, Bergbau, Energie
3.3.2	Steine und Erden, Glas, Keramik, Baustoffe
3.3.3	Stahl, Eisen und sonstige Metalle einschließlich Verarbeitung

3.3.4	Chemische Erzeugnisse, Arzneimittel, Mineralölraffination und Weiterverarbeitung
3.3.5	Oberflächenbehandlung mit organischen Stoffen, Herstellung von bahnenförmigen Materialien aus Kunststoffen, sonstige Verarbeitung von Harzen und Kunststoffen
3.3.6	Holz, Zellstoff
3.3.7	Nahrungs-, Genuß- und Futtermittel, landwirtschaftliche Erzeugnisse
3.3.8	Verwertung und Beseitigung von Reststoffen
3.3.9	Lagerung, Be- und Entladen von Stoffen
3.3.10	Sonstiges
4	Anforderungen an Altanlagen
5	Aufhebung von Vorschriften
6	Inkrafttreten

Anhang A	Zusatzbelastungswerte
Anhang B	S-Werte
Anhang C	Ausbreitungsrechnung
Anhang D	Nomogramm zur Bildung der Kenngröße I 2 G
Anhang E	Organische Stoffe
Anhang F	VDI-Richtlinien zu Prozeß- und Gasreinigungstechniken
Anhang G	VDI-Richtlinien zur Emissionsmeßtechnik

1 **Anwendungsbereich**

Diese Technische Anleitung dient dem Schutz der Allgemeinheit und der Nachbarschaft vor schädlichen Umwelteinwirkungen durch Luftverunreinigungen sowie der Vorsorge gegen schädliche Umwelteinwirkungen durch Luftverunreinigungen. Sie gilt für die nach § 4 BImSchG i.V. mit der Verordnung über genehmigungsbedürftige Anlagen (4. BImSchV) genehmigungsbedürftigen Anlagen.[2]

Sie enthält Vorschriften zur Reinhaltung der Luft, die zu beachten sind bei

a) der Prüfung der Anträge auf Erteilung einer Genehmigung zur Errichtung und zum Betrieb einer Anlage (§ 6 BImSchG) sowie zur wesentlichen Änderung der Lage, der

[2] vgl. 4. BImSchV S. xxx

Beschaffenheit oder des Betriebes einer Anlage (§ 15 BImSchG),

b) der Prüfung der Anträge auf Erteilung einer Teilgenehmigung oder eines Vorbescheides (§ 8, § 9 BImSchG),

c) nachträgliche Anordnungen (§ 17 BImSchG) und

d) der Anordnung über Ermittlungen von Art und Ausmaß der von einer Anlage ausgehenden Emissionen sowie der Immissionen im Einwirkungsbereich der Anlage (§ 26 BImSchG).

2 Allgemeine Vorschriften zur Reinhaltung der Luft

2.1 *Begriffsbestimmungen und Einheiten im Meßwesen*

2.1.1 Luftverunreinigungen

Luftverunreinigungen im Sinne dieser Anleitung sind Veränderungen der natürlichen Zusammensetzung der Luft, insbesondere durch Rauch, Ruß, Staub, Gase, Aerosole, Dämpfe oder Geruchsstoffe; zu den Dämpfen kann auch Wasserdampf gehören.

2.1.2 Immissionen

Immissionen im Sinne dieser Anleitung sind auf Menschen sowie Tiere, Pflanzen oder andere Sachen einwirkende Luftverunreinigungen.

Immissionen werden wie folgt angegeben:

Massenkonzentration
als Masse der luftverunreinigenden Stoffe bezogen auf das Volumen der verunreinigten Luft in den Einheiten g/m^3, mg/m^3 oder $\mu g/m^3$;

Staubniederschlag
als zeitbezogene Massenbedeckung in den Einheiten $g/(m^2 d)$ oder $mg/(m^2 d)$.

2.1.3 Emissionen

Emissionen im Sinne dieser Anleitung sind die von einer Anlage ausgehenden Luftverunreinigungen.

Emissionen werden wie folgt angegeben:

a) Masse der emittierten Stoffe bezogen auf das Volumen

aa) von Abgas im Normzustand (0°C; 1013 mbar) nach Abzug des Feuchtegehaltes an Wasserdampf

bb) von Abgas (f) im Normzustand (0°C; 1013 mbar) vor Abzug des Feuchtegehaltes an Wasserdampf als Massenkonzentration in den Einheiten g/m^3 oder mg/m^3;

b) Masse der emittierten Stoffe bezogen auf die Zeit als Massenstrom in den Einheiten kg/h, g/h oder mg/h; der Massenstrom ist die während einer Betriebsstunde bei bestimmungsgemäßem Betrieb einer Anlage unter den für die Luftreinhaltung ungünstigsten Betriebsbedingungen auftretende gesamte Emission;

c) Verhältnis der Masse der emittierten Stoffe zu der Masse der erzeugten oder verarbeiteten Produkte (Emissionsfaktoren) als Massenverhältnis in den Einheiten kg/t oder g/t.

Abgase im Sinne dieser Anleitung sind die Trägergase mit den festen, flüssigen oder gasförmigen Emissionen.

Die Luftmengen, die einer Einrichtung der Anlage zugeführt werden, um das Abgas zu verdünnen oder zu kühlen, bleiben bei der Bestimmung der Massenkonzentration unberücksichtigt.

2.1.4 Emissionsgrad

Emissionsgrad im Sinne dieser Anleitung ist das Verhältnis der im Abgas emittierten Masse eines luftverunreinigenden Stoffes zu der mit den Brenn- oder Einsatzstoffen zugeführten Masse; er wird angegeben als Vomhundertsatz.

2.1.5 Emissionswerte und Emissionsbegrenzungen

Emissionswerte im Sinne dieser Anleitung sind Grundlagen für Emissionsbegrenzungen.

Emissionsbegrenzungen sind die im Genehmigungsbescheid oder in einer nachträglichen Anordnung festzulegenden

a) zulässigen Massenkonzentrationen von Luftverunreinigungen im Abgas mit der Maßgabe, daß

aa) sämtliche Tagesmittelwerte die festgelegte Massenkonzentration, bb) 97 vom Hundert aller Halbstundenmittelwerte Sechsfünftel der festgelegten Massenkonzentration und

cc) sämtliche Halbstundenmittelwerte das 2fache der festgelegten Massenkonzentration

nicht überschreiten,

b) zulässigen Massenverhältnisse,
c) zulässigen Emissionsgrade,
d) zulässigen Massenströme,
e) einzuhaltenden Geruchsminderungsgrade oder
f) sonstigen Anforderungen zur Vorsorge gegen schädliche Umwelteinwirkungen durch Luftverunreinigungen.

2.1.6 Geruchszahl

Geruchszahl im Sinne dieser Anleitung ist das olfaktometrisch gemessene Verhältnis der Volumenströme bei Verdünnung einer Abgasprobe bis zur Geruchsschwelle; sie wird angegeben als Vielfaches der Geruchsschwelle.

2.1.7 Einheitenzeichen und Abkürzungen

µm	Mikrometer;	1 µm	=	0,001 mm
ng	Nanogramm;	1 ng	=	0,001 µg
µg	Mikrogramm;	1 µg	=	0,001 mg
mg	Milligramm;	1 mg	=	0,001 g
mbar	Millibar;	1 mbar	=	0,001 bar = 100 Pa
kJ/kg	Kilojoule durch Kilogramm			
MW	Megawatt			
m^3/h	Kubikmeter durch Stunde (Volumenstrom)			
kn	Knoten; 1 kn = 0,514 m/s			
t	Tonne			
h	Stunde			
d	Tag			

2.2 *Allgemeine Grundsätze für Genehmigung und Vorbescheid*

2.2.1 Prüfung der Anträge auf Erteilung einer Genehmigung zur Errichtung und zum Betrieb neuer Anlagen

Eine Genehmigung zur Errichtung und zum Betrieb einer genehmigungsbedürftigen Anlage ist nach § 6 Nr. 1 in Verbindung mit § 5 Abs. 1 Nr. 1 und 2 BImSchG nur zu erteilen, wenn sichergestellt ist, daß die Anlage so errichtet und betrieben wird, daß

a) die von der Anlage ausgehenden Luftverunreinigungen keine schädlichen Umwelteinwirkungen für die Allgemeinheit und die Nachbarschaft hervorrufen können und

b) Vorsorge gegen schädliche Umwelteinwirkungen durch Luftverunreinigungen dieser Anlage getroffen ist.

2.2.1.1 Prüfung von Gesundheitsgefahren

a) Der Schutz vor Gesundheitsgefahren durch Schadstoffe, für die Immissionswerte in 2.5.1 festgelegt sind, ist sichergestellt, wenn die Kenngrößen für die Gesamtbelastung die Immissionswerte auf keiner Beurteilungsfläche (2.6.2.3) überschreiten. Der Schutz vor Gesundheitsgefahren durch Schadstoffe, für die Immissionswerte in 2.5.2 festgelegt sind, ist auf jeden Fall dann sichergestellt, wenn die Kenngrößen für die Gesamtbelastung die Immissionswerte auf keiner Beurteilungsfläche (2.6.2.3) überschreiten; im übrigen ist 2.2.1.3 anzuwenden.

b) Überschreitet eine Kenngröße für die Vorbelastung der in 2.5.1 genannten Schadstoffe auf einer Beurteilungsfläche einen Immissionswert, darf die Genehmigung wegen dieser Überschreitung nicht versagt werden, wenn hinsichtlich des jeweiligen Schadstoffs

aa) die Zusatzbelastung I 1 Z auf dieser Beurteilungsfläche 1 vom Hundert des Immissionswertes IW 1 nicht überschreitet und

bb) durch eine Bedingung sichergestellt ist, daß in der Regel spätestens 6 Monate nach Inbetriebnahme der Anlage Sanierungsmaßnahmen (Stillegung, Beseitigung oder Änderung) an bestehenden Anlagen des Antragstellers oder Dritter durchgeführt sind, die geeignet sind, die Immissionen auf dieser Beurteilungsfläche im Jahresmittel trotz der Zusatzbelastung zu vermindern; diese Voraussetzung ist bei Anlagen in einem Belastungsgebiet nach § 44 Abs. 2 BImSchG als erfüllt anzusehen, wenn sichergestellt ist, daß durch die in einem Luftreinhalteplan festgelegten Maßnahmen innerhalb von 3 Jahren trotz der Zusatzbelastung die Immissionen im Jahresmittel vermindert werden.

Ist die Stillegung, Beseitigung oder Änderung Folge einer vor Antragstellung ergangenen behördlichen Entscheidung, so ist die Maßnahme nicht zu berücksichtigen. Verminderungen von Immissionen durch Verbesserung der Ableitbedingungen sind nur dann anzurechnen, wenn hinsichtlich des jeweiligen Schadstoffs die Maßnahmen zur Begrenzung der Emissionen dem Stand der Technik (§ 3 Abs. 6 BImSchG) entsprechen.

Um zu erproben, in welchem Maß durch Verzicht auf Einhaltung der Regelung in Doppelbuchstabe aa Sanierungsmaßnahmen in einem größeren Umfang durchgeführt und damit im Ergebnis zusätzliche Verbesserungen der Luftqualität erzielt werden können, kann in Belastungsgebieten, in denen die Schornsteinhöhe auf Grund anderer Vorschriften begrenzt ist, auf die Einhaltung der Regelung in Doppelbuchstabe aa verzichtet werden, wenn bei Inbetriebnahme der Anlage Sanierungsmaßnahmen durchgeführt worden sind, die sicherstellen, daß die Immissionen im Jahresmittel vermindert werden und die Emissionen unter Beachtung des Grundsatzes der Verhältnismäßigkeit so weit wie möglich begrenzt werden.

2.2.1.2 Prüfung von erheblichen Nachteilen und erheblichen Belästigungen

a) Der Schutz vor erheblichen Nachteilen und erheblichen Belästigungen durch Schadstoffe, für die Immissionswerte in 2.5.1 oder 2.5.2 festgelegt sind, ist vorbehaltlich der Regelung des Absatzes 2 sichergestellt, wenn die Kenngrößen für die Gesamtbelastung die Immissionswerte auf keiner Beurteilungsfläche (2.6.2.3) überschreiten.

Im Hinblick auf besonders empfindliche Tiere, Pflanzen und Sachgüter ist bei Schwefeldioxid, Fluorwasserstoff und anorganischen gasförmigen Fluorverbindungen 2.2.1.3 anzuwenden, wenn die Zusatzbelastung I 1 Z die in Anhang A festgelegten Werte überschreitet.

b) Der Schutz vor erheblichen Nachteilen und erheblichen Belästigungen durch Schadstoffe, für die Immissionswerte in 2.5.1 festgelegt sind, ist trotz einer Überschreitung dieser Immissionswerte auch sichergestellt, wenn die Voraussetzungen nach 2.2.1.1 Buchstabe b vorliegen.

c) Überschreitet eine Kenngröße für die Vorbelastung der in 2.5.2 genannten Schadstoffe auf einer Beurteilungsfläche einen Immissionswert, darf die Genehmigung, ohne daß es einer Prüfung nach 2.2.1.3 bedarf, wegen dieser Überschreitung nicht versagt werden, wenn hinsichtlich des jeweiligen Schadstoffes die Zusatzbelastung I 1 Z auf dieser Beurteilungsfläche die in Anhang A festgelegten Werte nicht überschreitet.

d) Überschreitet eine Kenngröße für die Gesamtbelastung der in 2.5.2 genannten Schadstoffe auf einer Beurteilungsfläche einen Immissionswert, darf die Genehmigung wegen dieser Überschreitung nicht versagt werden, wenn eine Prüfung nach 2.2.1.3 Abs. 3 Buchstaben b und c hinsichtlich des jeweiligen Schadstoffes ergibt, daß wegen besonderer Umstände des Einzelfalles weder für die Allgemeinheit noch für die Nachbarschaft erhebliche Nachteile oder erhebliche Belästigungen hervorgerufen werden können.

2.2.1.3 Prüfung, soweit Immissionswerte nicht festgelegt sind, und Prüfung in Sonderfällen

Bei Schadstoffen, für die Immissionswerte in 2.5 nicht festgelegt sind, und in den Fällen, in denen auf 2.2.1.3 verwiesen wird, ist eine Prüfung, ob schädliche Umwelteinwirkungen hervorgerufen werden können, erforderlich, wenn hierfür hinreichende Anhaltspunkte bestehen.

Die Prüfung dient

a) der Feststellung, zu welchen Einwirkungen die von der Anlage ausgehenden Luftverunreinigungen im Beurteilungsgebiet führen; Art und Umfang der Feststellung bestimmen sich nach dem Grundsatz der Verhältnismäßigkeit;

und

b) der Beurteilung, ob diese Einwirkungen als Gefahren, erhebliche Nachteile oder erhebliche Belästigungen für die Allgemeinheit oder die Nachbarschaft anzusehen sind; die Beurteilung richtet sich nach dem Stand der Wissenschaft und der allgemeinen Lebenserfahrung.

Für die Beurteilung, ob Gefahren, Nachteile oder Belästigungen erheblich sind, gilt:

a) Gefahren für die menschliche Gesundheit sind stets erheblich. Ob Gefahren für Tiere, Pflanzen und andere Sachen erheblich sind, ist nach Buchstaben b und c zu beurteilen.

b) Nachteile oder Belästigungen sind für die Allgemeinheit erheblich, wenn sie nach Art, Ausmaß oder Dauer das Gemeinwohl beeinträchtigen.

c) Nachteile oder Belästigungen sind für die Nachbarschaft erheblich, wenn sie nach Art, Ausmaß oder Dauer unzumutbar sind.

Bei der Beurteilung nach Buchstaben b und c sind insbesondere zu berücksichtigen:

— Die in Bebauungsplänen festgelegte Nutzung der Grundstücke,
— landes- oder fachplanerische Ausweisungen,
— eine etwaige Prägung durch die jeweilige Luftverunreinigung,
— die Nutzung der Grundstücke unter Beachtung des Gebots zur gegenseitigen Rücksichtnahme im Nachbarschaftsverhältnis,
— vereinbarte oder angeordnete Nutzungsbeschränkungen und
— im Zusammenhang mit dem Vorhaben stehende Sanierungsmaßnahmen an Anlagen des Antragstellers oder Dritter.

Falls nach 2.2.1.2 Buchstabe c eine Prüfung nach 2.2.1.3 erforderlich ist, ist im Hinblick auf Lebens- und Futtermittel bei Blei, Cadmium oder Thallium und deren anorganischen Verbindungen als Bestandteile des Staubniederschlags auch eine überhöhte Bodenbelastung zu berücksichtigen.

2.2.1.4 Vorsorge

Zur Vorsorge gegen schädliche Umwelteinwirkungen durch Luftverunreinigungen müssen die Anlagen den Anforderungen nach 3 entsprechen; die Emissionen sind nach 2.4 abzuleiten. Ob sonstige Maßnahmen zur Vorsorge erforderlich sind, ist aufgrund des § 5 Abs. 1 Nr. 2 BImSchG im Einzelfall zu entscheiden.

Sonstige Maßnahmen (z. B. Einsatz emissionsarmer Brenn- und Arbeitsstoffe, Betriebseinschränkungen, Einhaltung von Abständen) sollen insbesondere getroffen werden, wenn das Beurteilungsgebiet der Anlage ganz oder teilweise in einem durch Rechtsverordnung nach § 49 Abs. 2 BImSchG ausgewiesenen Gebiet oder in einem Gebiet liegt, in dem nach Feststellungen in amtlichen meteorologischen Gutachten, insbesondere durch den Deutschen Wetterdienst, austauscharme Wetterlagen besonders häufig sind und in dem während austauscharmer Wetterlagen ein anhaltendes und erhebliches Ansteigen der Immissionen zu befürchten ist.

In Gebieten, in denen die Immissionsbelastung durch Schwefeldioxid im Jahresmittel die Massenkonzentration 0,05 oder 0,06 mg/m^3 nicht überschreitet, soll bei der Genehmigung von Anlagen außerhalb von Belastungsgebieten dafür Sorge getragen werden, daß dieser Wert eingehalten wird.

2.2.1.5 Krebserzeugende Stoffe

Zum Schutz vor schädlichen Umwelteinwirkungen durch krebserzeugende Stoffe sind deren Emissionen nach 2.3 zu begrenzen und nach 2.4 abzuleiten.

2.2.2 Prüfung der Anträge auf Erteilung einer Teilgenehmigung oder eines Vorbescheides

Bei der Entscheidung über die Erteilung eines Vorbescheides oder einer Teilgenehmigung ist 2.2.1 anzuwenden. Hinsichtlich der nach § 8 oder § 9 BImSchG vorgeschriebenen vorläufigen Prüfung der Gesamtanlage findet 2.2.1 entsprechend Anwendung. Der Umfang der Prüfung wird durch den Antragsgegenstand und das Erfordernis eines vorläufigen Gesamturteils bestimmt.

2.2.3 Prüfung der Anträge auf Erteilung einer Änderungsgenehmigung

2.2.3.1 Nach § 15 Abs. 1 Satz 1 BImSchG bedarf die wesentliche Änderung der Lage, der Beschaffenheit oder des Betriebs einer genehmigungsbedürftigen Anlage der Genehmigung. Änderungen, die zu einer erheblichen Abweichung von den der letzten Genehmigung zugrundeliegenden Emissions- oder Immissionsverhältnissen führen können, sind wesentlich und damit genehmigungsbedürftig. Über den Antrag ist möglichst innerhalb von 6 Monaten zu entscheiden.

Zu prüfen sind die Anlagenteile und Verfahrensschritte, die geändert werden sollen, sowie die Anlagenteile und Verfahrensschritte, auf die sich die Änderung auswirken wird.

Eine wesentliche Änderung bedarf nicht der Genehmigung, wenn sie der Erfüllung einer nachträglichen Anordnung nach § 17 BImSchG dient, die abschließend bestimmt, in welcher Weise die Lage, die Beschaffenheit oder der Betrieb der Anlage zu ändern ist.

2.2.3.2 Bei der Entscheidung über die Erteilung einer Änderungsgenehmigung ist 2.2.1 anzuwenden. Bei der Festlegung der Anforderungen, die allein der Vorsorge dienen, ist zu prüfen, inwieweit auch bei den Anlagenteilen und Verfahrensschritten, auf die sich die Änderungen auswirken, die sich nach 3 ergebenden Anforderungen in vollem Umfang zu verlangen sind. Eine Genehmigung darf auch dann nicht versagt werden, wenn die Kenngröße für die Vorbelastung der in 2.5 genannten Schadstoffe auf einzelnen Beurteilungsflächen die Immissionswerte zwar überschreitet, die Änderung aber ausschließlich oder weit überwiegend der Verminderung der Immissionen dient.

2.3 *Krebserzeugende Stoffe*

Die im Abgas enthaltenen Emissionen krebserzeugender Stoffe sind unter Beachtung des Grundsatzes der Verhältnismäßigkeit so weit wie möglich zu begrenzen.

Auf Teil III A 1 und A 2 der MAK-Werte-Liste (Liste der Maximalen Arbeitsplatzkonzentrationen der Senatskommission zur Prüfung gesundheitsschädlicher Arbeitsstoffe der Deutschen Forschungsgemeinschaft) wird hingewiesen.

Die nachstehend genannten krebserzeugenden Stoffe dürfen, auch beim Vorhandensein mehrerer Stoffe derselben Klasse, folgende Massenkonzentrationen im Abgas nicht überschreiten:

Klasse I
Asbest (Chrysotil, Krokydolith, Amosit, Anthophyllit, Aktinolith und Tremolit) als Feinstaub
Benzo(a)pyren
Beryllium und seine Verbindungen in atembarer Form, angegeben als Be
Dibenz(a,h)anthracen
2-Naphthylamin
bei einem Massenstrom von
0,5 g/h oder mehr   0,1 mg/m^3

Klasse II
Arsentrioxid und Arsenpentoxid, arsenige Säure und ihre Salze, Arsensäure und ihre Salze (in atembarer Form), angegeben als As
Chrom(VI)verbindungen (in atembarer Form), soweit Calciumchromat, Chrom(III)chromat, Strontiumchromat und Zinkchromat, angegeben als Cr
Cobalt (in Form atembarer Stäube/Aerosole von Cobaltmetall und schwerlöslichen Cobaltsalzen), angebenen als Co
3,3'-Dichlorbenzidin
Dimethylsulfat
Ethylenimin
Nickel (in Form atembarer Stäube/Aerosole von Nickelmetall, Nickelsulfid und sulfidischen Erzen, Nickeloxid und Nickelcarbonat, Nickeltetracarbonyl), angegeben als Ni
bei einem Massenstrom von 5 g/h oder mehr   1 mg/m^3
Klasse III
Acrylnitril

Benzol
1,3-Butadien
1-Chlor-2,3-epoxypropan
(Epichlorhydrin)
1,2-Dibromethan
1,2-Epoxypropan
Ethylenoxid
Hydrazin
Vinylchlorid
bei einem Massenstrom von
25 g/h oder mehr   5 mg/m^3

Beim Vorhandensein von Stoffen mehrerer Klassen darf unbeschadet des Absatzes 3 beim Zusammentreffen von Stoffen der Klassen I und II die Massenkonzentration im Abgas insgesamt 1 mg/m^3 sowie beim Zusammentreffen von Stoffen der Klassen I und III oder der Klassen II und III die Massenkonzentration im Abgas insgesamt 5 mg/m^3 nicht überschreiten.

2.4 *Ableitung von Abgasen*

2.4.1 Allgemeines

Abgase sind so abzuleiten, daß ein ungestörter Abtransport mit der freien Luftströmung ermöglicht wird; in der Regel ist eine Ableitung über Schornsteine erforderlich.

2.4.2 Ableitung über Schornsteine

Werden die Abgase über einen Schornstein abgeleitet, ist dessen Höhe nach 2.4.3 und 2.4.4 zu bestimmen. Der Schornstein soll mindestens eine Höhe von zehn Meter über der Flur und eine den Dachfirst um drei Meter überragende Höhe haben. Bei einer Dachneigung von weniger als 20 Grad ist die Höhe des Dachfirstes unter Zugrundelegung einer Neigung von 20 Grad zu berechnen; die Schornsteinhöhe soll jedoch das Zweifache der Gebäudehöhe nicht übersteigen.

Ergeben sich mehrere etwa gleich hohe Schornsteine mit gleichartigen Emissionen, so ist zu prüfen, inwieweit diese Emissionen bei der Bestimmung der Schornsteinhöhe zusammenzufassen sind. Dies gilt insbesondere, wenn der horizontale Abstand zwischen den einzelnen Schornsteinen nicht mehr als das 1,4fache der Schornsteinhöhe beträgt oder soweit zur Vermeidung von Überlagerungen der Abgasfahnen verschieden hohe Schornsteine erforderlich sind.

Wenn bei einer nach Absatz 1 bestimmten Schornsteinhöhe die nach dem Meß- und Beurteilungsverfahren (2.6) zu ermittelnde Kenngröße für die Gesamtbelastung I 1 G (2.6.5) den Immissionswert IW 1 (2.5) überschreitet, ist zunächst eine Verminderung der Emissionen anzustreben. Ist dies nicht möglich, muß die Schornsteinhöhe so weit erhöht werden, daß dadurch ein Überschreiten des Immissionswertes IW 1 verhindert wird.

Die Schornsteinhöhe nach 2.4.3 soll vorbehaltlich abweichender Regelungen 250 m nicht überschreiten; ergibt sich eine größere Schornsteinhöhe als 200 m, sollen weitergehende Maßnahmen zur Emissionsbegrenzung angestrebt werden.

Absatz 1 findet bei anderen als Feuerungsanlagen keine Anwendung bei geringen Emissionsmassenströmen sowie in den Fällen, in denen nur innerhalb weniger Stunden des Jahres aus Sicherheitsgründen Abgase emittiert werden; in diesen Fällen sind die in der VDI-Richtlinie 3781 Blatt 4 (Ausgabe November 1980) oder in der VDI-Richtlinie 2280 Abschnitt 3 (Ausgabe August 1977) angegebenen Anforderungen sinngemäß so anzuwenden, daß eine ausreichende Verdünnung und ein ungestörter Abtransport der Abgase mit der freien Luftströmung sichergestellt sind.

2.4.3 Nomogramm zur Bestimmung der Schornsteinhöhe

Die Schornsteinhöhe ist nach der Abbildung 1 zu bestimmen.

Es bedeuten:

H' in m	Schornsteinhöhe aus Nomogramm
d in m	Innendurchmesser des Schornsteins oder äquivalenter Innendurchmesser der Querschnittfläche
t in °C	Temperatur des Abgases an der Schornsteinmündung
R in m^3/h	Volumenstrom des Abgases im Normzustand nach Abzug des Feuchtegehaltes an Wasserdampf
Q in kg/h	Emissionsmassenstrom des emittierten luftverunreinigenden Stoffes aus der Emissionsquelle

Nomogramm zur Ermittlung der Schornsteinhöhe

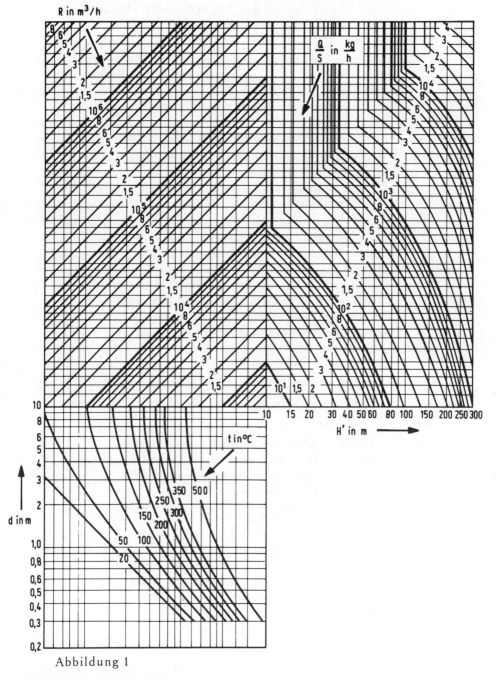

Abbildung 1

S Faktor für die Schornsteinhöhenbestimmung; für S sind in der Regel die in Anhang B festgelegten Werte einzusetzen.

Für t, R und Q sind jeweils die Werte einzusetzen, die sich beim bestimmungsgemäßen Betrieb unter den für die Luftreinhaltung ungünstigsten Betriebsbedingungen ergeben, insbesondere hinsichtlich des Einsatzes der Brenn- bzw. Rohstoffe. Bei der Emission von Stickstoffmonoxid ist ein Umwandlungsgrad von 60 vom Hundert zu Stickstoffdioxid zugrunde zu legen; dies bedeutet, daß der Emissionsmassenstrom von Stickstoffmonoxid mit dem Faktor 0,92 zu multiplizieren und als Emissionsmassenstrom Q von Stickstoffdioxid im Nomogramm einzusetzen ist.

Für S kann die zuständige oberste Landesbehörde in nach § 44 Abs. 2 BImSchG festgesetzten Belastungsgebieten, in den Fällen nach 2.2.1.1 Buchstabe b sowie nach 2.2.1.4 Abs. 3 kleinere Werte vorschreiben. Sie sollen 75 vom Hundert der in Anhang B festgelegten S-Werte nicht unterschreiten.

2.4.4 Ermittlung der Schornsteinhöhe unter Berücksichtigung der Bebauung und des Bewuchses sowie in unebenem Gelände

In den Fällen, in denen die geschlossene, vorhandene oder nach einem Bebauungsplan zulässige Bebauung oder der geschlossene Bewuchs mehr als 5 vom Hundert der Fläche des Beurteilungsgebietes beträgt, wird die nach 2.4.3 bestimmte Schornsteinhöhe H' um den Zusatzbetrag J erhöht. Der Wert J in m ist aus Abbildung 2 zu ermitteln.

Es bedeuten:

H in m Schornsteinbauhöhe (H = H' + J)

J' in m Mittlere Höhe der geschlossenen vorhandenen oder nach einem Bebauungsplan zulässigen Bebauung oder des geschlossenen Bewuchses über Flur

Bei der Bestimmung der Schornsteinhöhe ist eine unebene Geländeform zu berücksichtigen, wenn die Anlage in einem Tal liegt oder die Ausbreitung der Emissionen durch Geländeerhebungen gestört wird. In den Fällen, in denen die Voraussetzungen für eine Anwendung der VDI-Richtlinie 3781

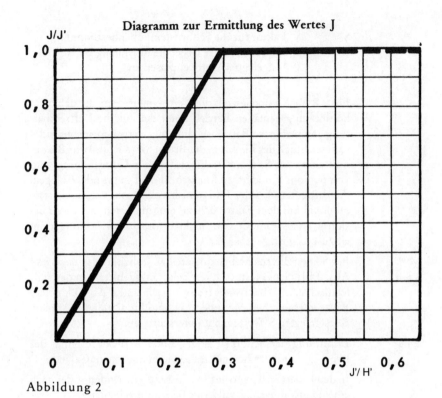

Abbildung 2

	Blatt 2 (Ausgabe August 1981) vorliegen, ist die nach 2.4.3 und 2.4.4 Abs. 1 bestimmte Schornsteinhöhe entsprechend zu korrigieren.
2.5	*Immissionswerte*

Die Immissionswerte gelten nur in Verbindung mit den in 2.6 festgelegten Verfahren zur Ermittlung der Immissionskenngrößen. Die Festlegung der Immissionswerte berücksichtigt einen Unsicherheitsbereich bei der Ermittlung der Kenngrößen. Die Immissionswerte gelten auch bei gleichzeitigem Auftreten sowie chemischer oder physikalischer Umwandlung der Schadstoffe.

2.5.1 Immissionswerte zum Schutz vor Gesundheitsgefahren

Zum Schutz vor Gesundheitsgefahren werden folgende Immissionswerte festgelegt:

Schadstoff	IW1	IW2	
Schwebstaub (ohne Berücksichtigung der Staubinhaltsstoffe)	0,15	0,30	mg/m^3
Blei und anorganische Bleiverbindungen als Bestandteile des Schwebstaubes — angegeben als Pb —	2,0	—	µg/m^3
Cadmium und anorganische Cadmiumverbindungen als Bestandteile des Schwebstaubes — angegeben als Cd —	0,04	—	µg/m^3

Schadstoff	IW1	IW2	
Chlor	0,10	0,30	mg/m^3
Chlorwasserstoff — angegeben als Cl —	0,10	0,20*)	mg/m^3
Kohlenmonoxid	10	30	mg/m^3
Schwefeldioxid	0,14	0,40	mg/m^3
Stickstoffdioxid	0,08	0,20	mg/m^3

*) Solange Chlorwasserstoff nicht einwandfrei getrennt von Chloriden gemessen werden kann, gilt für IW 2 0,30 mg/m^3.

2.5.2 Immissionswerte zum Schutz vor erheblichen Nachteilen und Belästigungen

Zum Schutz vor erheblichen Nachteilen oder erheblichen Belästigungen werden folgende Immissionswerte festgelegt:

Schadstoff	IW1	IW2	
Staubniederschlag (Nicht gefährdende Stäube)	0,35	0,65	g/(m^{2}d)

Schadstoff	IW1	IW2	
Blei und anorganische Blei-verbindungen als Bestandteile des Staubniederschlages — angegeben als Pb —	0,25	—	mg/(m²d)
Cadmium und anorganische Cadmiumverbindungen als Bestandteile des Staubnieder-schlages — angegeben als Cd —	5	—	µg/(m²d)
Thallium und anorganische Thalliumverbindungen als Bestandteile des Staubnieder-schlages — angegeben als Tl —	10	—	µg/(m²d)
Fluorwasserstoff und anorganische gasförmige Fluorverbindungen — angegeben als F —	1,0	3,0	µg/m³

2.6 *Ermittlung der Immissionskenngrößen*

2.6.1 Allgemeines

2.6.1.1 Ermittlung im Genehmigungsverfahren

Immissionskenngrößen sind die Kenngrößen für die Vorbelastung (2.6.3), die Zusatzbelastung (2.6.4) und die Gesamtbelastung (2.6.5), die für jede Beurteilungsfläche in dem nach 2.6.2.2 für die Beurteilung der Einwirkungen maßgeblichen Gebiet (Beurteilungsgebiet) ermittelt werden.

Die Vorbelastung ist die vorhandene Belastung durch einen Schadstoff ohne den Immissionsbeitrag (2.6.4.2), der durch das beantragte Vorhaben hervorgerufen wird.

Die Zusatzbelastung ist der Immissionsbeitrag, der durch das beantragte Vorhaben hervorgerufen wird.

Die Kenngröße für die Gesamtbelastung ist aus den Kenngrößen für die Vorbelastung und die Zusatzbelastung gemäß 2.6.5 zu bilden.

Die Bestimmung der Kenngrößen für die Vorbelastung, die Zusatzbelastung und die Gesamtbelastung ist für den jeweils emittierten Schadstoff nicht erforderlich, wenn

a) die über Schornsteine nach 2.4 abgeleiteten Emissionen die in der folgenden Tabelle festgelegten Massenströme nicht überschreiten und

b) die nicht über Schornsteine abgeleiteten Emissionen gering sind (in der Regel weniger als ein Zehntel der in der folgenden Tabelle festgelegten Massenströme betragen),

soweit sich nicht wegen der besonderen örtlichen Lage oder hoher Vorbelastungen etwas anderes ergibt. In die Ermittlung des Massenstroms sind die Emissionen der gesamten Anlage einzubeziehen; bei der wesentlichen Änderung sind die Emissionen der zu ändernden sowie derjenigen Anlagenteile zu berücksichtigen, auf die sich die Änderung auswirken wird, es sei denn, durch diese Emissionen werden die in der folgenden Tabelle angegebenen Massenströme der Anlage erstmalig überschritten.

Art des emittierten Schadstoffs	Massenstrom (gemittelt über die Betriebsstunden einer Kalenderwoche mit den bei bestimmungsgemäßem Betrieb für die Luftreinhaltung ungünstigsten Betriebsbedingungen)	
Blei	0,5	kg/h
Cadmium	0,01	kg/h
Thallium	0,01	kg/h
Staub (ohne Berücksichtigung der Staubinhaltsstoffe)	15	kg/h
Chlor	20	kg/h
Chlorwasserstoff und anorganische gasförmige Chlorverbindungen — angegeben als Cl —	20	kg/h
Fluorwasserstoff und anorganische gasförmige Fluorverbindungen — angegeben als F —	1	kg/h

Kohlenmonoxid	1000	kg/h
Schwefeldioxid	60	kg/h
Stickstoffoxide — angegeben als NO —	40	kg/h

2.6.1.2 Ermittlung im Überwachungsverfahren

Soweit es zur Feststellung, ob die Voraussetzungen für nachträgliche Anordnungen vorliegen, erforderlich ist, können innerhalb der Beurteilungsfläche (2.6.2.3) zusätzliche Meßstellen (2.6.2.6), eine höhere Meßhäufigkeit (2.6.2.8) oder die Durchführung zusätzlicher kontinuierlicher Messungen gefordert werden.

Kommen mehrere Emittenten in Betracht, sind die von diesen verursachten Anteile an der Immission zu ermitteln. Hierfür sind neben der Feststellung der Immissionen auch die für die Ausbreitung der Emissionen bedeutsamen meteorologischen Faktoren gleichzeitig zu ermitteln; die Sektoren der Windrichtung, die Lage und Dichte der Meßstellen sowie die Aufpunkte sind dabei so zu wählen, daß die Immissionen den einzelnen Emittenten zugeordnet werden können.

2.6.2 Kenngrößen für die Vorbelastung
— Meßplan —

2.6.2.1 Allgemeines

Die Messungen sind nach einem mit der zuständigen Behörde abgestimmten Meßplan durchzuführen, in dem Beurteilungsgebiet, Beurteilungsflächen, Meßobjekte, Meßhöhe, Meßzeitraum, Meßstellen, Meßverfahren, Meßhäufigkeit, Meßdauer der Einzelmessungen und gegebenenfalls die Gründe für die Freistellung von Messungen anzugeben sind.

Der Antragsteller kann von Immissionsmessungen für die Beurteilungsflächen freigestellt werden, für die durch Rechnung oder aus Messungen festgestellt wird, daß die Kenngröße für die Vorbelastung I 1 V weniger als 60 vom Hundert des Immissionswertes (2.5) beträgt. Immissionsmessungen oder Feststellungen über Emissionen dürfen nur herangezogen werden, wenn sie nicht länger als vier Jahre, gerechnet von der Antragstellung an, zurückliegen und sich die für die Immissionsverhältnisse im Beurteilungsgebiet maßgeblichen Emissionsverhältnisse in diesem Zeitraum nicht erheblich verändert haben.

2.6.2.2 Beurteilungsgebiet

Das Beurteilungsgebiet ist die Summe der Beurteilungsflächen (2.6.2.3), die sich vollständig innerhalb eines Kreises um den Emissionsschwerpunkt mit einem Radius befinden, der dem 30fachen der nach 2.4.3 ermittelten Schornsteinhöhe H' entspricht. Zum Beurteilungsgebiet gehören ferner die Beurteilungsflächen, auf denen die Zusatzbelastung I1 Z durch den jeweiligen Schadstoff, für den Immissionskenngrößen zu ermitteln sind, mehr als 1 vom Hundert des Immissionswertes IW 1 beträgt und die vollständig innerhalb eines Kreises liegen, dessen Radius dem 50fachen der Schornsteinhöhe H' entspricht.

Abweichend von Absatz 1 ist bei Anlagen mit Austrittshöhen der Emissionen von weniger als 30 m über der Flur das Beurteilungsgebiet eine quadratische Fläche mit der Seitenlänge 2 km; ist in diesen Fällen die räumliche Ausdehnung der Emissionsquellen größer als 0,04 km^2, beträgt die Seitenlänge 4 km. Bei der Ermittlung der räumlichen Ausdehnung der Emissionsquellen ist die Fläche der Anlage zugrunde zu legen.

Bei der Beurteilung des Staubniederschlages ist der sich nach Absatz 1 ergebende Radius oder die sich nach Absatz 2 ergebende Seitenlänge zu halbieren.

2.6.2.3 Beurteilungsfläche

Die Beurteilungsflächen sind quadratische Teilflächen des Beurteilungsgebietes, deren Seitenlänge 1 km beträgt.

Kann bei einer Beurteilungsfläche von 1 km x 1 km wegen der Besonderheiten des Einzelfalles die Vorbelastung auch nicht näherungsweise beurteilt werden, so soll die Beurteilungsfläche auf 500 m x 500 m verkleinert werden.

2.6.2.4 Meßhöhe

Die Immissionen sind in der Regel in 1,50 m bis 4 m Höhe über der Flur sowie in mehr als 1,50 m seitlichem Abstand von Bauwerken zu messen. In Waldbeständen kann es erforderlich sein, höhere Meßpunkte entsprechend der Höhe der Bestockung festzulegen.

2.6.2.5 Meßzeitraum

Der Meßzeitraum beträgt in der Regel ein Jahr. Ein kürzerer Meßzeitraum kann zugelassen werden, wenn auch Messungen in einem kürzeren Zeitraum eine ausreichende Beurteilung der im Laufe eines Jahres auftretenden Immissionen zulassen.

Ein Zeitraum von sechs Monaten soll nicht unterschritten werden.

2.6.2.6 Meßstellen

Die Meßstellen und Meßstationen sind so festzulegen, daß sie nicht unmittelbar den Emissionen aus benachbarten Quellen ausgesetzt sind und ein für die Beurteilungsfläche repräsentativer Wert ermittelt werden kann. Bei Flächenquellen sind die Meßstellen außerhalb der Quellen festzulegen.

Für die Beurteilungsflächen sind die Meßstellen möglichst nahe an den Schnittpunkten eines quadratischen Gitternetzes, z. B. Gauß-Krüger-Netz, so festzulegen, daß

a) bei Beurteilungsflächen mit einer Seitenlänge von 1 km der Abstand der Meßstellen 1 km,

b) bei Beurteilungsflächen mit einer Seitenlänge von 500 m der Abstand der Meßstellen 500 m

beträgt. Abweichungen sind wegen besonderer örtlicher Verhältnisse zulässig; sie dürfen 20 vom Hundert der angegebenen Abstände nicht überschreiten.

Für die Messung des Staubniederschlages, insbesondere zur Beurteilung von Blei, Cadmium und Thallium, können die Meßstellenabstände auf die Hälfte verringert werden.

Die Vorbelastung (2.6.3) kann bei gasförmigen Schadstoffen auch durch kontinuierliche Messungen in einem Gitternetz nach den Vorschriften der 4. BImSchVwV vom 8. April 1975 (GMBl S. 358) mit einem Abstand der Meßstationen von nicht mehr als 4 km ermittelt werden. Ist aufgrund vorliegender Messungen oder Schätzungen anzunehmen, daß die Vorbelastung I 1 V 70 vom Hundert der Immissionswerte IW 1 überschreitet, ist der Abstand der Meßstellen auf dieser Beurteilungsfläche nach Absatz 2 festzulegen.

Die Vorbelastung für Schwebstaub sowie für Blei und Cadmium als Bestandteile des Schwebstaubs kann auch in einem

Gitternetz mit einem Abstand der Meßstellen von 4 km ermittelt werden; Absatz 2 Satz 2 gilt entsprechend. Ist aufgrund vorliegender Messungen oder Schätzungen anzunehmen, daß die Vorbelastung I 1 V 70 vom Hundert des Immissionswertes IW 1 für Blei oder Cadmium als Bestandteile des Schwebstaubs überschreitet, ist der Abstand der Meßstellen auf dieser Beurteilungsfläche nach Absatz 2 festzulegen.

In den Fällen der Absätze 4 Satz 1 und 5 Satz 1 gilt die Kenngröße der von vier Meßstationen eingeschlossenen Fläche als Kenngröße für alle in ihr liegenden Beurteilungsflächen (2.6.2.3).

Diskontinuierliche Messungen können durch annähernd in der Mitte der jeweiligen Beurteilungsfläche vorgenommene kontinuierliche Messungen ergänzt werden. Die Kenngröße I 2 V ist in diesem Fall aus den durch kontinuierliche Messungen gewonnenen Meßwerten zu berechnen; 2.6.3.2 ist anzuwenden. Die Kenngröße I 1 V wird aus den durch diskontinuierliche Messungen und kontinuierliche Messungen gewonnenen Meßwerten berechnet; auf 2.6.3.1 Satz 2 wird hingewiesen.

2.6.2.7 Meßverfahren

Immissionen sind nach einem der Verfahren zu messen, die in den folgenden Richtlinien des VDI-Handbuchs Reinhaltung der Luft beschrieben sind:

Art der Immissionen	VDI-Richtlinie	Ausgabe

Schwebstaub
und Probenahme für Blei und Bleiverbindungen sowie Cadmium und Cadmiumverbindungen

2463 Bl. 1	Januar	1974
2463 Bl. 4	Dezember	1976
2463 Bl. 7	August	1982
2463 Bl. 8	August	1982

Art der Immissionen	VDI-Richtlinie	Ausgabe
Blei und anorganische Bleiverbindungen als Bestandteile des Schwebstaubes		
	2267 Bl. 2	Februar 1983
	2267 Bl. 3	Februar 1983
Chlor		
	2458 Bl. 1	Dezember 1973
Fluor und anorganische gasförmige Fluorverbindungen		
	2452 Bl. 2	Februar 1975
Kohlenmonoxid		
	2455 Bl. 1	August 1970
	2455 Bl. 2	Oktober 1970
Schwefeldioxid		
	2451 Bl. 1	August 1968
	2451 Bl. 2	August 1968
	2451 Bl. 3	August 1968
	2451 Bl. 4	August 1968
Stickstoffdioxid		
	2453 Bl. 1	November 1972
	2453 Bl. 3	Januar 1974
	2453 Bl. 4	Januar 1974
	2453 Bl. 5	Dezember 1979
	2453 Bl. 6	November 1980
Staubniederschlag		
	2119 Bl. 2	Juni 1972

Andere oder ergänzende Meßverfahren sind zulässig, wenn sie vom Bundesminister des Innern nach Abstimmung mit den zuständigen obersten Landesbehörden im Gemeinsamen Ministerialblatt als geeignet bekanntgegeben worden sind.

2.6.2.8 Meßhäufigkeit

Diskontinuierliche Messungen gasförmiger Schadstoffe können auf Montag bis Freitag in der Zeit von 8 Uhr bis 16 Uhr beschränkt werden, wenn eine Prüfung ergeben hat, daß dies im Beurteilungsgebiet zu repräsentativen Ergebnissen führt.

Ist bei diskontinuierlicher Messung gasförmiger Schadstoffe eine höhere Kenngröße für die Vorbelastung I1 V als 80 vom Hundert des Immissionswertes IW 1 für eine Beurteilungsfläche zu erwarten, beträgt die Zahl der Meßwerte für diese Beurteilungsfläche mindestens 26 pro Meßstelle; im übrigen genügen 13 Meßwerte pro Meßstelle. Die im Meßplan festgelegte Meßhäufigkeit von 13 Messungen pro Meßstelle soll auf mindestens 26 erhöht werden, wenn die Meßergebnisse eine höhere Kenngröße für die Vorbelastung I 1 V als 85 vom Hundert des Immissionswertes IW 1 erwarten lassen.

Ist bei diskontinuierlicher Messung von Schwebstaub sowie von Blei und Cadmium als Bestandteile des Schwebstaubs eine höhere Kenngröße für die Vorbelastung I1 V als 80 vom Hundert des Immissionswertes IW 1 für eine Beurteilungsfläche zu erwarten, sind die Messungen an wechselnden Werktagen und mindestens 10 Werktagen in jedem Monat durchzuführen; im übrigen genügen 5 Meßwerte pro Meßstelle je Monat.

Bei Verkürzung des Meßzeitraums nach 2.6.2.5 muß bei diskontinuierlichen Messungen die festgelegte Zahl der Messungen erhalten bleiben.

Der Staubniederschlag ist an jeder Meßstelle während des gesamten Meßzeitraums monatlich zu messen.

2.6.2.9 Meßwerte

Der Meßwert für den Staubniederschlag ist als Monatsmittelwert festzustellen.

Die Meßwerte für Blei, Cadmium und Thallium als Bestandteile des Staubniederschlags sind als Jahresmittelwerte festzustellen.

Die Meßwerte für die Massenkonzentration von Schwebstaub und von Blei und Cadmium als Bestandteile des Schwebstaubs sind als Tagesmittelwert, die Meßwerte für gasförmige Luftverunreinigungen als Halbstundenmittelwert festzustellen.

Bei diskontinuierlichen Messungen für Halbstundenmittelwerte ist die Probenahmezeit eine halbe Stunde; die Probenahmezeit kann bis auf zehn Minuten verkürzt werden, wenn eine Prüfung ergeben hat, daß dies im Beurteilungsgebiet zu gleichwertigen Ergebnissen führt.

2.6.3 Kenngrößen für die Vorbelastung
— Auswertung —

2.6.3.1 Allgemeines

Im Beurteilungsgebiet sind die Kenngrößen für die Vorbelastung aus den Meßwerten der diskontinuierlichen Messungen aller Meßstellen und der kontinuierlichen Messungen aller Meßstationen für jede Beurteilungsfläche zu bestimmen. Meßwerte aus diskontinuierlichen und kontinuierlichen Messungen auf einer Beurteilungsfläche sowie Meßwerte aus diskontinuierlichen Messungen mit unterschiedlicher Meßhäufigkeit sind so zu gewichten, daß sie gleichwertig in die Beurteilung eingehen.

2.6.3.2 Berücksichtigung von Meßwerten

Die Kenngrößen für die Vorbelastung sind bei diskontinuierlichen Messungen durch Mittelung der Kenngrößen aus mindestens drei aufeinanderfolgenden und nicht verkürzten Meßzeiträumen (2.6.2.5) zu bilden, die nicht mehr als viereinhalb Jahre vor der Antragstellung liegen. Soweit Kenngrößen aus drei aufeinanderfolgenden Meßzeiträumen nicht vorliegen, sind die vorliegenden Kenngrößen aus dem Meßzeitraum maßgebend, der dem Zeitpunkt der Entscheidung am nächsten liegt; der maßgebende Meßzeitraum darf nicht mehr als zweieinhalb Jahre vor der Antragstellung begonnen haben.

Immissionsmessungen, die nach den bisher geltenden Vorschriften durchgeführt worden sind, sind der Entscheidung über den Genehmigungsantrag zugrunde zu legen.

2.6.3.3 Kenngrößen für die Vorbelastung I 1 V und I 2 V

Ist eine Veränderung der Vorbelastung durch Änderungen der für die Immissionsverhältnisse im Beurteilungsgebiet der Anlage maßgeblichen Emissionsverhältnisse zwischen Meßzeitraum und Inbetriebnahme vorherzusehen, so sind die Kenngrößen I 1 V und I 2 V durch entsprechende Ab- und Zuschläge, z. B. gemäß 2.6.4 und 2.6.5 zu bestimmen. In allen anderen Fällen sind die Kenngrößen für die Vorbelastung I 1 V und I 2 V die nach 2.6.3.4 ermittelten Kenngrößen.

In den Fällen von 2.2.1.1 Buchstabe b und 2.2.1.2 Buchstabe c ist der Zahlenwert der Kenngrößen für die Vorbelastung mit der Anzahl von Stellen anzugeben, mit der der Zahlenwert des Immissionswertes festgelegt ist.

2.6.3.4 Auswertung der Messungen

Aus den Meßwerten sind die Kenngrößen I 1 V bzw. I 2 V zu bilden.

Die Kenngröße I 1 V ist der arithmetische Mittelwert aller Meßwerte.

Die Kenngröße I 2 V ist der 98-vom-Hundert-Wert der Summenhäufigkeitsverteilung aller Meßwerte, der sich ergibt, wenn alle Meßwerte der Größe ihres Zahlenwertes nach geordnet sind. Falls erforderlich, ist zwischen den nächstgelegenen Zahlenwerten linear zu interpolieren.

Die Kenngröße I 2 V für den Staubniederschlag ist abweichend von Absatz 3 der höchste im Meßzeitraum ermittelte Monatsmittelwert.

2.6.4 Kenngrößen für die Zusatzbelastung

2.6.4.1 Allgemeines

Die Kenngrößen für die Zusatzbelastung I 1 Z und I 2 Z für gasförmige Luftverunreinigungen, Schwebstaub und Staubniederschlag sind nach dem Berechnungsverfahren in Anhang C zu ermitteln. Dabei ist zu beachten, daß

a) im Beurteilungsgebiet Einflüsse des Geländereliefs zu berücksichtigen sind; dies geschieht in der Regel dadurch, daß auch bei Anwendung von 2.4.4 für die Ausbreitungsrechnung die unkorrigierte Schornsteinhöhe nach 2.4.3 eingesetzt wird;

b) im Beurteilungsgebiet Einflüsse von Gebäuden zu berücksichtigen sind; Einflüsse von Gebäuden sind in der Regel zu vernachlässigen, wenn die Schornsteinbauhöhe mehr als das 1,7fache der Höhe von Gebäuden oder das 1,5fache der Höhe von Kühltürmen beträgt, die weniger als die vierfache Gebäudehöhe bzw. Kühlturmhöhe entfernt sind;

c) sehr häufige Schwachwindlagen besonders zu berücksichtigen sind; dies ist in der Regel erforderlich, wenn mittlere Windgeschwindigkeiten von weniger als 2 Knoten im 10-Minutenmittel am Standort der Anlage in mehr als 30 vom Hundert der Stunden des Jahres zu erwarten sind;

d) das Berechnungsverfahren keine chemische bzw. physikalische Umwandlung der Emissionen innerhalb des Beurteilungsgebietes berücksichtigt;

e) das Berechnungsverfahren während jeder Ausbreitungssituation konstante Ausbreitungsbedingungen voraussetzt.

2.6.4.2 Ermittlung der Kenngrößen für die Zusatzbelastung

Für jeden Aufpunkt (Anhang C Nummer 7) sind die Immissionsbeiträge (Anhang C Nummern 4 und 5) für alle Ausbreitungssituationen (Anhang C Nummer 8) bezogen auf ein Jahr zu berechnen.

Die Kenngröße für die Zusatzbelastung I 1 Z ist der arithmetische Mittelwert der für alle Aufpunkte einer Beurteilungsfläche berechneten Immissionsbeiträge.

Die Kenngröße für die Zusatzbelastung I 2 Z ist der 98- vom-Hundert-Wert der Summenhäufigkeitsverteilung der für alle Aufpunkte einer Beurteilungsfläche berechneten Immissionsbeiträge.

2.6.5 Kenngrößen für die Gesamtbelastung

2.6.5.1 Allgemeines

Die Kenngrößen für die Gesamtbelastung sind für die im Beurteilungsgebiet liegenden Beurteilungsflächen aus den Kenngrößen für die Vorbelastung und die Zusatzbelastung zu bilden.

Der Zahlenwert der Kenngrößen für die Gesamtbelastung ist mit der Anzahl von Stellen anzugeben, mit der der Zahlenwert des Immissionswertes festgelegt ist.

2.6.5.2 Kenngröße für die Gesamtbelastung I 1 G

Die Kenngröße I 1G ist die Summe aus den Kenngrößen I 1 V und I 1 Z.

2.6.5.3 Kenngröße für die Gesamtbelastung I 2 G

Die Kenngröße I 2 G ist mit Hilfe des Nomogramms in Anhang D aus den Kenngrößen I 2 V und I 2 Z zu bestimmen. Zur Erhöhung der Ablesegenauigkeit können die Kenngrößen I 2 V und I 2 Z mit einem Faktor multipliziert werden, wenn die so ermittelte Kenngröße I 2 G durch den gleichen Faktor geteilt wird.

Beruht die Kenngröße I 2 V zu mehr als 90 vom Hundert auf Emissionen, die von der Anlage ausgehen, für die unter Beibehaltung der für die Vorbelastung maßgebenden Emissionsbedingungen die Kenngröße I 2 Z gebildet worden ist, gilt 2.6.5.2 für die Bildung der Kenngröße I 2 G entsprechend.

3 Begrenzung und Feststellung der Emissionen

3.1 *Allgemeine Regelungen zur Begrenzung der Emissionen*

Die folgenden Vorschriften in 3.1.1 bis 3.3 enthalten

— Emissionswerte, deren Überschreiten nach dem Stand der Technik vermeidbar ist,
— emissionsbegrenzende Anforderungen, die dem Stand der Technik entsprechen,
— sonstige Anforderungen zur Vorsorge gegen schädliche Umwelteinwirkungen durch Luftverunreinigungen und
— Verfahren zur Ermittlung der Emissionen.

Die diesen Vorschriften entsprechenden Anforderungen sollen im Genehmigungsbescheid für jede Einzelquelle und für jeden luftverunreinigenden Stoff oder jede Stoffgruppe festgelegt werden, soweit die Stoffe oder Stoffgruppen in relevantem Umfang im Rohgas enthalten sind.

Soweit aus betrieblichen oder meßtechnischen Gründen (z. B. Chargenbetrieb, längere Kalibrierzeit) für Emissionsbegrenzungen andere als die nach 2.1.5 bestimmten Mittelungszeiten erforderlich sind, sind diese entsprechend festzulegen.

Für Anfahr- oder Abstellvorgänge, bei denen ein Überschreiten des Zweifachen der festgelegten Emissionsbegrenzung nicht verhindert werden kann, sind Sonderregelungen zu treffen. Hierzu gehören insbesondere Vorgänge, bei denen eine

— Abgasreinigungseinrichtung aus Sicherheitsgründen (Verpuffungs-, Verstopfungs- oder Korrosionsgefahr) umfahren werden muß,
— Abgasreinigungseinrichtung wegen zu geringen Abgasdurchsatzes noch nicht voll wirksam ist, oder
— Abgaserfassung und -reinigung während der Beschickung oder Entleerung von Behältern bei diskontinuierlichen Produktionsprozessen nicht oder nur unzureichend möglich ist.

3.1.1 Allgemeines

Die Regelungen in 3.1 in Verbindung mit 3.2 gelten für alle Anlagen; ergänzende oder abweichende Regelungen in 3.3 gehen den Anforderungen vor, die sich aus 2.3, 3.1, 3.2 oder 4.2 ergeben. 2.3 Abs. 1 und 3.1.7 Abs. 7 bleiben unberührt.

Soweit 2.3, 3.1 oder 3.3 keine oder keine vollständigen Regelungen zur Begrenzung der Emissionen enthalten, sollen zu Prozeß- und Gasreinigungstechniken Richtlinien des VDI-Handbuches Reinhaltung der Luft und DIN-Normen herangezogen werden.

3.1.2 Grundsätzliche Anforderungen

Die Anlagen müssen mit Einrichtungen zur Begrenzung der Emissionen ausgerüstet und betrieben werden, die dem Stand der Technik entsprechen. Die emissionsbegrenzenden Maßnahmen sollen sowohl auf eine Verminderung der Massenkonzentration als auch der Massenströme oder Massenverhältnisse der von einer Anlage ausgehenden Luftverunreinigungen ausgerichtet sein, um die Entstehung von luftverunreinigenden Emissionen von vornherein zu vermeiden oder zu minimieren.

Dabei sind insbesondere zu berücksichtigen:

— Verminderung der Abgasmenge, z. B. durch Kapselung von Anlagenteilen, gezielte Erfassung von Abgasströmen, Anwendung der Umluftführung unter Berücksichtigung arbeitsschutzrechtlicher Anforderungen
— Verfahrensoptimierung, z. B. weitgehende Ausnutzung von Einsatzstoffen und Energie
— Optimierung von An- und Abfahrvorgängen und sonstigen besonderen Betriebszuständen.

Wenn Stoffe nach 2.3, 3.1.4 Klasse I oder II oder Blei und seine Verbindungen, 3.1.6 Klasse I oder II, 3.1.7 Klasse I oder 3.1.7 Absatz 7 emittiert werden können, sollen die Einsatzstoffe (Roh- oder Hilfsstoffe) möglichst so gewählt werden, daß geringe Emissionen entstehen.

Verfahrenskreisläufe, die durch Anreicherung zu erhöhten Emissionen an Stoffen nach 2.3, 3.1.4 Klasse I oder II, 3.1.7 Absatz 7 oder bleihaltiger Stoffe führen können, sind durch technische oder betriebliche Maßnahmen möglichst zu vermeiden. Soweit diese Verfahrenskreisläufe betriebsnotwendig sind,

z. B. bei der Aufarbeitung von Produktionsrückständen zur Rückgewinnung von Metallen, müssen Maßnahmen zur Vermeidung erhöhter Emissionen getroffen werden, z. B. durch gezielte Stoffausschleusung oder den Einbau besonders wirksamer Gasreinigungseinrichtungen.

Betriebsvorgänge, die mit Abschaltungen oder Umgehungen der Gasreinigungseinrichtungen verbunden sind, müssen im Hinblick auf geringe Emissionen ausgelegt und betrieben sowie durch Aufzeichnung geeigneter Prozeßgrößen besonders überwacht werden. Für den Ausfall von Einrichtungen zur Emissionsminderung sind Maßnahmen vorzusehen, um die Emissionen unverzüglich so weit wie möglich zu vermindern.

Soweit Emissionswerte auf Sauerstoffgehalte im Abgas bezogen sind, sind die im Abgas gemessenen Emissionen nach folgender Gleichung umzurechnen:

$$E_B = \frac{21 - O_B}{21 - O_M} \cdot E_M$$

Darin bedeuten:

E_M gemessene Emission
E_B Emission, bezogen auf den Bezugssauerstoffgehalt
O_M gemessener Sauerstoffgehalt
O_B Bezugssauerstoffgehalt

Werden zur Emissionsminderung Abgasreinigungseinrichtungen eingesetzt, darf die Umrechnung nur für die Zeiten erfolgen, in denen der gemessene Sauerstoffgehalt über dem Bezugssauerstoffgehalt liegt. Bei Verbrennungsprozessen mit reinem Sauerstoff oder sauerstoffangereicherter Luft sind Sonderregelungen zu treffen.

3.1.3 Gesamtstaub

Die im Abgas enthaltenen staubförmigen Emissionen dürfen

— bei einem Massenstrom von mehr als 0,5 kg/h
   die Massenkonzentration   50 mg/m^3
— bei einem Massenstrom bis einschließlich 0,5 kg/h
   die Massenkonzentration   0,15 g/m^3

nicht überschreiten

3.1.4 Staubförmige anorganische Stoffe

Die nachstehend genannten staubförmigen anorganischen Stoffe dürfen, auch beim Vorhandensein mehrerer Stoffe derselben Klasse, insgesamt folgende Massenkonzentrationen im Abgas nicht überschreiten:

Klasse I

Cadmium	und seine Verbindungen, angegeben als Cd
Quecksilber	und seine Verbindungen, angegeben als Hg
Thallium	und seine Verbindungen, angegeben als Tl

bei einem Massenstrom
von 1 g/h oder mehr   0,2 mg/m^3

Klasse II

Arsen	und seine Verbindungen, angegeben als As
Cobalt	und seine Verbindungen, angegeben als Co
Nickel	und seine Verbindungen, angegeben als Ni
Selen	und seine Verbindungen, angegeben als Se
Tellur	und seine Verbindungen, angegeben als Te

bei einem Massenstrom
von 5 g/h oder mehr   1 mg/m^3

Klasse III

Antimon	und seine Verbindungen, angegeben als Sb
Blei	und seine Verbindungen, angegeben als Pb
Chrom	und seine Verbindungen, angegeben als Cr

Cyanide	leicht löslich (z. B. NaCN), angegeben als CN
Fluoride	leicht löslich (z. B. NaF), angegeben als F
Kupfer	und seine Verbindungen, angegeben als Cu
Mangan	und seine Verbindungen, angegeben als Mn
Platin	und seine Verbindungen, angegeben als Pt
Palladium	und seine Verbindungen, angegeben als Pd
Rhodium	und seine Verbindungen, angegeben als Rh
Vanadium	und seine Verbindungen, angegeben als V
Zinn	und seine Verbindungen, angegeben als Sn

bei einem Massenstrom
von 25 g/h oder mehr   5 mg/m^3

2.3 bleibt unberührt.

Staubförmige anorganische Stoffe mit begründetem Verdacht auf krebserzeugendes Potential sind der Klasse III zuzuordnen; auf Teil III B der MAK-Werte-Liste wird hingewiesen.

Beim Vorhandensein von Stoffen mehrerer Klassen darf unbeschadet des Absatzes 1 beim Zusammentreffen von Stoffen der Klassen I und II die Massenkonzentration im Abgas insgesamt 1 mg/m^3 sowie beim Zusammentreffen von Stoffen der Klassen I und III oder der Klassen II und III die Massenkonzentration im Abgas insgesamt 5 mg/m^3 nicht überschreiten.

Sind bei der Ableitung von Abgasen physikalische Bedingungen (Druck, Temperatur) gegeben, bei denen die Stoffe zu einem wesentlichen Anteil dampf- oder gasförmig vorliegen können, ist zu prüfen, ob unter Berücksichtigung der besonderen Umstände des Einzelfalles die in Absatz 1 genannten Massenkonzentrationen auch für die Summe der dampf-, gas- und staubförmigen Emissionen eingehalten werden können.

3.1.5 Staubförmige Emissionen bei Aufbereitung, Herstellung, Transport, Be- und Entladung sowie Lagerung staubender Güter

3.1.5.1 Allgemeines

An Anlagen, in denen staubende Güter aufbereitet, hergestellt, transportiert, be- und entladen oder gelagert werden, sollen Anforderungen zur Emissionsminderung gestellt werden.

Staubende Güter sind feste Stoffe, die aufgrund ihrer Dichte, Korngröße, Kornform, Schüttdichte, Abriebfestigkeit, Zusammensetzung oder ihres Feuchtegehaltes bei der Handhabung oder der Lagerung zu Immissionen führen können.

Bei der Festlegung der Anforderungen sind insbesondere

— die Gefährlichkeit der Stäube,
— der Massenstrom der Emissionen,
— die Zeitdauer der Emissionen,
— die meteorologischen Bedingungen und
— die Umgebungsbedingungen

zu berücksichtigen.

3.1.5.2 Aufbereitung und Herstellung staubender Güter

Maschinen, Geräte oder sonstige Einrichtungen zur Aufbereitung (z. B. Zerkleinern, Klassieren, Mischen, Erwärmen, Abkühlen, Pelletieren, Brikettieren) oder Herstellung staubender Güter sind zu kapseln. Soweit eine staubdichte Ausführung, insbesondere an den Aufgabe-, Austrags- oder Übergabestellen, nicht möglich ist, sind staubhaltige Abgase zu erfassen und einer Entstaubungseinrichtung zuzuführen.

3.1.5.3 Transport sowie Be- und Entladung staubender Güter

Für den Transport staubender Güter sind geschlossene Einrichtungen, wie Förderbänder, Saugheber oder Trogkettenförderer, zu verwenden. Soweit eine Kapselung nicht oder nur teilweise möglich ist, ist das staubhaltige Abgas zu erfassen und einer Entstaubungseinrichtung zuzuführen.

Bei Be- und Entladung staubender Güter sind Absaug- und Entstaubungseinrichtungen an

— ortsfesten Annahme-, Übergabe- und Abwurfstellen von Greifern, Schaufelladern und Transporteinrichtungen,

— Fallrohrmündungen von Beladeeinrichtungen,
— Auflockerungseinrichtungen als Bestandteil pneumatischer oder mechanischer Entladeanlagen,
— Schüttgossen in Entladeeinrichtungen für Straßen- und Schienenfahrzeuge,
— Saughebern,

einzusetzen.

Soweit eine Erfassung staubhaltiger Abgase nicht möglich ist, soll

— an Abwurfstellen die Abwurfhöhe möglichst selbsttätig der wechselnden Höhe der Schüttungen angepaßt oder
— bei Fallrohren die Austrittsgeschwindigkeit des Fördergutes, z. B. durch Pendelklappen,

so gering wie möglich gehalten werden. Bei der Befüllung von geschlossenen Transportbehältern mit staubenden Gütern ist die Verdrängungsluft zu erfassen und einer Entstaubungseinrichtung zuzuführen.

Können durch die Benutzung von Fahrwegen staubförmige Immissionen entstehen, so sind die Fahrwege im Anlagenbereich mit einer Decke aus bituminösen Straßenbaustoffen, in Zementbeton oder gleichwertigem Material auszuführen und entsprechend dem Verschmutzungsgrad zu säubern. Es ist sicherzustellen, daß Verschmutzungen der Fahrwege durch Fahrzeuge nach Verlassen des Anlagenbereichs vermieden oder beseitigt werden, z. B. durch Reifenwaschanlagen oder regelmäßiges Säubern der Fahrwege. Satz 1 findet keine Anwendung auf Fahrwege in Steinbrüchen und in Gewinnungsstätten für Rohstoffe.

3.1.5.4 Lagerung staubender Güter

Bei der Festlegung von Anforderungen an die Lagerung staubender Güter kommen z. B. folgende Maßnahmen in Betracht:

— Lagerung in Silos,
— Überdachung und allseitige Umschließung des Schüttgutlagers einschließlich der Nebeneinrichtungen,
— Abdeckung der Oberfläche z. B. mit Matten,
— Begrünung,
— Anlage begrünter Erdwälle, Windschutzbepflanzungen und Windschutzzäunen,

— ständige Einhaltung einer ausreichenden Oberflächenfeuchte.

Bei der Festlegung von Anforderungen an die Errichtung oder den Abbau von Halden sowie den Betrieb von Vergleichmäßigungsanlagen, die nicht überdacht und allseitig umschlossen oder abgedeckt sind, kommen z. B. folgende Maßnahmen in Betracht:

— Maßnahmen entsprechend 3.1.5.3,
— Schüttung oder Abbau der Güter hinter Wällen,
— ausreichende Befeuchtung an den Errichtungs- und Abbaustellen,
— weitgehender Verzicht auf Errichtungs- oder Abbauarbeiten bei Wetterlagen, die Emissionen besonders begünstigen (langanhaltende Trockenheit, hohe Windgeschwindigkeit),
— Ausrichtung der Haldenlängsachse in Hauptwindrichtung.

3.1.5.5 Transport und Lagerung staubender Güter mit besonderen Inhaltsstoffen

Bei Transport oder Lagerung staubender Güter, die Stoffe nach 2.3, 3.1.4 Klasse I oder II, 3.1.7 Klasse I, 3.1.7 Absatz 7 oder Blei und seine Verbindungen enthalten, sind die wirksamsten Maßnahmen anzuwenden, die sich aus 3.1.5.4 ergeben.

Absatz 1 findet auf staubende Güter regelmäßig keine Anwendung, wenn die Gehalte der besonderen Inhaltsstoffe in einer durch Siebung mit einer maximalen Maschenweite von 5 mm von den Gütern abtrennbaren Fraktion jeweils folgende Werte, bezogen auf Trockenmasse, nicht überschreiten:

Stoffe nach 2.3 Klasse I, 3.1.4 Klasse I oder 3.1.7 Klasse I	50 mg/kg
Stoffe nach 2.3 Klasse II, 3.1.4 Klasse II oder Blei und seine Verbindungen, angegeben als Pb	0,50 g/kg
Stoffe nach 2.3 Klasse III	5,0 g/kg.

3.1.6 Dampf- oder gasförmige anorganische Stoffe

Die nachstehend genannten dampf- oder gasförmigen anorganischen Stoffe dürfen jeweils die angegebenen Massenkonzentrationen im Abgas nicht überschreiten:

Klasse I
Arsenwasserstoff
Chlorcyan
Phosgen
Phosphorwasserstoff
bei einem Massenstrom
je Stoff von 10 g/h oder mehr   1 mg/m³

Klasse II
Brom und seine dampf- oder gasförmigen Verbindungen, angegeben als Bromwasserstoff
Chlor
Cyanwasserstoff
Fluor und seine dampf- oder gasförmigen Verbindungen, angegeben als Fluorwasserstoff
Schwefelwasserstoff
bei einem Massenstrom
je Stoff von 50 g/h oder mehr   5 mg/m³

Klasse III
dampf- oder gasförmige anorganische Chlorverbindungen, soweit nicht in Klasse I, angegeben als Chlorwasserstoff
bei einem Massenstrom
von 0,3 kg/h oder mehr   30 mg/m³

Klasse IV
Schwefeloxide (Schwefeldioxid und Schwefeltrioxid), angegeben als Schwefeldioxid
Stickstoffoxide (Stickstoffmonoxid und Stickstoffdioxid), angegeben als Stickstoffdioxid
bei einem Massenstrom
je Stoff von 5 kg/h oder mehr   0,50 g/m³.

3.1.9 bleibt unberührt.

3.1.7 Organische Stoffe

Die in Anhang E nach den Klassen I bis III eingeteilten organischen Stoffe dürfen, auch bei dem Vorhandensein mehrerer Stoffe derselben Klasse, folgende Massenkonzentrationen nicht überschreiten:

Stoffe der Klasse I
bei einem Massenstrom
von 0,1 kg/h oder mehr   20 mg/m^3

Stoffe der Klasse II
bei einem Massenstrom
von 2 kg/h oder mehr   0,10 g/m^3

Stoffe der Klasse III
bei einem Massenstrom
von 3 kg/h oder mehr   0,15 g/m^3.

Beim Vorhandensein von organischen Stoffen mehrerer Klassen darf, bei einem Massenstrom von insgesamt 3 kg/h oder mehr, zusätzlich zu den Anforderungen nach Satz 1 die Massenkonzentration im Abgas insgesamt 0,15 g/m^3 nicht überschreiten.

Die in Anhang E nicht aufgeführten organischen Stoffe sind den Klassen zuzuordnen, deren Stoffen sie in ihrer Einwirkung auf die Umwelt am nächsten stehen. Dabei sind insbesondere Abbaubarkeit und Anreicherbarkeit, Toxizität, Auswirkungen von Abbauvorgängen mit ihren jeweiligen Folgeprodukten und Geruchsintensität zu berücksichtigen.

2.3 bleibt unberührt.

Organische Stoffe mit begründetem Verdacht auf krebserzeugendes Potential sind der Klasse I zuzuordnen; auf Teil III B der MAK-Werte-Liste wird hingewiesen.

Für staubförmige organische Stoffe, die den Klassen II oder III zuzuordnen sind, gelten abweichend von Absatz 1 und 2 die Anforderungen nach 3.1.3.

Bei Stoffen, die sowohl schwer abbaubar und leicht anreicherbar als auch von hoher Toxizität sind oder die aufgrund sonstiger besonders schädlicher Umwelteinwirkungen keiner der drei vorgenannten Klassen zugeordnet werden können (z. B. polyhalogenierte Dibenzodioxine, polyhalogenierte Dibenzofurane oder polyhalogenierte Biphenyle), ist der Emissionsmassenstrom unter Beachtung des Grundsatzes der Verhältnismäßigkeit so weit wie möglich zu begrenzen. Hierbei sind neben der Abgasreinigung insbesondere prozeßtechnische Maßnahmen sowie Maßnahmen mit Auswirkungen auf die Beschaffenheit von Einsatzstoffen und Erzeugnissen zu treffen.

3.1.9 bleibt unberührt.

3.1.8 Dampf- oder gasförmige Emissionen beim Verarbeiten, Fördern und Umfüllen von flüssigen organischen Stoffen

3.1.8.1 Pumpen

Bei der Förderung von flüssigen organischen Stoffen, die nach § 3 Abs. 1 der Verordnung über brennbare Flüssigkeiten-VbF vom 27. Februar 1980 (BGBl. I S. 229), geändert am 3. Mai 1982 (BGBl. I S. 569), der Gefahrenklasse A 1 angehören und ein Siedeende bis 200° C aufweisen, sind Pumpen mit geringen Leckverlusten zu verwenden; hierzu gehören z. B. Pumpen mit Gleitringdichtungen.

Bei der Förderung von flüssigen organischen Stoffen, die Stoffe nach 3.1.7 Absatz 7, einen Massengehalt von mehr als 10 Milligramm je Kilogramm an Stoffen nach 2.3 Klasse I oder einen Massengehalt von mehr als 5 vom Hundert an Stoffen nach 2.3 Klasse II und III oder 3.1.7 Klasse I enthalten, sind besonders wirksame Maßnahmen zur Emissionsminderung zu treffen, z. B. die Verwendung von Pumpen mit doppelt wirkenden Gleitringdichtungen, von Spaltrohrmotorpumpen oder von Pumpen mit Magnetkupplung, die geschlossene Ableitung flüssiger Leckverluste oder die Absaugung dampf- oder gasförmiger Leckverluste und Reinigung des abgesaugten Abgases in einer Abgasreinigungseinrichtung.

3.1.8.2 Verdichter

Bei der Verdichtung von Gasen darf die Sperrflüssigkeit der Verdichter nicht ins Freie entgast werden, wenn die eingesetzten Gase Stoffe nach 2.3 Klasse I, 3.1.7 Absatz 7 oder einen Massengehalt von mehr als 5 vom Hundert an Stoffen nach 2.3 Klasse II und III oder 3.1.7 Klasse I enthalten.

3.1.8.3 Flanschverbindungen

Flanschverbindungen sollen in der Regel nur verwendet werden, wenn sie verfahrenstechnisch, sicherheitstechnisch oder für die Instandhaltung notwendig sind; soweit Stoffe nach 2.3, 3.1.7 Klasse I oder 3.1.7 Absatz 7 gefördert oder verarbeitet werden, sind die Flanschverbindungen mit hochwertigen Dichtungen auszurüsten.

3.1.8.4 Absperrorgane

Spindeldurchführungen von Ventilen und von Schiebern sind mittels Faltenbalg und nachgeschalteter Sicherheitsstopfbuchse oder gleichwertig abzudichten, wenn flüssige organische Stoffe gehandhabt werden, die Stoffe nach 3.1.7 Absatz 7 oder einen Massengehalt von mehr als 10 Milligramm je Kilogramm an Stoffen nach 2.3 Klasse I oder einen Massengehalt von mehr als 5 vom Hundert an Stoffen nach 2.3 Klasse II und III oder 3.1.7 Klasse I enthalten.

3.1.8.5 Probenahmestellen

Probenahmestellen sind so zu kapseln oder mit solchen Absperrorganen zu versehen, daß außer bei der Probenahme keine Emissionen auftreten; bei der Probenahme muß der Vorlauf entweder zurückgeführt oder vollständig aufgefangen werden.

3.1.8.6 Umfüllen von flüssigen organischen Stoffen

Beim Umfüllen von flüssigen organischen Stoffen sind besondere Maßnahmen zur Verminderung der Emissionen zu treffen, z. B. Gaspendelung oder Absaugung und Zuführung des Abgases zu einer Abgasreinigungseinrichtung.

2.3 und 3.1.7 bleiben unberührt.

3.1.9 Geruchsintensive Stoffe

Bei Anlagen, die bei bestimmungsgemäßem Betrieb oder wegen betrieblich bedingter Störanfälligkeit geruchsintensive Stoffe emittieren können, sind Anforderungen zur Emissionsminderung zu treffen, z. B. Einhausen der Anlagen, Kapseln von Anlageteilen, Erzeugen eines Unterdrucks im gekapselten Raum, geeignete Lagerung von Einsatzstoffen, Erzeugnissen und Reststoffen.

Geruchsintensive Abgase sind in der Regel Abgasreinigungseinrichtungen zuzuführen oder es sind gleichwertige Maßnahmen zu treffen. Abgase sind nach 2.4 abzuleiten.

Bei der Festlegung des Umfanges der Anforderungen im Einzelfall sind insbesondere der Abgasvolumenstrom, der Massenstrom geruchsintensiver Stoffe, die örtlichen Ausbreitungsbedingungen, die Dauer der Emissionen und der Abstand der Anlage zur nächsten vorhandenen oder geplanten Wohnbebauung zu berücksichtigen.

Sofern eine Emissionsbegrenzung für einzelne Stoffe oder Stoffgruppen, z. B. für Amine, oder als Gesamtkohlenstoff nicht möglich ist oder nicht ausreicht, soll bei Anlagen mit einer Abgasreinigungseinrichtung die emissionsbegrenzende Anforderung in Form eines olfaktometrisch zu bestimmenden Geruchsminderungsgrades festgelegt werden. Bei Geruchszahlen von mehr als 100 000 können mit Abgasreinigungseinrichtungen Geruchsminderungsgrade von mehr als 99 vom Hundert eingehalten werden.

3.1.10 VDI-Richtlinien zu Prozeß- und Gasreinigungstechniken

Hinweise auf die Prozeßtechniken einzelner Anlagearten und auf Maßnahmen zur Verminderung der Emission werden in den Richtlinien des Handbuches Reinhaltung der Luft des Vereins Deutscher Ingenieure gegeben. Auf die in Anhang F aufgeführten VDI-Richtlinien wird hingewiesen.

3.2 *Messung und Überwachung der Emissionen*

3.2.1 Meßplätze

Bei der Genehmigung von Anlagen soll die Einrichtung von Meßplätzen oder Probenahmestellen gefordert und näher bestimmt werden. Die Empfehlungen der Richtlinie VDI 2066 Blatt 1 vom Oktober 1975 sollen beachtet werden. Die Meßplätze sollen ausreichend groß, leicht begehbar, so beschaffen sein und so ausgewählt werden, daß eine für die Emissionen der Anlage repräsentative und meßtechnisch einwandfreie Emissionsmessung ermöglicht wird.

3.2.2 Einzelmessungen

3.2.2.1 Erstmalige und wiederkehrende Messungen

Es soll gefordert werden, daß nach Errichtung, wesentlicher Änderung und anschließend wiederkehrend jeweils nach Ablauf von drei Jahren durch Messungen einer nach § 26 BImSchG bekanntgegebenen Stelle die Emissionen aller luftverunreinigenden Stoffe, für die im Genehmigungsbescheid nach 3.1 Absatz 2 Emissionsbegrenzungen festzulegen sind, festgestellt werden.

Die erstmaligen Messungen nach Errichtung oder wesentlicher Änderung sollen nach Erreichen des ungestörten Betriebes, jedoch frühestens nach dreimonatigem Betrieb und spätestens zwölf Monate nach Inbetriebnahme vorgenommen werden.

Von der Forderung nach erstmaligen oder wiederkehrenden Messungen ist abzusehen, wenn die Feststellung der Emission nach 3.2.3 oder 3.2.4 erfolgt.

Auf Einzelmessungen nach Absatz 1 kann verzichtet werden, wenn durch andere Prüfungen, z. B. durch einen Nachweis über die Wirksamkeit von Einrichtungen zur Emissionsminderung, die Zusammensetzung von Brenn- oder Einsatzstoffen oder die Prozeßbedingungen mit ausreichender Sicherheit festgestellt werden kann, daß die Emissionsbegrenzungen nicht überschritten werden.

3.2.2.2 Meßplanung

Messungen zur Feststellung der Emissionen sollen so durchgeführt werden, daß die Ergebnisse für die Emissionen der Anlage repräsentativ und bei vergleichbaren Anlagen und Betriebsbedingungen miteinander vergleichbar sind. Bei der Meßplanung sollen die Grundsätze der Richtlinie VDI 2066 Blatt 1 vom Oktober 1975 beachtet werden.

Bei Anlagen mit überwiegend zeitlich unveränderlichen Betriebsbedingungen sollen mindestens 3 Einzelmessungen bei ungestörtem Dauerbetrieb mit höchster Emission und mindestens jeweils eine weitere Messung bei regelmäßig auftretenden Betriebszuständen mit schwankendem Emissionsverhalten, z. B. bei Reinigungs- oder Regenerierungsarbeiten oder bei längeren An- oder Abfahrvorgängen, durchgeführt werden. Bei Anlagen mit überwiegend zeitlich veränderlichen Betriebsbedingungen sollen Messungen in ausreichender Zahl, jedoch mindestens sechs mit Betriebsbedingungen, die erfahrungsgemäß zu den höchsten Emissionen führen können, durchgeführt werden.

Die Dauer der Einzelmessung soll eine halbe Stunde nicht überschreiten; das Ergebnis der Einzelmessung ist als Halbstundenmittelwert zu ermitteln und anzugeben. In besonderen Fällen, z. B. bei Chargenbetrieb oder soweit in 2, 3.1 oder 3.3 andere Mittelungszeiten festgelegt sind, ist die Mittelungszeit entsprechend anzupassen.

Bei der Messung staubförmiger Emissionen, z. B. nach 2.3 oder 3.1.4, ist durch ausreichende Dauer der Probenahmezeit sicherzustellen, daß die Menge des Probenahmegutes 1 vom Tausend des Filtergewichtes, in der Regel mindestens 20 Milligramm, beträgt. Das Meßergebnis ist auf die angewandte Probenahmezeit zu beziehen.

Bei Stoffen, die zu einem wesentlichen Anteil dampf- oder gasförmig vorliegen, sind bei der Messung besondere Vorkehrungen zur Erfassung dieser Anteile zu treffen (z. B. Anwendung von Impinger i. S. VDI 2452 Blatt 1).

3.2.2.3 Auswahl von Meßverfahren

Messungen zur Feststellung der Emissionen sollen unter Einsatz von Meßverfahren und Meßeinrichtungen durchgeführt werden, die dem Stand der Meßtechnik entsprechen. Die Emissionsmessungen sollen unter Beachtung der in den in Anhang G aufgeführten Richtlinien des VDI-Handbuches Reinhaltung der Luft beschriebenen Meßverfahren durchgeführt werden.

Für die Probenahme sind die Grundsätze der Richtlinie VDI 2066 Blatt 1 vom Oktober 1975 zu beachten. Darüber hinaus sollen Meßverfahren und Meßgeräte den Anforderungen der in Anhang F genannten VDI-Richtlinien entsprechen.

Andere oder ergänzende Meßverfahren sind insbesondere zulässig, wenn sie vom Bundesminister des Innern nach Abstimmung mit den zuständigen obersten Landesbehörden im Gemeinsamen Ministerialblatt als geeignet bekanntgegeben worden sind.

3.2.2.4 Auswertung und Beurteilung der Meßergebnisse

Es soll gefordert werden, daß über das Ergebnis der Messungen ein Meßbericht erstellt und unverzüglich vorgelegt wird. Der Meßbericht soll Angaben über die Meßplanung, das Ergebnis jeder Einzelmessung, das verwendete Meßverfahren und die Betriebsbedingungen, die für die Beurteilung der Einzelwerte und der Meßergebnisse von Bedeutung sind, enthalten. Hierzu gehören auch Angaben über Brenn- und Einsatzstoffe sowie über den Betriebszustand der Anlage und der Einrichtungen zur Emissionsminderung; die Empfehlungen der Richtlinie VDI 2066 Blatt 1 vom Oktober 1975 sind zu beachten.

Die Anlage ist hinsichtlich der Emissionen nicht zu beanstanden, wenn das Ergebnis jeder Einzelmessung die im Genehmigungsbescheid festgelegten Emissionsbegrenzungen nicht überschreitet.

3.2.2.5 Messungen geruchsintensiver Stoffe

Werden bei der Genehmigung einer Anlage die Emissionen geruchsintensiver Stoffe durch Festlegung des Geruchsminderungsgrades einer Abgasreinigungseinrichtung begrenzt, soll dieser durch olfaktometrische Messungen überprüft werden.

3.2.3 Kontinuierliche Messungen

3.2.3.1 Meßprogramm

Eine Überwachung der Emissionen durch kontinuierliche Messungen soll gefordert werden, soweit die in 3.2.3.2 oder 3.2.3.3 festgelegten Massenströme überschritten und Emissionsbegrenzungen festgelegt werden.

Wenn zu erwarten ist, daß bei einer Anlage die im Genehmigungsbescheid festgelegten zulässigen Massenkonzentrationen wiederholt überschritten werden, z. B. bei wechselnder Betriebsweise einer Anlage oder bei Störanfälligkeit einer Einrichtung zur Emissionsminderung, kann die kontinuierliche Messung der Emissionen auch bei geringeren als den in 3.2.3.2 oder 3.2.3.3 angegebenen Massenströmen gefordert werden. Bei Anlagen, bei denen im ungestörten Betrieb die Emissionsminderungseinrichtungen aus sicherheitstechnischen Gründen wiederholt außer Betrieb gesetzt oder deren Wirkung erheblich vermindert werden muß, ist von den Massenströmen auszugehen, die sich unter Berücksichtigung der verbleibenden Abscheideleistung ergeben.

Soweit die luftverunreinigenden Stoffe im Abgas in einem festen Verhältnis zueinander stehen, kann die kontinuierliche Messung auf die bestimmende Komponente beschränkt werden. Im übrigen kann auf die kontinuierliche Messung der Emissionen verzichtet werden, wenn durch andere Prüfungen, z. B. durch fortlaufende Feststellung der Wirksamkeit von Einrichtungen zur Emissionsminderung, der Zusammensetzung von Brenn- oder Einsatzstoffen oder der Prozeßbedingungen mit ausreichender Sicherheit festgestellt werden kann, daß die Emissionsbegrenzungen nicht überschritten werden. Entsprechendes gilt, wenn die in 3.2.3.2 oder 3.2.3.3 genannten Massenströme in weniger als 10 vom Hundert der Betriebszeit überschritten werden und die Voraussetzungen nach Absatz 2 Satz 2 nicht vorliegen.

3.2.3.2 Staubförmige Emissionen

Bei Anlagen mit einem Emissionsmassenstrom an staubförmigen Stoffen von 2 kg/h bis 5 kg/h sollen die relevanten Quellen mit Meßeinrichtungen ausgerüstet werden, die die Abgastrübung, z. B. über die optische Transmission, kontinuierlich ermitteln.

Bei Anlagen mit einem Emissionsmassenstrom an staubförmigen Stoffen von mehr als 5 kg/h sollen die relevanten Quellen mit Meßeinrichtungen ausgerüstet werden, die die Massenkonzentration der staubförmigen Emissionen kontinuierlich ermitteln.

Bei Anlagen mit staubförmigen Emissionen an Stoffen nach 2.3, 3.1.4 oder 3.1.7 Klasse I sollen die relevanten Quellen mit Meßeinrichtungen ausgerüstet werden, die die Gesamtstaubkonzentration kontinuierlich ermitteln, wenn der Emissionsmassenstrom das Fünffache eines der dort genannten Massenströme überschreitet.

3.2.3.3 Dampf- und gasförmige Emissionen

Bei Anlagen, deren Emissionen an dampf- oder gasförmigen Stoffen einen oder mehrere der folgenden Emissionsmassenströme überschreiten, sollen die relevanten Quellen mit

Meßeinrichtungen ausgerüstet werden, die die Massenkonzentration der betroffenen Stoffe kontinuierlich ermitteln:

Schwefeldioxid	50 kg/h
Stickstoffmonoxid und Stickstoffdioxid, angegeben als Stickstoffdioxid	30 kg/h
Kohlenmonoxid als Leitsubstanz zur Beurteilung des Ausbrandes bei Verbrennungsprozessen	5 kg/h
Kohlenmonoxid in allen anderen Fällen	100 kg/h
Fluor und gasförmige anorganische Fluorverbindungen, angegeben als Fluorwasserstoff	0,5 kg/h
Gasförmige anorganische Chlorverbindungen, angegeben als Chlorwasserstoff	3 kg/h
Chlor	1 kg/h
Schwefelwasserstoff	1 kg/h

Ist die Massenkonzentration an Schwefeldioxid kontinuierlich zu messen, soll die Massenkonzentration an Schwefeltrioxid bei der Kalibrierung ermittelt und durch Berechnung berücksichtigt werden.

Ergibt sich auf Grund von Einzelmessungen, daß der Anteil des Stickstoffdioxids an den Stickstoffoxidemissionen unter 10 vom Hundert liegt, soll auf die kontinuierliche Messung des Stickstoffdioxids verzichtet und dessen Anteil durch Berechnung berücksichtigt werden.

Bei Anlagen, bei denen der Emissionsmassenstrom organischer Stoffe, angegeben als Gesamtkohlenstoff, für

Stoffe nach 3.1.7 Klasse I	1 kg/h
Stoffe nach 3.1.7 Klasse I bis III	insgesamt 10 kg/h

überschreitet, sollen die relevanten Quellen mit Meßeinrichtungen ausgerüstet werden, die den Gesamtkohlenstoffgehalt kontinuierlich ermitteln.

3.2.3.4 Bezugsgrößen

Anlagen, bei denen die Massenkonzentrationen der Emissionen kontinuierlich zu überwachen sind, sollen mit Meßeinrichtungen ausgerüstet werden, die die zur Auswertung und Beurteilung der kontinuierlichen Messungen erforderlichen Betriebsparameter, z. B. Abgastemperatur, Abgasvolumenstrom, Feuchtegehalt, Druck oder Sauerstoffgehalt, kontinuierlich ermitteln.

Auf die kontinuierliche Messung der Betriebsparameter kann verzichtet werden, wenn die Parameter erfahrungsgemäß nur eine geringe Schwankungsbreite haben, für die Beurteilung der Emissionen unbedeutend sind oder mit ausreichender Sicherheit auf andere Weise ermittelt werden können.

3.2.3.5 Auswahl von Meßeinrichtungen

Für die kontinuierlichen Messungen sollen geeignete Meßeinrichtungen eingesetzt werden, die die Werte der nach 3.2.3.2, 3.2.3.3 oder 3.3 zu überwachenden Größen kontinuierlich ermitteln, registrieren und nach 3.2.3.6 auswerten.

Es soll gefordert werden, daß eine von der zuständigen obersten Landesbehörde für Kalibrierungen bekanntgegebene Stelle über den ordnungsgemäßen Einbau der kontinuierlichen Meßeinrichtungen eine Bescheinigung ausstellt.

Der Bundesminister des Innern veröffentlicht nach Abstimmung mit den zuständigen obersten Landesbehörden im Gemeinsamen Ministerialblatt geeignete Meßeinrichtungen sowie Richtlinien über die Eignungsprüfung, den Einbau, die Kalibrierung und die Wartung von Meßeinrichtungen.

3.2.3.6 Auswertung und Beurteilung der Meßergebnisse

Aus den Meßwerten soll grundsätzlich für jede aufeinanderfolgende halbe Stunde der Halbstundenmittelwert gebildet werden. Die Halbstundenmittelwerte sollen gegebenenfalls auf die jeweiligen Bezugsgrößen umgerechnet, in mindestens 20 Klassen klassiert und als Häufigkeitsverteilung gespeichert werden. Mit der Ermittlung der Häufigkeitsverteilungen soll am Beginn eines Kalenderjahres jeweils neu begonnen werden. Die Häufigkeitsverteilungen sollen jederzeit ablesbar sein und einmal täglich aufgezeichnet werden.

Aus den Halbstundenmittelwerten soll für jeden Kalendertag der Tagesmittelwert, bezogen auf die tägliche Betriebszeit, gebildet werden. Die Tagesmittelwerte sollen als Häufigkeitsverteilung gespeichert werden.

Die Anlage ist hinsichtlich der Emissionen nicht zu beanstanden, wenn die Auswertung der Häufigkeitsverteilungen für die Betriebsstunden innerhalb eines Kalenderjahres ergibt, daß die nach 3.1 Absatz 2 im Genehmigungsbescheid festgelegten Emissionsbegrenzungen nicht überschritten werden.

Es soll gefordert werden, daß der Betreiber über die Ergebnisse der kontinuierlichen Messungen Meßberichte erstellt und innerhalb von 3 Monaten nach Ablauf eines jeden Kalenderjahres der zuständigen Behörde vorlegt. Der Betreiber muß die Meßergebnisse 5 Jahre lang aufbewahren.

Der Bundesminister des Innern veröffentlicht nach Abstimmung mit den zuständigen obersten Landesbehörden im Gemeinsamen Ministerialblatt Richtlinien über die Auswertung und Beurteilung kontinuierlicher Emissionsmessungen.

3.2.3.7 Kalibrierung und Funktionsprüfung der Meßeinrichtungen

Es soll gefordert werden, daß Meßeinrichtungen, die die Massenkonzentration von Emissionen kontinuierlich ermitteln und aufzeichnen, durch eine von der obersten Landesbehörde für Kalibrierungen bekanntgegebene Stelle kalibriert und jährlich einmal auf Funktionsfähigkeit geprüft werden. Die Kalibrierung der Meßeinrichtung soll sich auf eine halbe Stunde beziehen. In besonderen Fällen, z. B. bei Chargenbetrieb, bei einer längeren Kalibrierzeit als einer halben Stunde oder anderen Mittelungszeiten nach 2, 3.1 oder 3.3, ist die Mittelungszeit entsprechend anzupassen.

Die Kalibrierung der Meßeinrichtungen soll nach einer wesentlichen Änderung, im übrigen im Abstand von 5 Jahren wiederholt werden. Die Berichte über das Ergebnis der Kalibrierung und der Prüfung der Funktionsfähigkeit sollen der zuständigen Behörde innerhalb von 8 Wochen vorgelegt werden.

Es soll gefordert werden, daß der Betreiber für eine regelmäßige Wartung und Prüfung der Funktionsfähigkeit der Meßeinrichtungen sorgt.

3.2.4 Fortlaufende Überwachung der Emissionen besonderer Stoffe

Bei Anlagen mit Emissionen an Stoffen nach 2.3, 3.1.4 oder 3.1.7 Klasse I soll gefordert werden, daß täglich die Massenkonzentration dieser Stoffe im Abgas als Tagesmittelwert, bezogen auf die tägliche Betriebszeit, ermittelt wird, wenn das Zehnfache der dort festgelegten Massenströme überschritten wird.

Unterliegen die Tagesmittelwerte nur geringen Schwankungen, kann die Ermittlung der Massenkonzentration dieser Stoffe im Abgas als Tagesmittelwert auch in größeren Zeitabständen, z. B. wöchentlich, monatlich oder jährlich erfolgen. Auf die Ermittlung der Emissionen besonderer Stoffe kann verzichtet werden, wenn durch andere Prüfungen, z. B. durch kontinuierliche Funktionskontrolle der Abgasreinigungseinrichtungen, mit ausreichender Sicherheit festgestellt werden kann, daß die Emissionsbegrenzungen nicht überschritten werden.

Die Einhaltung der Anforderungen nach 3.1.7 Absatz 7 ist durch fortlaufende Aufzeichnung geeigneter Betriebsgrößen nachzuweisen, soweit wegen fehlender meßtechnischer Voraussetzungen eine kontinuierliche Emissionsüberwachung nicht gefordert werden kann.

Es soll gefordert werden, daß der Betreiber über die Ergebnisse der fortlaufenden Überwachung der Emissionen besonderer Stoffe Meßberichte erstellt und innerhalb von 3 Monaten nach Ablauf eines jeden Kalenderjahres der zuständigen Behörde vorlegt. Der Betreiber muß die Meßergebnisse 5 Jahre lang aufbewahren.

3.3 *Besondere Regelungen für bestimmte Anlagenarten*

Die in diesem Abschnitt enthaltenen besonderen Anforderungen für bestimmte Anlagenarten sind entsprechend dem Anhang der Verordnung über genehmigungsbedürftige Anlagen vom 24. Juli 1985 (BGBl. I S. 1586) geordnet und gelten nur für die jeweils genannten Anlagenarten.

3.3.1 Wärmeerzeugung, Bergbau, Energie

3.3.1.2 Anlagen der Nummer 1.2

3.3.1.2.1 Feuerungsanlagen für den Einsatz von Kohle, Koks, Kohlebriketts, Torf, Holz oder Holzresten, die nicht mit Kunststoffen beschichtet oder Holzschutzmitteln behandelt sind, mit einer Feuerungswärmeleistung von weniger als 50 MW

Bezugsgrößen

Die Emissionswerte beziehen sich bei Feuerungen für den Einsatz von Kohle auf einen Volumengehalt an Sauerstoff im Abgas von 7 vom Hundert und bei Feuerungen für den Einsatz von Torf, Holz oder Holzresten auf einen Volumengehalt an Sauerstoff im Abgas von 11 vom Hundert.

Staub

Die staubförmigen Emissionen im Abgas dürfen

a) bei Anlagen mit einer Feuerungswärmeleistung von 5 MW oder mehr 50 mg/m^3,

b) bei Anlagen mit einer Feuerungswärmeleistung von weniger als 5 MW 0,15 g/m^3

nicht überschreiten.

3.1.4 findet keine Anwendung.

Die Emissionswerte sind auch bei der Heizflächenreinigung einzuhalten.

Kohlenmonoxid

Die Emissionen an Kohlenmonoxid im Abgas dürfen 0,25 g/m^3 nicht überschreiten. Bei Einzelfeuerungen mit einer Feuerungswärmeleitung von weniger als 2,5 MW gilt der Emissionswert nur bei Betrieb mit Nennlast.

Organische Stoffe

Bei Einsatz von Torf, Holz oder Holzresten dürfen die Emissionen an organischen Stoffen im Abgas 50 mg/m^3, angegeben als Gesamtkohlenstoff, nicht überschreiten.

Stickstoffoxide

Die Emissionen an Stickstoffmonoxid und Stickstoffdioxid im Abgas dürfen bei stationären Wirbelschichtfeuerungen mit einer Feuerungswärmeleistung von mehr als 20 MW oder Wirbelschichtfeuerungen mit zirkulierender Wirbelschicht 0,30 g/m^3 und bei sonstigen Feuerungen 0,50 g/m^3, angegeben als Stickstoffdioxid, nicht überschreiten; bei den sonstigen Feuerungen sind die Möglichkeiten, die Emissionen an Stickstoffoxiden durch feuerungstechnische Maßnahmen weiter zu vermindern, auszuschöpfen.[3]

Schwefeloxide

Die Emissionen an Schwefeldioxid und Schwefeltrioxid im Abgas dürfen bei Wirbelschichtfeuerungen 0,40 g/m^3 oder, soweit diese Massenkonzentration mit verhältnismäßigem Aufwand nicht eingehalten werden kann, einen Schwefelemissionsgrad von 25 vom Hundert und bei Einsatz von Kohle in sonstigen Feuerungen 2,0 g/m^3, angegeben als Schwefeldioxid, nicht überschreiten.

Bei Einsatz von Kohle in anderen als Wirbelschichtfeuerungen sind die Möglichkeiten, die Emissionen an Schwefeloxiden zu vermindern, auszuschöpfen; durch Zugabe basischer Sorbentien zum Brennstoff oder in die Feuerung können die Emissionen an Schwefeloxiden auf Schwefelemissionsgrade bis zu 50 vom Hundert abgesenkt werden.[4]

Halogenverbindungen

3.1.6 findet keine Anwendung.

Kontinuierliche Messungen

Einzelfeuerungen mit einer Feuerungswärmeleistung von 5 MW bis 25 MW sollen mit einer Meßeinrichtung ausgerüstet werden, die die Abgastrübung, z. B. über die optische Transmission, kontinuierlich ermittelt.

Einzelfeuerungen mit einer Feuerungswärmeleistung von mehr als 25 MW sollen mit einer Meßeinrichtung ausgerüstet werden,

---

[3] vgl. Empfehlung des LAI auf S. 137
[4] vgl. Empfehlung des LAI auf S. 138

die die Massenkonzentration der staubförmigen Emissionen kontinuierlich ermittelt.

Einzelfeuerungen mit einer Feuerungswärmeleistung von mehr als 25 MW sollen mit einer Meßeinrichtung ausgerüstet werden, die die Massenkonzentration an Kohlenmonoxid kontinuierlich ermittelt.

3.2.3.1 Absatz 3 Satz 2 findet im Hinblick auf Schwefeloxide Anwendung, wenn der Betreiber einen Nachweis über den Schwefelgehalt, den unteren Heizwert des eingesetzten Brennstoffes sowie die Sorbentienzugabe führt, den Nachweis fünf Jahre lang aufbewahrt und auf Verlangen der zuständigen Behörde vorlegt. Bei Feuerungen mit einer Feuerungswärmeleistung von insgesamt 10 MW oder mehr sollen Meßeinrichtungen vorgesehen werden, welche die Massenkonzentration an Schwefeldioxid kontinuierlich ermitteln; 3.2.3.1 Absatz 3 Satz 2 bleibt unberührt.

3.2.3.3 findet keine Anwendung für die kontinuierliche Messung der Emissionen von Stickstoffoxiden und organischen Verbindungen.

3.3.1.2.2 **Feuerungsanlagen für den Einsatz von Heizölen der Erstraffination oder Rohölen mit einer Feuerungswärmeleistung von weniger als 50 MW**

Bezugsgröße

Die Emissionswerte beziehen sich auf einen Volumengehalt an Stauerstoff im Abgas von 3 vom Hundert.

Staub

a) Die staubförmigen Emissionen im Abgas dürfen 80 mg/m^3, bei Anlagen mit einer Feuerungswärmeleistung von 5 MW oder mehr und bei Einsatz von Heizölen mit einem Massengehalt an Schwefel von mehr als 1 vom Hundert 50 mg/m^3 nicht überschreiten;

b) bei Einsatz von Heizölen nach DIN 51 603 Teil 1 (Ausgabe Dezember 1981) darf der nach Anlage II der Ersten Verordnung zur Durchführung des Bundes-Immissionsschutzgesetzes zu bestimmende Schwärzungsgrad die Rußzahl 1 nicht überschreiten. Die Abgase müssen soweit frei von Ölderivaten sein, daß das für die Rußmessung verwendete Filterpapier keine sichtbaren Spuren von Ölderivaten aufweist.

3.1.4 findet keine Anwendung bei Einsatz aschearmer Heizöle, wenn die Anforderung nach Buchstabe a auch ohne Entstaubungseinrichtung erfüllt wird.

Die Emissionswerte sind auch bei der Heizflächenreinigung einzuhalten.

Kohlenmonoxid

Die Emissionen an Kohlenmonoxid im Abgas dürfen 0,17 g/m^3 nicht überschreiten.

Stickstoffoxide

Die Emissionen an Stickstoffmonoxid und Stickstoffdioxid im Abgas dürfen bei Einsatz von Heizölen nach DIN 51 603 (Ausgabe Dezember 1981) Teil 1 0,25 g/m^3 und bei Einsatz von sonstigen Heizölen 0,45 g/m^3, angegeben als Stickstoffdioxid, nicht überschreiten; bei Einsatz von sonstigen Heizölen sind die Möglichkeiten, die Emissionen an Stickstoffoxiden durch feuerungstechnische Maßnahmen weiter zu vermindern, auszuschöpfen.[5]

Schwefeloxide

Die Emissionen an Schwefeldioxid und Schwefeltrioxid im Abgas dürfen 1,7 g/m^3, angegeben als Schwefeldioxid, nicht überschreiten. Die Möglichkeiten, die Emissionen an Schwefeloxiden zu vermindern, sind auszuschöpfen, z. B. durch den Einsatz schwefelarmer Heizöle.[5]

Bei Feuerungsanlagen mit einer Feuerungswärmeleistung bis einschließlich 5 MW dürfen nur Heizöle mit einem Massengehalt an Schwefel nach DIN 51 603 Teil 1 (Ausgabe Dezember 1981) eingesetzt werden. Satz 1 gilt nicht, wenn durch Entschwefelungseinrichtungen sichergestellt wird, daß keine höheren Emissionen an Schwefeloxiden als bei Einsatz eines Heizöls nach DIN 51 603 Teil 1 (Ausgabe Dezember 1981) entstehen.

5 vgl. Empfehlung des LAI auf S. 139

Einzelmessungen

Bei Einsatz von Heizölen nach DIN 51 603 Teil 1 (Ausgabe Dezember 1981) findet 3.2.2.1 für Staub und Schwefeloxide keine Anwendung.

Kontinuierliche Messungen

Einzelfeuerungen mit einer Feuerungswärmeleistung von 5 MW bis 25 MW oder Einzelfeuerungen mit einer Feuerungswärmeleistung von 5 MW oder mehr, die ausschließlich mit Heizölen nach DIN 51 603, Teil 1 (Ausgabe Dezember 1981) betrieben werden, sollen mit einer Meßeinrichtung ausgerüstet werden, die die Abgastrübung, z. B. über die optische Transmission, kontinuierlich ermittelt. Die Meßeinrichtung soll die Einhaltung des Schwärzungsgrades Rußzahl 1 mit ausreichender Sicherheit erkennen lassen.

Einzelfeuerungen mit einer Feuerungswärmeleistung von mehr als 25 MW sollen mit einer Meßeinrichtung ausgerüstet werden, die die Massenkonzentration der staubförmigen Emissionen kontinuierlich ermittelt.

Einzelfeuerungen mit einer Feuerungswärmeleistung von mehr als 25 MW sollen mit einer Meßeinrichtung ausgerüstet werden, die die Massenkonzentration an Kohlenmonoxid kontinuierlich ermittelt.

3.2.3.3 findet keine Anwendung für die kontinuierliche Messung der Emissionen an Schwefeldioxid im Abgas, sofern Heizöle mit einem Massengehalt an Schwefel von weniger als 1 vom Hundert eingesetzt werden. Bei Einsatz anderer Heizöle als nach DIN 51 603 Teil 1 (Ausgabe Dezember 1981) soll gefordert werden, daß der Betreiber einen Nachweis über den Schwefelgehalt des Heizöls führt, den Nachweis fünf Jahre lang aufbewahrt und auf Verlangen der zuständigen Behörde vorlegt.

3.3.1.2.3 Feuerungsanlagen für den Einsatz von gasförmigen Brennstoffen mit einer Feuerungswärmeleistung von weniger als 100 MW

Bezugsgröße

Die Emissionswerte beziehen sich auf einen Volumengehalt an Sauerstoff im Abgas von 3 vom Hundert.

Staub

Die staubförmigen Emissionen im Abgas dürfen bei Einsatz von

a) Gichtgas (Hochofengas) 10 mg/m³
b) Industriegasen der Stahlerzeugung 50 mg/m³
c) sonstigen Gasen 5 mg/m³

nicht überschreiten.

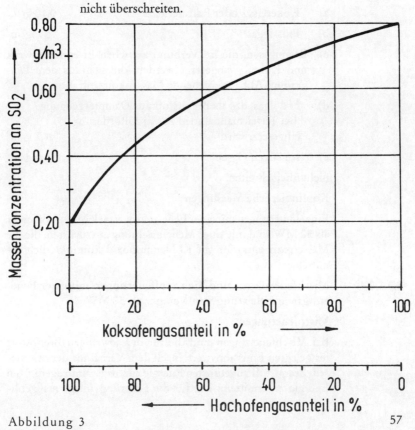

Abbildung 3

Kohlenmonoxid

Die Emissionen an Kohlenmonoxid im Abgas dürfen 0,10 g/m^3 nicht überschreiten.

Stickstoffoxide

Die Emissionen an Stickstoffmonoxid und Stickstoffdioxid im Abgas dürfen 0,20 g/m^3, angegeben als Stickstoffdioxid, nicht überschreiten. Bei Prozeßgasen, die als Brenngase verwertet werden und die zusätzlich Stickstoffverbindungen enthalten, ist die Emission an Stickstoffoxiden im Abgas durch Maßnahmen nach dem Stand der Technik zu begrenzen.

Schwefeloxide

Die Emissionen an Schwefeldioxid und Schwefeltrioxid im Abgas dürfen bei Einsatz von

a) Kokereigas oder Raffineriegas 0,10 g/m^3

b) Flüssiggas 5 mg/m^3

c) Brenngasen, die im Verbund zwischen Eisenhüttenwerk und Kokerei eingesetzt werden, die sich aus dem Diagramm (Abb. 3) ergebende Massenkonzentration

d) Erdölgas, das als Brennstoff zur Dampferzeugung bei Tertiärmaßnahmen zur Erdölförderung eingesetzt wird 1,7 g/m^3

e) sonstigen Gasen 35 mg/m^3

nicht überschreiten.

Kontinuierliche Messungen

Einzelfeuerungen mit einer Feuerungswärmeleistung von mehr als 50 MW sind mit einer Meßeinrichtung auszurüsten, die die Massenkonzentration an Kohlenmonoxid kontinuierlich ermittelt.

3.3.1.2.4 **Mischfeuerungen und Mehrstoffeuerungen mit einer Feuerungswärmeleistung von weniger als 50 MW**

Mischfeuerungen

Bei Mischfeuerungen sind die für den jeweiligen Brennstoff festgelegten Emissionswerte nach dem Verhältnis der mit diesem Brennstoff zugeführten Energie zur insgesamt zugeführten Energie zu ermitteln. Die für die Feuerungsanlage maßgeblichen Emissionswerte ergeben sich durch Addition der so ermittelten Werte.

Abweichend von Absatz 1 finden die Vorschriften für den Brennstoff Anwendung, für den der höchste Emissionswert gilt, wenn während des Betriebes der Anlage der Anteil dieses Brennstoffs an der insgesamt zugeführten Energie mindestens 70 vom Hundert, bei Anlagen in Mineralölraffinerien mindestens 50 vom Hundert beträgt. Der Anteil des maßgeblichen Brennstoffs darf bei Anlagen, die Destillations- und Konversionsrückstände der Erdölverarbeitung im Eigenverbrauch einsetzen, unterschritten werden, wenn die Emissionskonzentration in dem Abgas, das dem maßgeblichen Brennstoff zuzurechnen ist, den für diesen Brennstoff sich aus Satz 1 ergebenden Wert nicht überschreitet.

Mehrstoffeuerungen

Bei Mehrstoffeuerungen gelten die Anforderungen für den jeweils eingesetzten Brennstoff; davon abweichend gelten bei der Umstellung von festen Brennstoffen auf gasförmige oder auf Heizöle nach DIN 51 603 Teil 1 (Ausgabe Dezember 1981) für eine Zeit von vier Stunden nach der Umstellung hinsichtlich der Begrenzung staubförmiger Emissionen die Anforderungen für feste Brennstoffe.

Wirbelschichtfeuerungen

Bei Wirbelschichtfeuerungen, die als Mischfeuerungen oder Mehrstoffeuerungen betrieben werden, gelten für Staub die Emissionswerte nach 3.3.1.2.1.

3.3.1.2.5 **Feuerungsanlagen von Trocknungsanlagen**

Bezugsgröße

Die Emissionswerte beziehen sich bei Feuerungsanlagen, mit deren Abgasen oder Flammen Güter in unmittelbarer Berührung, erwärmt, getrocknet oder sonst behandelt werden, auf einen Volumengehalt an Sauerstoff im Abgas von 17 vom Hundert.

Brennstoffe

Die Feuerungen von Trocknungsanlagen sollen mit folgenden Brennstoffen betrieben werden:

Gasförmige Brennstoffe

Heizöle nach DIN 51 603 Teil 1 (Ausgabe Dezember 1981) oder Kohle mit einem Massengehalt an Schwefel von weniger als 1 vom Hundert, bezogen auf einen unteren Heizwert von 29,3 MJ/kg; soweit im Einzelfall andere feste brennbare Stoffe eingesetzt werden, sind Sonderregelungen zu treffen.

3.3.1.3 Anlagen der Nummer 1.3

3.3.1.3.1 **Feuerungsanlagen für den Einsatz anderer als in 3.3.1.2.1 genannter fester brennbarer Stoffe mit einer Feuerungswärmeleistung von weniger als 50 MW**[6]

Bei Einsatz von Holz oder Holzresten, die mit Kunststoffen beschichtet sind, gilt 3.3.1.2.1 entsprechend mit der Maßgabe, daß für Halogenverbindungen 3.1.6 Anwendung findet.

Bei Einsatz von Stroh gelten die Anforderungen, die in 3.3.1.2.1 für den Einsatz von Torf, Holz oder Holzresten Anwendung finden, entsprechend.

Bei Einsatz sonstiger fester brennbarer Stoffe gilt 3.3.8.1.1 entsprechend.

3.3.1.3.2 **Feuerungsanlagen für den Einsatz anderer als in 3.3.1.2.2 genannter flüssiger brennbarer Stoffe mit einer Feuerungswärmeleistung von weniger als 50 MW**[7]

Bei Einsatz von flüssigen brennbaren Stoffen gilt 3.3.1.2.2 entsprechend, wenn der Massengehalt an polychlorierten aromatischen Kohlenwasserstoffen wie PCB oder PCP bis 10 mg/kg und der untere Heizwert des brennbaren Stoffes mindestens 30 MJ/kg beträgt.

Bei Einsatz von Ablaugen aus der Zellstoffgewinnung gilt 3.3.1.2.2 mit der Maßgabe, daß die Emissionen an Schwefeloxiden im Abgas 1,7 g/m^3, bezogen auf einen Volumengehalt an Sauerstoff von 6 vom Hundert, oder, soweit diese Massenkonzentration mit verhältnismäßigem Aufwand nicht eingehalten werden kann, einen Schwefelemissionsgrad von 5 vom Hundert nicht überschreiten dürfen.

---

6 Soweit Stoffe verbrannt werden, die unter den Anwendungsbereich der 17. BImSchV fallen, wird Nr. 3.3.1.3.1 TA Luft durch diese Verordnung verdrängt
7 Soweit Stoffe verbrannt werden, die unter den Anwendungsbereich der 17. BImSchV fallen, wird Nr. 3.3.1.3.2 TA Luft durch diese Verordnung verdrängt

Bei Einsatz sonstiger flüssiger brennbarer Stoffe gilt 3.3.8.1.1 entsprechend.

3.3.1.4 Anlagen der Nummer 1.4

3.3.1.4.1 **Verbrennungsmotoranlagen**

Bezugsgröße

Die Emissionswerte beziehen sich auf einen Volumengehalt an Sauerstoff im Abgas von 5 vom Hundert.

Staub

Die staubförmigen Emissionen im Abgas von Selbstzündungsmotoren, die mit flüssigen Kraftstoffen betrieben werden, dürfen 0,13 g/m^3 nicht überschreiten; darüber hinaus ist der Einsatz von Rußfiltern anzustreben.!8•

Kohlenmonoxid

Die Emissionen an Kohlenmonoxid im Abgas dürfen 0,65 g/m^3 nicht überschreiten.

Stickstoffoxide

Die Emissionen an Stickstoffmonoxid und Stickstoffdioxid im Abgas, angegeben als Stickstoffdioxid, dürfen bei

a) Selbstzündungsmotoren mit einer Feuerungswärmeleistung von

— 3 MW oder mehr 2,0 g/m^3
— weniger als 3 MW 4,0 g/m^3

b) sonstigen Motoren

— Viertaktmotoren 0,50 g/m^3
— Zweitaktmotoren 0,80 g/m^3

nicht überschreiten.

Bei Selbstzündungsmotoren sind die Möglichkeiten, die Emissionen durch motorische und andere dem Stand der Technik entsprechende Maßnahmen weiter zu vermindern, auszuschöpfen.[8]

---

[8] vgl. Empfehlung des LAI auf S. 140

Die Emissionswerte für Stickstoffoxide finden keine Anwendung bei Notstromaggregaten und sonstigen Verbrennungsmotoranlagen, die ausschließlich dem Noteinsatz dienen.

Schwefeloxide

Bei Einsatz flüssiger Brennstoffe dürfen diese nur einen Massengehalt an Schwefel nach DIN 51 603 Teil 1 (Ausgabe Dezember 1981) enthalten, oder es sind gleichwertige Maßnahmen zur Emissionsminderung anzuwenden.

3.3.1.5 Anlagen der Nummer 1.5

3.3.1.5.1 **Gasturbinenanlagen**

Bezugsgröße

Die Emissionswerte beziehen sich auf einen Volumengehalt an Sauerstoff im Abgas von 15 vom Hundert.

Staub

Der nach Anlage II der Verordnung über Feuerungsanlagen in der Fassung der Bekanntmachung vom 5. Februar 1979 (BGBl. I S. 165) zu bestimmende Schwärzungsgrad darf bei Gasturbinen mit einem Abgasvolumenstrom von

a) 60 000 m³/h oder mehr im Dauerbetrieb die Rußzahl 2 und beim Anfahren die Rußzahl 3,

b) weniger als 60 000 m³/h bei allen Betriebszuständen die Rußzahl 4

nicht überschreiten.

Kohlenmonoxid

Die Emissionen an Kohlenmonoxid im Abgas dürfen im Dauerbetrieb 0,10 g/m³ nicht überschreiten.

Stickstoffoxide

Die Emissionen an Stickstoffmonoxid und Stickstoffdioxid im Abgas von Gasturbinen dürfen, angegeben als Stickstoffdioxid, bei einem Abgasvolumenstrom von

a) 60 000 m³/h oder mehr   0,30 g/m³
b) weniger als 60 000 m³/h   0,35 g/m³

nicht überschreiten; die Möglichkeiten, die Emissionen durch verbrennungstechnische Maßnahmen weiter zu vermindern, sind auszuschöpfen.[9]

Bei Gasturbinen mit einem thermischen Wirkungsgrad von mehr als 30 vom Hundert sind die Emissionswerte nach Absatz 1 entsprechend der prozentualen Wirkungsgraderhöhung heraufzusetzen.

Schwefeloxide

Bei Einsatz flüssiger Brennstoffe dürfen diese nur einen Massengehalt an Schwefel nach DIN 51 603 Teil 1 (Ausgabe Dezember 1981) enthalten oder es sind gleichwertige Maßnahmen zur Emissionsminderung anzuwenden.

3.3.1.9/10 Anlagen der Nummer 1.9 und 1.10

3.3.1.9.1 **Anlagen zum Mahlen oder Trocknen von Kohle**

3.3.1.10.1 **Anlagen zum Brikettieren von Braun- und Steinkohle**

Staub

a) Steinkohle
Die staubförmigen Emissionen in der Gebäudeabluft dürfen 75 mg/m^3, in den Schwaden 75 mg/m^3 (f) ind in den Brüden 0,10 g/m^3 (f) nicht überschreiten.

b) Braunkohle
Die staubförmigen Emissionen der Brüdenentstaubung, Stempelentstaubung und Pressenmaulentnebelung dürfen 0,10 g/m^3 (f) und bei sonstigen Entstaubungen 75 mg/m^3 nicht überschreiten.

3.3.1.11 Anlagen der Nummer 1.11

3.3.1.11.1 **Anlagen zur Trockendestillation von Steinkohle (Kokereien)**

Unterfeuerung

a) Bezugsgröße
Die Emissionswerte beziehen sich bei Feuerungsabgasen auf einen Volumengehalt an Sauerstoff im Abgas von 5 vom Hundert.

9 vgl. Empfehlung des LAI auf S. 141

b) Brennstoff
Die Massenkonzentration an Schwefelverbindungen im Unterfeuerungsgas darf 0,80 g/m^3, angegeben als Schwefel, nicht überschreiten.

c) Stickstoffoxide
Bei der erstmaligen Messung (3.2.2.1) dürfen die Emissionen an Stickstoffmonoxid und Stickstoffdioxid im Abgas der Unterfeuerung 0,50 g/m^3, angegeben als Stickstoffdioxid, nicht überschreiten; die Möglichkeiten, ein alterungsbedingtes Ansteigen der Emissionen durch feuerungstechnische oder andere dem Stand der Technik entsprechende Maßnahmen zu vermindern, sind auszuschöpfen.[10]

Füllen der Koksöfen

Beim Abziehen der Kohle aus dem Kohlebunker in den Füllwagen sind Staubemissionen zu vermeiden.

Die Füllgase sind zu erfassen.

Beim Schüttbetrieb sind die Füllgase in das Rohgas oder in einen Nachbarofen überzuleiten, soweit eine Überleitung im Hinblick auf die Weiterverarbeitbarkeit des Rohteeres möglich ist.

Beim Stampfbetrieb sind die Füllgase so weit wie möglich in das Rohgas überzuleiten.

Füllgase, die nicht übergeleitet werden können, sind einer Verbrennung zuzuführen. Die staubförmigen Emissionen im Verbrennungsabgas dürfen 25 mg/m^3 nicht überschreiten.

Beim Planieren der Kohleschüttung sind die Emissionen an Füllgasen durch Abdichten der Planieröffnung zu vermindern.

Füllochdeckel

Emissionen an Füllochdeckeln sind so weit wie möglich zu vermeiden, z. B. durch Verwendung von Füllochdeckeln mit großen Dichtflächen, Vergießen der Füllochdeckel nach jeder Beschickung der Öfen und regelmäßige Reinigung der Füllochrahmen und Füllochdeckel vor dem Verschließen der Füllöcher. Die Ofendecke ist regelmäßig von Kohleresten zu reinigen.

---

10 vgl. Empfehlung des LAI auf S. 142

Steigrohrdeckel

Steigrohrdeckel sind zur Vermeidung von Gas- oder Teeremissionen mit Wassertauchungen oder gleichwertigen Einrichtungen auszurüsten; die Steigrohre sind regelmäßig zu reinigen.

Koksofenbedienungsmaschinen

Die Koksofenbedienungsmaschinen sind mit Einrichtungen zum Reinigen der Dichtflächen an den Ofentürrahmen auszurüsten.

Koksofentüren

Es sind Koksofentüren mit hoher Dichtwirkung zu verwenden, z. B. Membrantüren oder Türen mit gleicher Dichtwirkung. Die Dichtflächen der Ofentüren sind regelmäßig zu reinigen. Die Koksofenbatterien sind so zu planen, daß auf der Maschinenseite und auf der Koksseite Türabsaugungen mit Entstaubungseinrichtungen installiert werden können.

Koksdrücken

Beim Koksdrücken sind die Abgase zu erfassen und einer Entstaubungseinrichtung zuzuführen; die staubförmigen Emissionen dürfen 5 g je t Koks nicht überschreiten.

Kokskühlung

Es sind Verfahren zur emissionsarmen Kühlung des Kokses einzusetzen, z. B. die trockene Kokskühlung; die staubförmigen Emissionen im Abgas der trockenen Kokskühlung dürfen 20 mg/m^3 nicht überschreiten.

Betriebsanleitung

In einer Betriebsanleitung sind Maßnahmen zur Emissionsminderung beim Koksofenbetrieb festzulegen, insbesondere zur Dichtung der Öffnungen, zur Sicherstellung, daß nur ausgegarte Brände gedrückt werden, und zur Vermeidung des Austritts unverbrannter Gase in die Atmosphäre.

Kohlewertstoffbetriebe

Für Anlagen im Bereich der Kohlewertstoffbetriebe gelten die Anforderungen nach 3.3.4.1 d.2 und 3.3.4.4.1 entsprechend. Ist im Gas neben Ammoniak auch Schwefelwasserstoff vorhanden, so ist das Abgas bei Anwendung der Nachverbrennung einer Schwefelsäure- oder Schwefelgewinnungsanlage zuzuführen.

Altanlagen

Altanlagen, die mit Löschtürmen zur nassen Kokskühlung ausgerüstet sind, sind bei der Grunderneuerung auf ein emissionsarmes Kühlverfahren umzustellen.

3.3.1.14 Anlagen der Nummer 1.14

3.3.1.14.1 **Anlagen zur Vergasung von Kohle**

Bauliche und betriebliche Anforderungen

a) Reaktorbeschickung
Schleusengase sind zu erfassen und einer Verwendung zuzuführen; durch Undichtigkeiten des Reaktorbeschikkungssystems entstehende Emissionen sind zu erfassen und einer Abgasreinigungseinrichtung zuzuführen; bei offener Reaktorbeschickung ist eine Einhausung vorzusehen und die Abluft einer Abgasreinigungseinrichtung zuzuführen.

b) Schlackenaustragsystem
Die Emissionen an Staub und Schwefelwasserstoff sind durch technische und betriebliche Maßnahmen zu vermindern.

c) 3.3.4.1 d.2 und 3.3.4.4.1 gelten entsprechend; 3.3.4.4.1 findet keine Anwendung, wenn das Prozeßgas unmittelbar in metallurgischen Prozessen, z. B. zur Reduktion von Eisenerz, oder in Feuerungsanlagen eingesetzt wird.

3.3.1.14.2 **Anlagen zur Verflüssigung von Kohle**

Bauliche und betriebliche Anforderungen

a) Rückstände der Kohleverflüssigung sind einer Weiterverwendung zuzuführen; Transport und Lagerung sollen in geschlossenen Systemen erfolgen.

b) 3.3.4.1 d.2 und 3.3.4.4.1 gelten entsprechend.

3.3.2	Steine und Erden, Glas, Keramik, Baustoffe
3.3.2.3	Anlagen der Nummer 2.3
3.3.2.3.1	**Anlagen zur Herstellung von Zementen**

Staub

Bei Zementöfen mit Rostvorwärmer sind Hilfskamine an eine Entstaubungseinrichtung anzuschließen.

Stickstoffoxide

Die Emissionen an Stickstoffmonoxid und Stickstoffdioxid dürfen, angegeben als Stickstoffdioxid, im Abgas von Zementöfen mit

a) Rostvorwärmer 1,5 g/m^3

b) Zyklonvorwärmer und Abgaswärmenutzung 1,3 g/m^3

c) Zyklonvorwärmer ohne Abgaswärmenutzung 1,8 g/m^3

nicht überschreiten; die Möglichkeiten, die Emissionen durch feuerungstechnische oder andere dem Stand der Technik entsprechende Maßnahmen weiter zu vermindern, sind auszuschöpfen.[11]

Schwefeloxide

Die Emissionen an Schwefeldioxid und Schwefeltrioxid im Abgas der Zementöfen dürfen 0,40 g/m^3, angegeben als Schwefeldioxid, nicht überschreiten.

Lagerung

Das Klinkermaterial ist in Silos oder in geschlossenen Räumen mit Absaugung und Entstaubung zu lagern.

3.3.2.4	Anlagen der Nummer 2.4
3.3.2.4.1	**Anlagen zum Brennen von Bauxit, Dolomit, Gips, Kalkstein, Kieselgur, Magnesit, Quarzit oder Schamotte**

Bezugsgrößen

Die Emissionswerte beziehen sich bei Anlagen zur Herstellung von Kalk- oder Dolomithydrat auf feuchtes Abgas.

---

11 vgl. Empfehlung des LAI auf S. 143

Staub

Beim Brennen von Chromitsteinen dürfen die staubförmigen Emissionen an Chrom und seinen Verbindungen im Abgas, angegeben als Chrom, 10 mg/m³ nicht überschreiten.

Stickstoffoxide

Die Emissionen an Stickstoffmonoxid und Stickstoffdioxid dürfen, angegeben als Stickstoffdioxid, im Abgas von

a) Drehrohröfen 1,8 g/m³

b) sonstigen Öfen 1,5 g/m³

nicht überschreiten; die Möglichkeiten, die Emissionen durch feuerungstechnische und andere dem Stand der Technik entsprechende Maßnahmen zu vermindern, sind auszuschöpfen.[12]

Fluorverbindungen

Bei periodisch betriebenen Öfen zum Brennen von Quarzit dürfen die Emissionen an gasförmigen anorganischen Fluorverbindungen im Abgas 10 mg/m³, angegeben als Fluorwasserstoff, nicht überschreiten.

3.3.2.7 Anlagen der Nummer 2.7

3.3.2.7.1 **Anlagen zum Blähen von Perlite, Schiefer oder Ton**

Bezugsgrößen

Die Emissionswerte beziehen sich auf feuchtes Abgas und auf einen Volumengehalt an Sauerstoff im Abgas von 14 vom Hundert.

Schwefeloxide

3.1.6 findet keine Anwendung; die Emission an Schwefeldioxid und Schwefeltrioxid im Abgas, angegeben als Schwefeldioxid, dürfen bei einem Massenstrom von 10 kg/h oder mehr 1,0 g/m³ nicht überschreiten.

3.3.2.8 Anlagen der Nummer 2.8

3.3.2.8.1 **Anlagen zur Herstellung von Glas einschließlich Glasfasern**

Bezugsgrößen

Die Emissionswerte beziehen sich bei flammenbeheizten Glasschmelzöfen auf einen Volumengehalt an Sauerstoff im Abgas

[12] vgl. Empfehlung des LAI auf S. 144

von 8 vom Hundert sowie bei flammenbeheizten Hafenöfen und Tageswannen auf einen Volumengehalt an Sauerstoff im Abgas von 13 vom Hundert.

Stickstoffoxide

Die Emissionen an Stickstoffmonoxid und Stickstoffdioxid im Abgas dürfen folgende Massenkonzentrationen, angegeben als Stickstoffdioxid, nicht überschreiten:

	ölbeheizt g/m^3	gasbeheizt g/m^3
Hafenöfen	1,2	1,2
Wannen mit rekuperativer Wärmerückgewinnung	1,2	1,4
Tageswannen	1,6	1,6
U-Flammenwannen mit regenerativer Wärmerückgewinnung	1,8	2,2
Querbrennerwannen mit regenerativer Wärmerückgewinnung	3,0	3,5

Soweit aus Produktqualitätsgründen eine Nitratläuterung erforderlich ist, dürfen die Emissionen das Zweifache der in Absatz 1 genannten Werte nicht überschreiten.

Die Möglichkeiten, die Emissionen an Stickstoffoxiden durch feuerungstechnische und andere dem Stand der Technik entsprechende Maßnahmen zu vermindern, sind auszuschöpfen.[13]

Schwefeloxide

3.1.6 findet keine Anwendung bei Anlagen, die mit fossilen Brennstoffen beheizt werden; die Emissionen an Schwefeldioxid und Schwefeltrioxid im Abgas, angegeben als Schwefeldioxid, dürfen bei einem Massenstrom von 10 kg/h oder mehr bei flammenbeheizten

---

13 vgl. Empfehlung des LAI auf S. 144

| | a) Glasschmelzöfen | 1,8 g/m³ |
| | b) Hafenöfen und Tageswannen | 1,1 g/m³ |

nicht überschreiten.

Altanlagen

Altanlagen sollen den für gasförmige anorganische Chlorverbindungen festgelegten Anforderungen bis zum 1. März 1991 entsprechen.

3.3.2.10 Anlagen der Nummer 2.10

3.3.2.10.1 **Anlagen zum Brennen keramischer Erzeugnisse unter Verwendung von Tonen**

Bezugsgröße

Die Emissionswerte beziehen sich auf einen Volumengehalt an Sauerstoff im Abgas von 18 vom Hundert.

Schwefeloxide

Bei einem Schwefelgehalt des Einsatzstoffes von weniger als 0,12 vom Hundert dürfen die Emissionen an Schwefeldioxid und Schwefeltrioxid im Abgas, angegeben als Schwefeldioxid, bei einem Massenstrom von 10 kg/h oder mehr 0,50 g/m³ nicht überschreiten.

Bei einem Schwefelgehalt des Einsatzstoffes von 0,12 vom Hundert oder mehr dürfen die Emissionen an Schwefeldioxid und Schwefeltrioxid im Abgas, angegeben als Schwefeldioxid, bei einem Massenstrom von 10 kg/h oder mehr 1,5 g/m³ nicht überschreiten; die Möglichkeiten, die Emissionen durch Abgasreinigungseinrichtungen zu vermindern, sind auszuschöpfen.[14]

Altanlagen

Altanlagen sollen den für Benzol festgelegten Anforderungen bis zum 1. März 1991 entsprechen.

---

14 vgl. Empfehlung des LAI auf S. 145

3.3.2.11 Anlagen der Nummer 2.11

3.3.2.11.1 **Anlagen zum Schmelzen mineralischer Stoffe, insbesondere Basalt, Diabas oder Schlacke**

Bezugsgröße

Die Emissionswerte beziehen sich bei Anlagen, die mit fossilen Brennstoffen beheizt werden, auf einen Volumengehalt an Sauerstoff im Abgas von 8 vom Hundert.

Stickstoffoxide

Die Emissionen an Stickstoffmonoxid und Stickstoffdioxid im Abgas dürfen folgende Massenkonzentrationen, angegeben als Stickstoffdioxid, nicht überschreiten:

	ölbeheizt g/m^3	gasbeheizt g/m^3
Wannen mit rekuperativer Wärmerückwirkung	1,2	1,4
Schachtöfen	1,8	2,2

Die Möglichkeiten, die Emissionen durch feuerungstechnische und andere dem Stand der Technik entsprechende Maßnahmen zu vermindern, sind auszuschöpfen.[15]

Schwefeloxide

3.1.6 findet keine Anwendung bei Anlagen, die mit fossilen Brennstoffen betrieben werden; die Emissionen an Schwefeldioxid und Schwefeltrioxid im Abgas, angegeben als Schwefeldioxid, dürfen bei einem Massenstrom von 10 kg/h oder mehr 1,8 g/m^3 nicht überschreiten.

Altanlagen

Altanlagen sollen den für gasförmige anorganische Chlorverbindungen festgelegten Anforderungen bis zum 1. März 1991 entsprechen.

---

15 vgl. Empfehlung des LAI auf S. 146

3.3.2.15   Anlagen der Nummer 2.15

3.3.2.15.1   **Anlagen zur Herstellung oder zum Schmelzen von Mischungen aus Bitumen oder Teer mit Mineralstoffen einschließlich Aufbereitungsanlagen für bituminöse Straßenbaustoffe und Teersplittanlagen**

Bezugsgröße

Die Emissionswerte beziehen sich auf einen Volumengehalt an Sauerstoff im Abgas von 17 vom Hundert.

Staub

Die staubförmigen Emissionen im Abgas der Trockentrommel und des Mischers dürfen 20 mg/m^3 nicht überschreiten.

Brennstoffe

Die Feuerung der Trockentrommel soll mit folgenden Brennstoffen betrieben werden:

Gasförmige Brennstoffe

Heizöle nach DIN 51 603 Teil 1 (Ausgabe Dezember 1981)

oder

Kohle mit einem Massengehalt an Schwefel von weniger als 1 vom Hundert, bezogen auf einen unteren Heizwert von 29,3 MJ/kg; soweit in Einzelfall andere brennbare Stoffe eingesetzt werden, sind Sonderregelungen zu treffen.

Abgasführung

Die Abgase müssen über einen Schornstein von mindestens 12 m Höhe über Immissionsniveau abgeleitet werden; 2.4 bleibt unberührt.

3.3.3   Stahl, Eisen und sonstige Metalle einschließlich Verarbeitung

3.3.3.1   Anlagen der Nummer 3.1

3.3.3.1.1   **Eisenerzsinteranlagen**

Staub

Staubhaltige Abgase sind zu erfassen und einer Entstaubungseinrichtung zuzuführen.

Bei störungsbedingten Stillständen des Sinterbandes finden 3.1.3 und 3.1.4 keine Anwendung; die Entstaubungseinrichtung ist jedoch mit der höchstmöglichen Abscheideleistung zu betreiben.

Stickstoffoxide

Die Emissionen an Stickstoffmonoxid und Stickstoffdioxid im Abgas dürfen 0,40 g/m³, angegeben als Stickstoffdioxid, nicht überschreiten.

3.3.3.2 Anlagen der Nummer 3.2

3.3.3.2.1 **Anlagen zur Gewinnung von Roheisen**

Staub

Staubhaltige Abgase, insbesondere der Möllerung, der Emissionsquellen in der Hochofengießhalle und der Roheisenentschwefelung, sind zu erfassen und einer Entstaubungseinrichtung zuzuführen.

3.3.3.2.2 **Anlagen zur Gewinnung von Nichteisenrohmetallen**

Staub

Staubhaltige Abgase sind zu erfassen und einer Entstaubungseinrichtung zuzuführen. Die staubförmigen Emissionen im Abgas dürfen 20 mg/m³, in Bleihütten 10 mg/m³, nicht überschreiten.

Schwefeloxide

Die Emissionen an Schwefeldioxid und Schwefeltrioxid im Abgas dürfen bei einem Massenstrom von 5 kg/h oder mehr 0,80 g/m³, angegeben als Schwefeldioxid, nicht überschreiten.

Brennstoffe

Bei Einsatz von festen oder flüssigen Brennstoffen darf der Massengehalt an Schwefel 1 vom Hundert, bei festen Brennstoffen bezogen auf einen unteren Heizwert von 29,3 MJ/kg, nicht überschreiten.

Altanlagen

Altanlagen mit Emissionen an Arsen, Cadmium oder Schwefeloxiden sollen den für diese Stoffe festgelegten Anforderungen bis zum 1. März 1991 entsprechen.

3.3.3.2.3 **Anlagen zur Erzeugung von Ferrolegierungen nach elektrothermischen oder metallothermischen Verfahren**

Staub

Staubhaltige Abgase sind zu erfassen und einer Entstaubungseinrichtung zuzuführen. Die staubförmigen Emissionen im Abgas dürfen 20 mg/m^3 nicht überschreiten.

3.3.3.3 Anlagen der Nummer 3.3

3.3.3.3.1 **Anlagen zur Stahlerzeugung in Konvertern, Elektrolichtbogenöfen und Vakuum-Schmelzanlagen**

Anlagen zum Erschmelzen von Stahl oder Gußeisen

Staub

a) Die staubhaltigen Abgase sind soweit wie möglich zu erfassen und einer Entstaubungseinrichtung zuzuführen, sofern dies zur Erfüllung anderer Anforderungen erforderlich ist;

b) die staubförmigen Emissionen dürfen im Abgas von

    aa) Elektrolichtbogenöfen
         Induktionsöfen oder
         Kupolöfen mit Obergichtabsaugung   20 mg/m^3

    bb) Kupolöfen mit Untergichtabsaugung   50 mg/m^3

nicht überschreiten.

Kohlenmonoxid

Die Emissionen an Kohlenmonoxid im Abgas dürfen bei Heißwindkupolöfen mit nachgeschaltetem eigenbeheizten Rekuperator 1,0 g/m^3 nicht überschreiten; bei sonstigen Schmelzanlagen und bei Konvertern sind kohlenmonoxidhaltige Abgase möglichst zu verwerten oder zu verbrennen.

Altanlagen

Elektrolichtbogen- und Induktionsöfen, die am 1. März 1986 mit einer Entstaubungseinrichtung ausgerüstet sind, sollen den Anforderungen für Staub nach Ablauf von 10 Jahren entsprechen.

3.3.3.3.2　**Elektro-Schlacke-Umschmelzanlagen**

Fluorverbindungen

Die Emissionen an gasförmigen anorganischen Fluorverbindungen im Abgas dürfen 1 mg/m^3, angegeben als Fluorwasserstoff, nicht überschreiten.

3.3.3.4　Anlagen der Nummer 3.4

3.3.3.4.1　**Schmelzanlagen für Aluminium**

Staub

Staubhaltige Abgase sind zu erfassen und einer Entstaubungseinrichtung zuzuführen. Die staubförmigen Emissionen im Abgas der Öfen dürfen bei einem Massenstrom von 0,5 kg/h oder mehr 20 mg/m^3 nicht überschreiten.

Chlor

In den Abgasen der Raffination (Chlorierungsanlagen) dürfen die Emissionen an Chlor 3 mg/m^3 nicht überschreiten.

Organische Stoffe

Die Emissionen an organischen Stoffen im Abgas dürfen 50 mg/m^3, angegeben als Gesamtkohlenstoff, nicht überschreiten.

3.3.3.4.2　**Schmelzanlagen einschließlich der Anlagen zur Raffination für Nichteisenmetalle und ihre Legierungen, ausgenommen Aluminium**

Staub

Staubhaltige Abgase sind zu erfassen und einer Entstaubungseinrichtung zuzuführen. Die staubförmigen Emissionen im Abgas der Schmelz- oder Raffinationsanlagen dürfen bei einem Massenstrom von 0,2 kg/h oder mehr 20 mg/m^3, der Schmelz- oder Raffinationsanlagen für Blei oder seine Legierungen 10 mg/m^3, nicht überschreiten.

Beim Einschmelzen von Kathodenkupfer in Schachtöfen dürfen die Emissionen an Kupfer und seinen Verbindungen im Abgas, angegeben als Kupfer, 10 mg/m^3 nicht überschreiten.

Organische Stoffe

Die Emissionen an organischen Stoffen im Abgas dürfen 50 mg/m^3, angegeben als Gesamtkohlenstoff, nicht überschreiten.

3.3.3.6　　　Anlagen der Nummer 3.6

3.3.3.6.1　　**Anlagen zum Walzen von Metallen, Wärme- und Wärmebehandlungsöfen**

Bezugsgröße

Die Emissionswerte beziehen sich auf einen Volumengehalt an Sauerstoff im Abgas von 5 vom Hundert.

Stickstoffoxide

Die Emissionen an Stickstoffmonoxid und Stickstoffdioxid dürfen im Abgas von Anlagen mit Vorwärmung der Verbrennungsluft auf 200° C oder mehr die sich aus dem Diagramm (Abb. 4) ergebende Massenkonzentration, angegeben als Stickstoffdioxid, nicht überschreiten; die Möglichkeiten, die Emissionen durch feuerungstechnische und andere dem Stand der Technik entsprechende Maßnahmen zu vermindern, sind auszuschöpfen.[16]

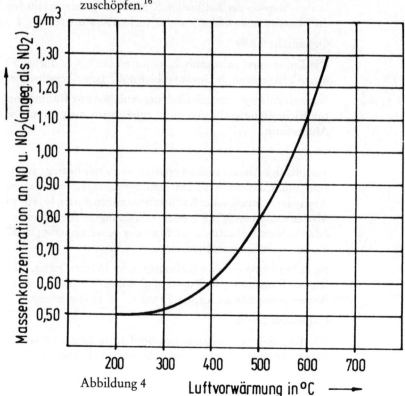

Abbildung 4

16　vgl. Empfehlung des LAI auf S. 146

Schwefeloxide

Bei Verwendung von Brenngasen im Verbund zwischen Eisenhüttenwerken und Kokereien dürfen die Emissionen an Schwefeloxiden den Emissionswert gemäß Anlage 1 zu § 16 der Dreizehnten Verordnung zur Durchführung des Bundes-Immissionsschutzgesetzes nicht überschreiten.

Anlage 1
(zu § 16 der 13. BJmSchV)

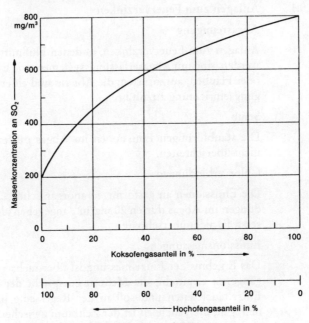

3.3.3.7/8	Anlagen der Nummern 3.7 und 3.8
3.3.3.7.1	**Eisen-, Temper- und Stahlgießereien**
3.3.3.8.1	**Gießereien für Nichteisenmetalle**

Staub

a) Die staubhaltigen Abgase sind soweit wie möglich zu erfassen und einer Entstaubungseinrichtung zuzuführen;

b) beim Einsatz von filternden Entstaubern dürfen die staubförmigen Emissionen im Abgas bei einem Massenstrom von 0,5 kg/h oder mehr 20 mg/m^3 nicht überschreiten.

Organische Stoffe

Die bei der Kernherstellung einschließlich Kernsandmischung, Trocknung und Härtung entstehenden und mit organischen Stoffen beladenen Abgase sind so weit wie möglich zu erfassen und einer Abgasreinigungseinrichtung zuzuführen; 3.1.7 gilt mit der Maßgabe, daß die Massenkonzentration an Aminen im Abgas 5 mg/m^3 nicht überschreiten darf.

3.3.3.9 Anlagen der Nummer 3.9

3.3.3.9.1 **Anlagen zum Feuerverzinken**

Abgasreinigung

Anlagen zum Feuerverzinken, in denen Flußmittel eingesetzt werden, sind mit Abgaserfassungssystemen, wie Einhausungen oder Hauben, auszurüsten; die Abgase sind einer Abgasreinigungseinrichtung zuzuführen.

Staub

Die staubförmigen Emissionen im Abgas dürfen 10 mg/m^3 nicht überschreiten.

Chlorverbindungen

Die Emissionen an gasförmigen anorganischen Chlorverbindungen im Abgas dürfen 20 mg/m^3, angegeben als Chlorwasserstoff, nicht überschreiten.

Emissionsmessungen

Das Ergebnis der Einzelmessung ist über mehrere Tauchvorgänge zu ermitteln; die Meßzeit entspricht der Summe der Einzeltauchzeiten und soll in der Regel eine halbe Stunde betragen; die Tauchzeit ist der Zeitraum zwischen dem ersten und letzten Kontakt des Verzinkungsgutes mit dem Verzinkungsbad.

3.3.3.10 Anlagen der Nummer 3.10

3.3.3.10.1 **Anlagen zur Oberflächenbehandlung von Metallen unter Verwendung von Salpetersäure**

Stickstoffoxide

Die Emissionen an Stickstoffmonoxid und Stickstoffdioxid dürfen im Abgas von kontinuierlich arbeitenden Beizanlagen 1,5 g/m^3, angegeben als Stickstoffdioxid, nicht überschreiten;

die Möglichkeiten, die Emissionen durch Abgasreinigungsmaßnahmen zu vermindern, sind auszuschöpfen.[17]

3.3.3.21 Anlagen der Nummer 3.21

3.3.3.21.1 **Anlagen zur Herstellung von Bleiakkumulatoren**

Staub

Die Abgase sind zu erfassen und einer Entstaubungseinrichtung zuzuführen. Die staubförmigen Emissionen dürfen bei einem Massenstrom von 5 g/h oder mehr 0,5 mg/m^3 nicht überschreiten.

Schwefelsäuredämpfe

Die bei der Formierung auftretenden Schwefelsäuredämpfe sind zu erfassen und einer Abgasreinigungseinrichtung zuzuführen; die Emissionen an Schwefelsäure im Abgas dürfen 1 mg/m^3 nicht überschreiten.

3.3.4 Chemische Erzeugnisse, Arzneimittel, Mineralölraffination und Weiterverarbeitung

3.3.4.1 Anlagen der Nummer 4.1

3.3.4.1a Anlagen zur Herstellung von anorganischen Chemikalien wie Säuren, Basen, Salze

3.3.4.1a.1 **Anlagen zur Herstellung von Salpetersäure**

Stickstoffoxide

a) Die Emissionen an Stickstoffmonoxid und Stickstoffdioxid im Abgas dürfen 0,45 g/m^3, angegeben als Stickstoffdioxid, nicht überschreiten;

b) die Abgase dürfen nur farblos abgeleitet werden; dies ist in der Regel sichergestellt, wenn die Massenkonzentration an Stickstoffdioxid im Abgas den sich aus der folgenden Formel ergebenden Wert nicht überschreitet:

$$\text{Massenkonzentration an Stickstoffdioxid in mg/m}^3 = \frac{1200}{\text{lichte Weite der Schornsteinmündung in dm}}$$

---

17 vgl. Empfehlung des LAI auf S. 147

Altanlagen

Nieder- und Mitteldruckanlagen sollen den Anforderungen am 1. März 1996 entsprechen.

3.3.4.1a.2 **Anlagen zur Herstellung von Schwefeldioxid, Schwefeltrioxid, Schwefelsäure oder Oleum**

Schwefeloxide

a) Abgasführung
Bei Anlagen zur Herstellung von reinem Schwefeldioxid durch Verflüssigung ist das Abgas einer Schwefelsäureanlage oder einer anderen Aufarbeitungsanlage zuzuführen;

b) Umsatzgrade

    aa) bei Anwendung des Doppelkontaktverfahrens ist ein Umsatzgrad von mindestens 99 vom Hundert einzuhalten, beträgt der Volumengehalt an Schwefeldioxid im Einsatzgas ständig 8 vom Hundert oder mehr, so ist bei

       — schwankenden Gasbedingungen ein Umsatzgrad von mindestens 99,5 vom Hundert oder
       — konstanten Gasbedingungen ein Umsatzgrad von mindestens 99,6 vom Hundert

    einzuhalten; die Emissionen an Schwefeldioxid und Schwefeltrioxid sind durch Einsatz des Peracidox-Verfahrens, einer fünften Horde oder gleichwertiger Maßnahmen weiter zu vermindern;

    bb) bei Anwendung des Kontaktverfahrens ohne Zwischenabsorption und einem Volumengehalt an Schwefeldioxid von weniger als 6 vom Hundert im Einsatzgas ist ein Umsatzgrad von mindestens 97,5 vom Hundert einzuhalten; die Emissionen an Schwefeldioxid und Schwefeltrioxid im Abgas sind durch Einsatz einer Ammoniakwäsche weiter zu vermindern;

    cc) bei Anwendung der Naßkatalyse ist ein Umsatzgrad von mindestens 97,5 vom Hundert einzuhalten;

c) Schwefeltrioxid

die Emissionen an Schwefeltrioxid im Abgas dürfen

— bei konstanten Gasbedingungen $\quad$ 60 mg/m^3
— in den übrigen Fällen $\quad$ 0,12 g/m^3

nicht überschreiten.

3.1.6 findet keine Anwendung.

3.3.4.1b Anlagen zur Herstellung von Metallen und Nichtmetallen auf nassem Wege oder mit Hilfe elektrischer Energie

3.3.4.1b.1 **Anlagen zur Herstellung von Aluminium**

Bauweise und Betrieb

Die Elektrolyseöfen sind in geschlossener Bauweise auszuführen; das Öffnen der Öfen ist auf das betrieblich unvermeidbare Maß zu beschränken; dabei soll der Öffnungsvorgang so weit wie möglich automatisiert werden.

Staub

Die staubförmigen Emissionen dürfen im Abgas

— der Elektrolyseöfen 30 mg/m^3 und
— der Elektrolyseöfen einschließlich der Abgase, die aus dem Ofenhaus abgeleitet werden, im Tagesmittel 5 kg je t Aluminium

nicht überschreiten.

Fluorverbindungen

Die Emissionen an gasförmigen anorganischen Fluorverbindungen, angegeben als Fluorwasserstoff dürfen im Abgas

— der Elektrolyseöfen 1 mg/m^3 und
— der Elektrolyseöfen einschließlich der Abgase, die aus dem Ofenhaus abgeleitet werden, im Tagesmittel 0,5 kg je t Aluminium

nicht überschreiten.

Altanlagen

Soweit bei Altanlagen zur Absenkung der Badtemperatur Lithiumverbindungen nicht eingesetzt werden können, dürfen die Emissionen an gasförmigen anorganischen Fluorverbindungen, angegeben als Fluorwasserstoff, im Abgas

- der Elektrolyseöfen 1,5 mg/m³ und
- der Elektrolyseöfen einschließlich der Abgase, die aus dem Ofenhaus abgeleitet werden, im Tagesmittel 0,7 kg je t Aluminium

nicht überschreiten.

3.3.4.1d Anlagen zur Herstellung von Halogenen oder Halogenerzeugnissen sowie Schwefel oder Schwefelerzeugnissen

3.3.4.1d.1 **Anlagen zur Herstellung von Chlor**

Chlor

Die Emissionen an Chlor im Abgas dürfen 1 mg/m³ nicht überschreiten; abweichend hiervon dürfen bei Anlagen zur Herstellung von Chlor mit vollständiger Verflüssigung die Emissionen an Chlor im Abgas 6 mg/m³ nicht überschreiten.

Quecksilber

Bei der Alkalichloridelektrolyse nach dem Amalgamverfahren dürfen die Emissionen an Quecksilber in der Zellensaalabluft im Jahresmittel je t genehmigte Chlorproduktion 1,5 g und bei Altanlagen, die vor 1972 in Betrieb gegangen sind, 2 g nicht überschreiten.

3.3.4.1d.2 **Anlagen zur Herstellung von Schwefel**

3.3.4.1d.2.1 Clausanlagen

Schwefelemissionsgrad

a) Bei Clausanlagen mit einer Kapazität bis einschließlich 20 t Schwefel je Tag darf ein Schwefelemissionsgrad von 3 vom Hundert nicht überschritten werden.

b) Bei Clausanlagen mit einer Kapazität von mehr als 20 t Schwefel je Tag bis einschließlich 50 t Schwefel je Tag darf ein Schwefelemissionsgrad von 2 vom Hundert nicht überschritten werden.

c) Bei Clausanlagen mit einer Kapazität von mehr als 50 t Schwefel je Tag darf ein Schwefelemissionsgrad von 0,5 vom Hundert nicht überschritten werden.

Schwefelwasserstoff

Die Abgase sind einer Nachverbrennung zuzuführen; die Emissionen an Schwefelwasserstoff im Abgas dürfen 10 mg/m^3 nicht überschreiten.

Altanlagen

Altanlagen zur Erdgasaufbereitung dürfen nach dem 1. März 1991 einen Schwefelemissionsgrad von 0,75 vom Hundert, sonstige Altanlagen mit einer Kapazität von mehr als 50 t Schwefel je Tag nach dem 1. März 1996 0,5 vom Hundert, nicht überschreiten.

3.3.4.1e Anlagen zur Herstellung von phosphor- oder stickstoffhaltigen Düngemitteln

3.3.4.1e.1 **Anlagen zur Granulation und Trocknung**

Staub

Bei der Granulation und Trockung von

a) Mehrnährstoffdüngemitteln mit einem Massengehalt an Ammoniumnitrat von mehr als 50 vom Hundert

b) Düngemittel mit einem Massengehalt an Sulfat von mehr als 10 vom Hundert

dürfen die staubförmigen Emissionen im Abgas 75 mg/m^3 nicht überschreiten.

3.3.4.1g Anlagen zur Herstellung von organischen Chemikalien oder Lösungsmitteln, wie Alkohole, Aldehyde, Ketone, Säuren, Ester, Ether

3.3.4.1g.1 **Anlagen zur Herstellung von 1,2-Dichlorethan und Vinylchlorid**

Die Abgase sind einer Abgasreinigungseinrichtung zuzuführen; die Emissionen an 1,2-Dichlorethan oder Vinylchlorid im Abgas dürfen 5 mg/m^3 nicht überschreiten.

3.3.4.1g.2 **Anlagen zur Herstellung von Acrylnitril**

Die aus dem Reaktionssystem und dem Absorber anfallenden Abgase sind einer Verbrennung zuzuführen; die Emissionen an Acrylnitril im Abgas der Verbrennungsanlage dürfen 0,2 mg/m^3 nicht überschreiten. Die bei der Reinigung der Reaktionsprodukte (Destillation) sowie bei Umfüllvorgängen anfallenden Abgase sind einer Abgaswäsche zuzuführen.

3.3.4.1g.3 **Anlagen zur Herstellung von Wirkstoffen für Pflanzenschutzmittel oder Schädlingsbekämpfungsmittel**

Staub

Im Abgas von Anlagen zur Herstellung von Wirkstoffen für Pflanzenschutz- oder Schädlingsbekämpfungsmittel dürfen die staubförmigen Emissionen bei Vorhandensein von Wirkstoffen, die schwer abbaubar und leicht akkumulierbar oder von hoher Toxizität sind (z. B. Azinphosethyl, Carbofuran, Dinitro-o-kresol, Parathion-methyl) sowie an Stoffen, die der Verordnung über Anwendungsverbote und -beschränkungen für Pflanzenschutzmittel unterliegen, bei einem Massenstrom von 25 g/h und mehr die Massenkonzentration von 5 mg/m^3 nicht überschreiten.

3.3.4.1g.4 **Anlagen zur Herstellung von Fluorchlorkohlenwasserstoffen**

3.1.7 findet keine Anwendung auf die Emissionen an Fluorchlorkohlenwasserstoffen.

3.3.4.1g.5 **Anlagen zur Herstellung von Maleinsäureanhydrid oder Ethylbenzol**

Altanlagen

Altanlagen mit Emissionen an Benzol im Abgas von weniger als 20 mg/m^3 sollen den Anforderungen für Benzol am 1. März 1996 entsprechen.

3.3.4.1h Anlagen zur Herstellung von Kunststoffen oder Chemiefasern

3.3.4.1h.1 **Anlagen zur Herstellung von Polyvinylchlorid (PVC)**

Restmonomergehalte

2.3 Absätze 3 und 4 finden keine Anwendung.

An der Übergangsstelle vom geschlossenen System zur Aufbereitung oder Trocknung im offenen System sind die Restgehalte an Vinylchlorid (VC) im Polymerisat so gering wie möglich zu halten; dabei dürfen folgende Höchstwerte im Monatsmittel nicht überschritten werden:

Masse-PVC	10 mg VC je kg PVC
Suspensions-Homopolymerisate	0,10 g VC je kg PVC
Suspensions-Copolymerisate	0,40 g VC je kg PVC
Mikro-Suspensions-PVC und Emulsions-PVC	1,5 g VC je kg PVC

Zur weiteren Verminderung der Massenkonzentration an Vinylchlorid im Abgas der Trockner ist das Trocknerabgas möglichst als Verbrennungsluft in Feuerungsanlagen einzusetzen.

3.3.4.1h.2 **Anlagen zur Herstellung von Polyacrylnitril-Kunststoffen**

2.3 Absätze 3 und 4 finden keine Anwendung.

Wird das Prozeßabgas einer Verbrennungsanlage zugeführt, dürfen die Emissionen an Acrylnitril im Abgas der Verbrennungsanlagen 0,2 mg/m^3 nicht überschreiten.

Wird das Prozeßabgas einer Abgaswäsche zugeführt, dürfen die Emissionen an Acrylnitril im Abgas der Wäscher 5 mg/m^3 nicht überschreiten.

Zur Verminderung der Massenkonzentration an Acrylnitril im Abgas der Trockner ist das Trocknerabgas möglichst als Verbrennungsluft in Feuerungsanlagen einzusetzen.

a) Herstellung und Verarbeitung von Acrylnitril-Polymerisaten für Fasern

Die Emissionen an Acrylnitril im Abgas der Trockner dürfen 20 mg/m^3 nicht überschreiten. Die aus den Reaktionskesseln, der Intensivausgasung, dem Suspensionssammelbehälter und dem Waschfilter stammenden acrylnitrilhaltigen Abgase sind einer Abgaswäsche oder einer Adsorption zuzuführen; die Emissionen an Acrylnitril im Abgas der Adsorption dürfen 10 mg/m^3 nicht überschreiten.

Bei der Verspinnung des Polymeren zu Fasern sind Abgasströme mit einem Acrylnitril-Gehalt von mehr als 5 mg/m^3 einer Abgasreinigungseinrichtung zuzuführen. Die Emissionen an Acrylnitril im Abgas der Wäscher des

Naßspinnverfahrens dürfen 10 mg/m^3, im Abgas der Wäscher des Trockenspinnverfahrens 35 mg/m^3, nicht überschreiten.

b) Herstellung von ABS-Kunststoffen

Emulsionspolymerisation:

Die bei der Polymerisation, der Fällung und der Reaktorreinigung anfallenden acrylnitrilhaltigen Abgase sind einer Verbrennung zuzuführen; die Emissionen an Acrylnitril im Abgas der Trockner dürfen im Monatsmittel 25 mg/m^3 nicht überschreiten.

Kombinierte Lösungs-/Emulsionspolymerisation:

Die an den Reaktoren, den Zwischen lagern, der Fällung, der Entwässerung, der Lösungsmittelrückgewinnung und den Mischern anfallenden acrylnitrilhaltigen Abgase sind einer Verbrennung zuzuführen; die im Bereich des Mischeraustrages austretenden Emissionen an Acrylnitril dürfen im Monatsmittel 10 mg/m^3 nicht überschreiten.

c) Herstellung von NBR-Nitrilkautschuk

Die bei der Butadien-Rückgewinnung, der Latex-Zwischenlagerung und der Wäsche des Festkautschuks anfallenden acrylnitrilhaltigen Abgase sind einer Verbrennung, die bei der Acrylnitril-Rückgewinnung anfallenden Abgase einer Abgaswäsche zuzuführen; die Emissionen im Abgas der Trockner dürfen 15 mg/m^3 nicht überschreiten.

d) Herstellung von Dispersionen durch Emulsionspolymerisation von Acrylnitril

Die aus den Monomervorlagen, den Reaktoren, den Zwischenbehältern und den Kondensatoren anfallenden acrylnitrilhaltigen Abgase sind, sofern der Acrylnitril-Gehalt mehr als 5 mg/m^3 beträgt, einer Abgasreinigungseinrichtung zuzuführen.

3.3.4.1h.3 **Anlagen zur Herstellung und Verarbeitung von Viskose**

a) Die Abgase der Viskoseherstellung und der Spinnbadaufbereitung sowie der Nachbehandlung bei der Herstellung von textilem Rayon sind einer Abgasreinigungseinrichtung zuzuführen.

Schwefelwasserstoff

Die Emissionen an Schwefelwasserstoff im Abgas dürfen im Tagesmittel 5 mg/m^3 nicht überschreiten.

Kohlenstoffdisulfid

Die Emissionen an Kohlenstoffdisulfid im Abgas dürfen im Tagesmittel 0,10 g/m^3 nicht überschreiten.

b) Bei der Herstellung von Zellwolle und Zellglas sind die Abgase der Spinnmaschinen und der Nachbehandlung einer Abgasreinigungseinrichtung zuzuführen.

Schwefelwasserstoff

Die Emissionen an Schwefelwasserstoff im Abgas dürfen im Tagesmittel 5 mg/m^3 nicht überschreiten.

Kohlenstoffdisulfid

Die Emissionen an Kohlenstoffdisulfid im Abgas dürfen im Tagesmittel 0,15 g/m^3 nicht überschreiten.

c) Bei der Herstellung von Viskoseprodukten dürfen im Gesamtabgas einschließlich Raumluftabsaugung und Maschinenzusatzabsaugung im Tagesmittel die Emissionen an Schwefelwasserstoff 50 mg/m^3 und an Kohlenstoffdisulfid folgende Werte nicht überschreiten:

Viskoseprodukt	Kohlenstoff-disulfid g/m^3
Zellwolle, Zellglas Rayon, textil	0,15
Kunstdarm, Schwammtuch	0,40
Rayon, technisch	0,60

Die Möglichkeiten, die Emissionen an Schwefelwasserstoff und Kohlenstoffdisulfid durch Kapselung der Maschinen mit Abgaserfassung und Abgasreinigung oder durch andere dem Stand der Technik entsprechende Maßnahmen zu vermindern, sind auszuschöpfen.

3.3.4.1i Anlagen zur Herstellung von Kohlenwasserstoffen (CH)
3.3.4.4 gilt entsprechend.
3.3.4.2 Anlagen der Nummer 4.2
3.3.4.2.1 Anlagen, in denen Pflanzenschutz-, Schädlingsbekämpfungsmittel oder ihre Wirkstoffe gemahlen oder maschinell gemischt, abgepackt oder umgefüllt werden

Die staubhaltige Abluft ist zu erfassen und einer Entstaubungseinrichtung zuzuführen; die staubförmigen Emissionen dürfen 5 mg/m^3 nicht überschreiten.

3.3.4.4 Anlagen der Nummer 4.4
3.3.4.4.1 **Mineralölraffinerien**

Lagerung

Für die Lagerung von Rohölen und Verarbeitungsprodukten mit einem Dampfdruck von mehr als 13 mbar bei einer Temperatur von 20°C sind Schwimmdachtanks, Festdachtanks mit Schwimmdecke, Festdachtanks mit Anschluß an die Raffineriegasleitung oder gleichwertige Maßnahmen vorzusehen; Schwimmdachtanks sind mit wirksamen Randabdichtungen zu versehen; bei der Lagerung von Flüssigkeiten, die einen Massengehalt an Stoffen nach 2.3 Klasse I von mehr als 10 mg/kg oder 2.3 Klasse II und III oder 3.1.7 Klasse I von mehr als 5 vom Hundert aufweisen und die unter Lagerungsbedingungen Stoffe nach 2.3, 3.1.7 Klasse I oder 3.1.7 Absatz 7 emittieren können, sind Festdachtanks mit Zwangsbeatmung vorzusehen; die anfallenden Gase sind dem Gassammelsystem oder einer Nachverbrennung zuzuführen, sofern die zu erwartenden Emissionen die in 2.3 oder 3.1.7 Klasse I angegebenen Massenströme übersteigen oder dies aufgrund der Prüfung nach 3.1.7 Absatz 7 erforderlich ist.

Druckentlastungsarmaturen und Entleerungseinrichtungen

Gase und Dämpfe, die aus Druckentlastungsarmaturen und Entleerungseinrichtungen austreten, sind in ein Gassammelsystem einzuleiten; dies gilt nicht für Entlastungseinrichtungen für den Katastrophen- und Brandfall oder wenn nachweislich durch Polymerisation oder ähnliche Vorgänge ein Druckaufbau eintreten kann; die erfaßten Gase sind so weit wie möglich in Prozeßfeuerungen zu verbrennen; soweit dies nicht möglich ist, sind die Gase einer Fackel zuzuführen.

Abgasführung

Abgase, die aus Prozeßanlagen laufend anfallen, sowie Abgase, die beim Regenerieren von Katalysatoren, bei Inspektionen und bei Reinigungsarbeiten auftreten, sind einer Nachverbrennung zuzuführen oder es sind gleichwertige Maßnahmen zur Emissionsminderung anzuwenden.

Anfahr- und Abstellvorgänge

Gase, die beim Anfahren oder Abstellen der Anlage anfallen, sind so weit wie möglich über ein Gassammelsystem in den Prozeß zurückzuführen oder in Prozeßfeuerungen zu verbrennen; so weit dies nicht möglich ist, sind die Gase einer Fackel zuzuführen, in der für organische Stoffe ein Emissionsgrad von 1 vom Hundert, bezogen auf Gesamtkohlenstoff, nicht überschritten werden darf.

Schwefelwasserstoff

Gase aus Entschwefelungsanlagen oder anderen Quellen mit einem Volumengehalt an Schwefelwasserstoff von mehr als 0,4 vom Hundert und mit einem Massenstrom an Schwefelwasserstoff von mehr als 2 t/d sind weiterzuverarbeiten. Gase, die nicht weiterverarbeitet werden, sind einer Nachverbrennung zuzuführen; die Emissionen an Schwefelwasserstoff im Abgas dürfen 10 mg/m^3 nicht überschreiten; schwefelwasserstoffhaltiges Wasser darf nur so geführt werden, daß ein Ausgasen in die Atmosphäre vermieden wird (vgl. Prozeßwasser und Ballastwasser).

Organische Stoffe

Beim Umfüllen von Roh-, Zwischen- und Fertigprodukten sind die Emissionen an organischen Stoffen mit einem Dampfdruck von mehr als 13 mbar bei einer Temperatur von 20°C durch geeignete Maßnahmen, z. B. Gaspendelung, Absaugung und Zuführung zu einer Gasreinigungseinrichtung, zu vermindern.

Katalytisches Spalten

Die Emissionen im Abgas von Anlagen zum katalytischen Spalten im Fließbett-Verfahren dürfen beim Regenerieren des Katalysators folgende Massenkonzentrationen nicht überschreiten:

a) Staub 50 mg/m³

b) Stickstoffmonoxid und Stickstoffdioxid,
angegeben als Stickstoffdioxid 0,70 g/m³

c) Schwefeldioxid und Schwefeltrioxid,
angegeben als Schwefeldioxid 1,7 g/m³

Die Möglichkeiten, die Emissionen an Stickstoffoxiden und Schwefeloxiden durch prozeßtechnische Maßnahmen zu vermindern, sind auszuschöpfen.[18]

Altanlagen mit staubförmigen Emissionen im Abgas von weniger als 0,10 g/m³ sollen den Anforderungen für Staub am 1. März 1996 entsprechen.

Prozeßwasser und Ballastwasser

Prozeßwasser und überschüssiges Ballastwasser dürfen erst nach Entgasung in ein offenes System eingeleitet werden; die Gase sind durch Wäsche oder Verbrennung zu reinigen.

3.3.4.6 Anlagen der Nummer 4.6

3.3.4.6.1 **Anlagen zur Herstellung von Furnace- oder Flammrußen**

Staub

Die staubförmigen Emissionen im Abgas dürfen 20 mg/m³ nicht überschreiten.

Abgasführung

Abgase, die Schwefelwasserstoff, Kohlenmonoxid oder organische Stoffe enthalten, sind einer Nachverbrennung zuzuführen.

3.3.4.7 Anlagen der Nummer 4.7

3.3.4.7.1 **Anlagen zur Herstellung von Kohlenstoff (Hartbrandkohle) oder Elektrographit durch Brennen, z. B. für Elektroden, Stromabnehmer oder Apparateteile**

Mischen und Formen

Die Emissionen an organischen Stoffen im Abgas von Misch- und Formgebungsanlagen, in denen Pech, Teer oder sonstige flüchtige Binde- oder Fließmittel bei erhöhter Temperatur verarbeitet werden, dürfen 0,10 g/m³, angegeben als Gesamtkohlenstoff, nicht überschreiten.

18 Vgl. Empfehlung des LAI auf S. 147

Brennen

Die Emissionen an organischen Stoffen im Abgas von Einzelkammeröfen, Kammerverbundöfen und Tunnelöfen dürfen 50 mg/m^3, angegeben als Gesamtkohlenstoff, nicht überschreiten.

Die Emissionen an gasförmigen organischen Stoffen im Abgas von Ringöfen für Graphitelektroden, Kohlenstoffelektroden und Kohlenstoffsteine dürfen 0,20 g/m^3, angegeben als Gesamtkohlenstoff, nicht überschreiten.

Imprägnieren

Die Emissionen an organischen Stoffen im Abgas von Imprägnieranlagen, in denen teerbasische Imprägniermittel verwendet werden, dürfen 50 mg/m^3, angegeben als Gesamtkohlenstoff, nicht überschreiten.

3.3.5 Oberflächenbehandlung mit organischen Stoffen, Herstellung von bahnenförmigen Materialien aus Kunststoffen, sonstige Verarbeitung von Harzen und Kunststoffen

3.3.5.1 Anlagen der Nummer 5.1

3.3.5.1.1 **Anlagen zur Serienlackierung von Automobilkarossen, ausgenommen Omnibusse und Aufbauten von Lastkraftwagen**

Lösungsmittelemissionen der Gesamtanlage

Die Emissionen an organischen Lösungsmitteln im Abgas der gesamten Anlage einschließlich der Konservierung dürfen je Quadratmeter Rohbaukarosse bei

a) Uni-Lackierungen 60 g

b) Metalleffekt-Lackierungen 120 g nicht überschreiten.

Die Möglichkeiten, die Emissionen durch Einsatz lösungsmittelarmer oder lösungsmittelfreier Lacksysteme, Lackauftragsverfahren mit einem hohen Wirkungsgrad, Umluftverfahren oder durch Abgasreinigung, insbesondere in den Spritzzonen, weiter zu vermindern, sind auszuschöpfen.[19]

Spritzzonen

Für die Abluft von Spritzzonen finden die Emissionswerte für Stoffe nach 3.1.7 Klasse II und III keine Anwendung.

---

19 Vgl. Empfehlung des LAI auf S. 148

Trockner

Die Emissionen an organischen Stoffen im Abgas der Trockner dürfen 50 mg/m^3, angegeben als Gesamtkohlenstoff, nicht überschreiten; sofern die Abgase einer Nachverbrennung zugeführt werden, ist im Genehmigungsbescheid festzulegen, daß der dem Emissionswert entsprechende Ausbrand auch bei ungünstigsten Betriebsbedingungen sicherzustellen ist, z. B. durch kontinuierliche Überwachung der entsprechenden Massenkonzentration an Kohlenmonoxid oder der entsprechenden Mindestbrennraumtemperatur in Verbindung mit der erforderlichen Mindestverweilzeit.

Staub

Die staubförmigen Emissionen im Abgas (Lackpartikel) dürfen 3 mg/m^3 nicht überschreiten.

Altanlagen

Bei Altanlagen sollen die Lösungsmittelemissionen der Gesamtanlage den Anforderungen zur Begrenzung der Emissionen je Quadratmeter Rohbaukarosse bis zum 1. März 1991 entsprechen.

3.3.5.1.2 Sonstige Anlagen zum Lackieren

Spritzzonen

Für das Abgas der Zonen, in denen manuell gespritzt wird, finden die Emissionswerte für Stoffe nach 3.1.7 Klasse II und III keine Anwendung; die Möglichkeiten, die Emissionen durch Einsatz lösungsmittelarmer oder lösungsmittelfreier Lacksysteme, Lackauftragsverfahren mit einem hohen Wirkungsgrad, Umluftverfahren oder Abgasreinigung zu mindern, sind auszuschöpfen.[20]

Trockner

Die Emissionen an organischen Stoffen im Abgas der Trockner dürfen 50 mg/m^3, angegeben als Gesamtkohlenstoff, nicht überschreiten; sofern die Abgase einer Nachverbrennung zugeführt werden, ist im Genehmigungsbescheid festzulegen, daß der dem Emissionswert entsprechende Ausbrand auch bei ungünstigsten Betriebsbedingungen sicherzustellen ist, z. B. durch kontinuierliche Überwachung der entsprechenden Mas-

---

20 Vgl. Empfehlung des LAI auf S. 149

senkonzentration an Kohlenmonoxid oder der entsprechenden Mindestbrennraumtemperatur in Verbindung mit der erforderlichen Mindestverweilzeit.

Staub

Die staubförmigen Emissionen im Abgas (Lackpartikel) dürfen 3 mg/m^3 nicht überschreiten.

Altanlagen

Altanlagen sollen den Anforderungen bis zum 1. März 1991 entsprechen.

3.3.5.2 Anlagen der Nummer 5.2

3.3.5.2.1 **Anlagen zum Bedrucken von bahnen- oder tafelförmigen Materialien mit Rotationsdruckmaschinen einschließlich der zugehörigen Trockner**

Organische Stoffe

Beim Einsatz wasserverdünnbarer Druckfarben, die als organisches Lösungsmittel ausschließlich Ethanol mit einem Massengehalt von höchstens 25 vom Hundert enthalten, dürfen die Emissionen an Ethanol im Abgas 0,50 g/m^3 nicht überschreiten; die Möglichkeiten, die Emissionen durch Einsatz ethanolärmerer Druckfarben oder Abgasreinigungseinrichtungen weiter zu vermindern, sind auszuschöpfen.[21]

3.3.5.3 Anlagen der Nummer 5.3

3.3.5.3.1 **Anlagen zum Tränken von Glasfasern oder Mineralfasern mit Kunstharzen**[22]

Organische Stoffe

Die Emissionen an Stoffen nach 3.1.7 Klasse I im Abgas dürfen 40 mg/m^3 nicht überschreiten; die Möglichkeiten, die Emissionen durch Nachverbrennung oder gleichwertige Maßnahmen weiter zu vermindern, sind auszuschöpfen.[23]

---

21 Vgl. Empfehlung des LAI auf S. 150
22 Durch die VO zur Änderung der 4. BImSchV vom 24. März 1993 ist das Genehmigungserfordernis in Nr. 5.1 des Anhangs der 4 BImSchV enthalten.
23 Vgl. Empfehlung des LAI auf S. 151

3.3.6 Holz, Zellstoff
3.3.6.1 Anlagen der Nummer 6.1
3.3.6.1.1 **Anlagen zur Gewinnung von Zellstoff aus Holz**

Lagerplätze

3.1.5.4 und 3.1.5.5 finden keine Anwendung bei der Lagerung von Stammholz oder stückigem Holz.

3.3.6.3 Anlagen der Nummer 6.3
3.3.6.3. 1 **Anlagen zur Herstellung von Holzfaserplatten oder Holzspanplatten**

Lagerplätze

3.1.5.4 und 3.1.5.5 finden keine Anwendung bei der Lagerung von Stammholz oder stückigem Holz.

Staub

Die staubförmigen Emissionen dürfen im Abgas der

a) Schleifmaschinen 10 mg/m^3

b) Trockner 50 mg/m^3 (f)

nicht überschreiten.

Dampf- oder gasförmige organische Stoffe

Bei Trocknern finden die Emissionswerte für dampf- oder gasförmige organische Stoffe nach 3.1.7 keine Anwendung.

Die Emissionen an dampf- oder gasförmigen organischen Stoffen nach 3.1.7 Klasse I im Abgas der Pressen dürfen je Kubikmeter hergestellter Platten 0,12 kg nicht überschreiten.

Brennstoffe

Bei Einsatz von festen oder flüssigen Brennstoffen in Spänetrocknern darf der Massengehalt an Schwefel 1 vom Hundert, bei festen Brennstoffen bezogen auf einen unteren Heizwert von 29,3 MJ/kg, nicht überschreiten, oder die Abgase sind gleichwertig zu reinigen.

3.3.7 Nahrungs-, Genuß- und Futtermittel, landwirtschaftliche Erzeugnisse

3.3.7.1 Anlagen der Nummer 7.1

3.3.7.1.1 **Anlagen zum Halten von Schweinen oder zum Halten oder zur Aufzucht von Geflügel**

Mindestabstand

Bei der Errichtung der Anlagen sollen die sich aus dem Diagramm (Abb. 5) ergebenden Mindestabstände zur nächsten vorhandenen oder in einem Bebauungsplan festgesetzten Wohnbebauung nicht unterschritten werden. Der sich aus dem Diagramm ergebende Mindestabstand gilt bei Anlagen zum Halten oder zur Aufzucht von Geflügel auch für den Abstand zum Wald. Der Mindestabstand kann unterschritten werden, wenn das geruchsintensive Abgas in einer Abgasreinigungseinrichtung behandelt wird; der Geruchsminderungsgrad der Abgasreinigungseinrichtung ist in Abhängigkeit von der Geruchszahl des Rohgases festzulegen.

Bauliche und betriebliche Anforderungen

Folgende bauliche und betriebliche Maßnahmen sind in der Regel anzuwenden:

a) größtmögliche Sauberkeit und Trockenheit im Stall;

b) Lüftungsanlagen nach DIN 18910 (Ausgabe 10.74);

c) bei Festmistverfahren flüssigkeitsundurchlässige Lagerplatte oder bei Flüssigmistverfahren befestigter flüssigkeitsundurchlässiger Ladeplatz verbunden mit einem Ablauf in eine geschlossene Jauche- oder Flüssigmistgrube;

d) Geruchsverschluß zwischen Stall und außenliegenden Flüssigmistkanälen und -behältern;

e) die Lagerung von Flüssigmist außerhalb des Stalles soll in geschlossenen Behältern erfolgen oder es sind gleichwertige Maßnahmen zur Emissionsminderung anzuwenden;

f) Lagerkapazität für Flüssigmist von grundsätzlich 6 Monaten; die Lagerkapazität kann unterschritten werden, wenn der Mist in geeigneten Anlagen, z. B. Kompostierungs-, Kottrocknungs- oder Biogasanlagen aufgearbeitet wird.

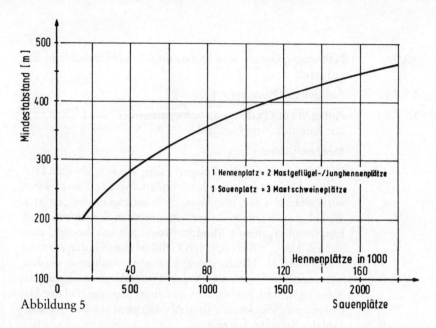
Abbildung 5

3.3.7.2 Anlagen der Nummer 7.2
3.3.7.2.1 **Anlagen zum Schlachten von Tieren**
Mindestabstand
Bei der Errichtung soll möglichst ein Mindestabstand von 350 m zur nächsten vorhandenen oder in einem Bebauungsplan festgesetzten Wohnbebauung nicht unterschritten werden; bei Unterschreiten des Mindestabstandes ist eine Sonderbeurteilung erforderlich;
Geruchsintensive Stoffe

a) Aufstallung, Schlachtstraße sowie Einrichtungen zur Aufarbeitung der Nebenprodukte und Abfälle, bei denen eine Geruchsentwicklung zu erwarten ist, sind in geschlossenen Räumen unterzubringen;

b) Schlachtnebenprodukte, bei denen eine Geruchsentwicklung zu erwarten ist, sind in geschlossenen Behältern oder Räumen und grundsätzlich gekühlt zu lagern;

c) die Abgase mit geruchsintensiven Stoffen aus Produktionsanlagen, Einrichtungen zur Aufarbeitung und Lagerung von Schlachtnebenprodukten oder Abfällen sind zu erfassen und einer Abgasreinigungseinrichtung zuzuführen oder es sind gleichwertige Maßnahmen zur Emissionsminderung anzuwenden.

3.3.7.3   Anlagen der Nummer 7.3

3.3.7.3.1   **Anlagen zum Schmelzen von tierischen Fetten**
              Geruchsintensive Stoffe

              a) Prozeßanlagen einschließlich der Lager, bei denen eine Geruchsentwicklung zu erwarten ist, sind in geschlossenen Räumen unterzubringen;

              b) die Abgase der Prozeßanlagen sowie die Raumluft sind zu erfassen;

              c) Roh- und Zwischenprodukte, bei denen eine Geruchsentwicklung zu erwarten ist, sind in geschlossenen Behältern oder Räumen und grundsätzlich gekühlt zu lagern;

              d) die Abgase mit geruchsintensiven Stoffen sind einer Abgasreinigungseinrichtung zuzuführen oder es sind gleichwertige Maßnahmen zur Emissionsminderung anzuwenden.

3.3.7.5   Anlagen der Nummer 7.5

3.3.7.5.1   **Anlagen zum Räuchern von Fleisch- oder Fischwaren**
              Geruchsintensive Stoffe

              Die Ofenabgase der Räucheranlagen sind zu erfassen und einer Abgasreinigungseinrichtung zuzuführen oder es sind gleichwertige Maßnahmen zur Emissionsminderung anzuwenden.

3.3.7.8-12	Anlagen der Nummer 7.8 bis 7.12
3.3.7.8.1	Anlagen zur Herstellung von Gelatine, Hautleim, Lederleim oder Knochenleim
3.3.7.9.1	Anlagen zur Herstellung von Futter- oder Düngemitteln oder technischen Fetten aus den Schlachtnebenprodukten Knochen, Tierhaare, Federn, Hörner, Klauen oder Blut
3.3.7.10.1	Anlagen zum Lagern oder Aufarbeiten unbehandelter Tierhaare
3.3.7.11.1	Anlagen zum Lagern unbehandelter Knochen
3.3.7.12.1	Anlagen zur Tierkörperbeseitigung sowie Anlagen, in denen Tierkörperteile oder Erzeugnisse tierischer Herkunft zur Beseitigung in Tierkörperbeseitigungsanlagen gesammelt oder gelagert werden

Geruchsintensive Stoffe

a) Prozeßanlagen einschließlich der Lager, bei denen eine Geruchsentwicklung zu erwarten ist, sind in geschlossenen Räumen unterzubringen;

b) die Abgase der Prozeßanlagen sowie die Raumluft sind zu erfassen;

c) Roh- und Zwischenprodukte, bei denen eine Geruchsentwicklung zu erwarten ist, sind in geschlossenen Behältern oder Räumen und grundsätzlich gekühlt zu lagern;

d) die Abgase mit geruchsintensiven Stoffen sind einer Abgasreinigungseinrichtung zuzuführen oder es sind gleichwertige Maßnahmen zur Emissionsminderung anzuwenden.

3.3.7.15	Anlagen der Nummer 7.15
3.3.7.15.1	**Kottrocknungsanlagen**

Geruchsintensive Stoffe

Prozeßanlagen einschließlich Lager, bei denen eine Geruchsentwicklung zu erwarten ist, sind in geschlossenen Räumen unterzubringen; die Abgase der Prozeßanlagen sowie die Raumluft sind zu erfassen und einer Abgasreinigungseinrichtung zuzuführen.

3.3.7.24 Anlagen der Nummer 7.24

3.3.7.24.1 **Anlagen zur Herstellung oder Raffination von Zucker unter Verwendung von Zuckerrüben oder Rohzucker**

Zuckerrübenschnitzeltrocknungsanlagen

Die Trommeleintrittstemperatur darf 750° C nicht überschreiten oder es sind gleichwertige Maßnahmen zur Geruchsminderung anzuwenden.

Staub

Die staubförmigen Emissionen im Abgas dürfen 75 mg/m^3 (f) nicht überschreiten.

Brennstoffe

Bei Einsatz von flüssigen oder festen Brennstoffen darf der Massengehalt an Schwefel 1 vom Hundert, bei festen Brennstoffen bezogen auf einen unteren Heizwert von 29,3 MJ/kg, nicht überschreiten oder die Abgase sind gleichwertig zu reinigen.

3.3.7.25 Anlagen der Nummer 7.25

3.3.7.25.1 **Anlagen zur Trocknung von Grünfutter**

Staub

Die staubförmigen Emissionen im Abgas dürfen 0,15 g/m^3 (f) nicht überschreiten.

Brennstoffe

Bei Einsatz von festen oder flüssigen Brennstoffen darf der Massengehalt an Schwefel 1 vom Hundert, bei festen Brennstoffen bezogen auf einen unteren Heizwert von 29,3 MJ/kg, nicht überschreiten oder die Abgase sind gleichwertig zu reinigen.

3.3.7.29/30 Anlagen der Nummer 7.29 und 7.30

3.3.7.29.1 **Anlagen zum Rösten von Kaffee**

3.3.7.30.1 **Anlagen zum Rösten von Kaffee-Ersatzprodukten, Getreide oder Kakao**

Geruchsintensive Stoffe

a) Die Prozeßanlagen einschließlich der Lager, bei denen eine Geruchsentwicklung zu erwarten ist, sind in geschlossenen Räumen unterzubringen;

b) die Abgase der Röstanlagen sind zu erfassen und einer Abgasreinigungseinrichtung zuzuführen oder es sind gleichwertige Maßnahmen zur Emissionsminderung anzuwenden;

c) sofern die Abgase einer Nachverbrennung zugeführt werden, ist im Genehmigungsbescheid festzulegen, daß der dem Emissionswert entsprechende Ausbrand auch bei ungünstigsten Betriebsbedingungen sicherzustellen ist, z. B. durch kontinuierliche Überwachung der entsprechenden Massenkonzentration an Kohlenmonoxid oder der entsprechenden Mindestbrennraumtemperatur in Verbindung mit der erforderlichen Mindestverweilzeit.

Bei Anlagen zum Rösten von Kaffee dürfen die Emissionen gasförmiger organischer Stoffe, angegeben als Gesamtkohlenstoff, in den Rösterabgasen 50 mg/m³ nicht überschreiten.

3.3.8 Verwertung und Beseitigung von Reststoffen

3.3.8.1 Anlagen der Nummer 8.1

3.3.8.1.1 **Anlagen zur teilweisen oder vollständigen Beseitigung von festen oder flüssigen Stoffen durch Verbrennen**[24]

Bezugsgrößen

Die Emissionswerte beziehen sich bei Anlagen für den Einsatz von Hausmüll und hausmüllähnlichen Abfällen mit einem Massenstrom an Abfällen bis 0,75 t/h auf einen Volumengehalt an Sauerstoff im Abgas von 17 vom Hundert und bei Anlagen für den Einsatz von Hausmüll und hausmüllähnlichen Abfällen mit einem Massenstrom an Abfällen von mehr als 0,75 t/h sowie bei Anlagen für den Einsatz sonstiger Abfälle unabhängig vom

---

24 Diese Anlagen fallen unter den Anwendungsbereich der 17. BImSchV – s. S. 153 – die entsprechenden Vorschriften der TA Luft sind deshalb verdrängt.

Massenstrom auf einen Volumengehalt an Sauerstoff im Abgas von 11 vom Hundert.

Müllbunker

Anlagen für den Einsatz von festen Abfällen mit Ausnahme von Anlagen, bei denen die Abfälle in geschlossenen Einwegbehältern oder Einwegverpackungen der Verbrennung zugeführt werden und von Anlagen, bei denen durch bauliche oder betriebliche Maßnahmen oder aufgrund der Beschaffenheit der Abfälle die Entstehung von Geruchsemissionen vermieden wird, sind mit einem Müllbunker auszurüsten, in dem der Luftdruck kleiner als der Atmosphärendruck zu halten ist; die abgesaugte Luft ist der Feuerung zuzuführen; bei Stillstand der Anlage ist die abgesaugte Luft über den Schornstein abzuleiten; sind Stillstandszeiten von mehr als drei Tagen zu erwarten, sind zusätzliche Maßnahmen zu ergreifen, zum Beispiel Räumung des Müllbunkers.

Lagertanks

Flüssige Abfälle sind in geschlossenen Behältern zu lagern; offene Übergabestellen sind mit einer Luftabsaugung auszurüsten; die abgesaugte Luft sowie die Verdrängungsluft aus den Lagertanks ist der Feuerung zuzuführen; bei Stillstand der Anlage sind die Annahme flüssiger Abfälle an offenen Übergabestellen und das Füllen der Lagertanks unzulässig, wenn keine emissionsmindernden Maßnahmen getroffen werden.

Zusatzfeuerung

Die Anlagen sind mit einer Zusatzfeuerung auszurüsten.

Nachverbrennung

Die Anlagen müssen einen in den Feuerraum übergehenden oder ihm nachgeschalteten Nachverbrennungsraum aufweisen. Während der Verbrennung von Abfällen muß die Temperatur im Nachverbrennungsraum hinter der letzten Verbrennungsluftzuführung mindestens 800° C betragen. Werden Abfälle verbrannt, deren Gehalte an polychlorierten aromatischen Kohlenwasserstoffen, wie PCB oder PCP, über den bei Hausmüll oder hausmüllähnlichen Abfällen üblichen Spurengehalten dieser Stoffe liegen, ist im Nachverbrennungsraum eine Mindesttemperatur von 1200° C erforderlich, es sei denn, durch geeignete andere Maßnahmen wird sichergestellt, daß keine erhöhten Emissionen entstehen. Unabhängig von den vorgenannten Temperaturen sind im Nachverbrennungsraum eine ausreichende Verweilzeit und ein Mindestvolumengehalt an Sauerstoff von 6 vom Hundert einzuhalten.

Die Beschickung der Anlage mit Abfällen ist erst dann zulässig, wenn die Mindesttemperatur durch Hilfsbrenner erreicht ist. Beim Abfahren der Anlagen ist die Mindesttemperatur durch Zuschalten der Hilfsbrenner so lange aufrecht zu erhalten, bis sich keine Abfälle mehr im Feuerraum befinden.

Staub

Die staubförmigen Emissionen im Abgas dürfen 30 mg/m^3 nicht überschreiten; bei Anlagen für den Einsatz anderer Abfälle als Hausmüll oder hausmüllähnlicher Abfälle gilt 3.1.4 unabhängig von den dort festgelegten Massenströmen.

Kohlenmonoxid

Die Emissionen an Kohlenmonoxid im Abgas dürfen 0,10 g/m^3 nicht überschreiten; werden 80 vom Hundert dieses Wertes erreicht oder überschritten, sind nach spätestens 5 Minuten die Hilfsbrenner zuzuschalten.

Organische Stoffe

Die Emissionen an organischen Stoffen im Abgas dürfen 20 mg/m^3, angegeben als Gesamtkohlenstoff, nicht überschreiten.

Schwefeloxide

Bei Emissionen an Schwefeldioxid und Schwefeltrioxid dürfen die Massenkonzentrationen im Abgas 0,10 g/m^3, angegeben als Schwefeldioxid, nicht überschreiten oder, soweit diese Massenkonzentrationen mit verhältnismäßigem Aufwand nicht eingehalten werden können, ist ein Schwefelemissionsgrad von 3 vom Hundert einzuhalten.

Halogenverbindungen

a) Bei Emissionen an gasförmigen anorganischen Chlorverbindungen dürfen die Massenkonzentrationen im Abgas 50 mg/m^3, angegeben als Chlorwasserstoff, nicht überschreiten oder, soweit diese Massenkonzentrationen mit verhältnismäßigem Aufwand nicht eingehalten werden können, ist ein Chloremissionsgrad von 0,25 vom Hundert einzuhalten.

b) Bei Emissionen an gasförmigen anorganischen Fluorverbindungen dürfen die Massenkonzentrationen im Abgas 2 mg/m^3, angegeben als Fluorwasserstoff, nicht überschreiten oder, soweit diese Massenkonzentrationen mit verhältnismäßigem Aufwand nicht eingehalten werden können, ist ein Fluoremissionsgrad von 0,25 vom Hundert einzuhalten.

Kontinuierliche Messungen

Die Anlagen sind mit Meßeinrichtungen auszurüsten, die die Mindesttemperatur sowie die Massenkonzentration an Kohlenmonoxid kontinuierlich ermitteln.

Bei Anlagen für den Einsatz von Hausmüll oder hausmüllähnlichen Abfällen mit einem Massenstrom an Abfällen von mehr als 0,75 t/h und bei Anlagen für den Einsatz sonstiger Abfälle sind auch die Massenkonzentrationen der staubförmigen Emissionen, der gasförmigen anorganischen Chlorverbindungen und der organischen Stoffe, gemessen als Gesamtkohlenstoff, kontinuierlich zu ermitteln.

Anlagen für den Einsatz anderer Abfälle als Hausmüll oder hausmüllähnlicher Abfälle sind zusätzlich mit Meßeinrichtungen auszurüsten, die die Emissionen an Schwefeldioxid und gasförmigen anorganischen Fluorverbindungen kontinuierlich ermitteln. Die kontinuierliche Messung der Schwefel- oder Fluorverbindungen kann entfallen, wenn sichergestellt ist, daß die Abfälle schwefel- oder fluorhaltige Stoffe nur in geringen Mengen enthalten.

3.3.8.2 Anlagen der Nummer 8.2

3.3.8.2.1 **Anlagen zur thermischen Zersetzung brennbarer fester oder flüssiger Stoffe unter Sauerstoffmangel (Pyrolyseanlagen)**

Bezugsgröße

Für Pyrolyseanlagen mit Verbrennung der Prozeßgase gelten die Emissionswerte von 3.3.8.1.1 entsprechend, bezogen auf einen Volumengehalt an Sauerstoff im Abgas von 3 vom Hundert.

Kontinuierliche Messungen

Die Anlagen sind mit Meßeinrichtungen auszurüsten, die die Massenkonzentration an Schwefeldioxid oder gasförmigen anorganischen Chlorverbindungen kontinuierlich ermitteln, es sei denn, es ist sichergestellt, daß die Einsatzstoffe nur in geringeren Mengen schwefel- oder chlorhaltige Stoffe enthalten.

3.3.8.3 Anlagen der Nummer 8.3

3.3.8.3.1 **Anlagen zur Rückgewinnung von einzelnen Bestandteilen aus festen Stoffen durch Verbrennen**[25]

Bezugsgröße

Die Emissionswerte beziehen sich auf einen Volumengehalt an Sauerstoff im Abgas von 11 vom Hundert.

Zusatzfeuerung

Die Anlagen sind mit einer Zusatzfeuerung auszurüsten.

Nachverbrennung

Die Anlagen müssen einen dem Feuerraum nachgeschalteten Nachverbrennungsraum aufweisen; der Nachverbrennungsraum beginnt hinter der letzten Verbrennungsluftzuführung. Die Nachverbrennungstemperatur muß mindestens 800° C betragen. Mit der Verbrennung des Einsatzgutes darf erst begonnen werden, wenn die Mindesttemperatur erreicht ist; deren Einhaltung ist bis zum Ende der Betriebszeit sicherzustellen.

Die Nachverbrennungstemperatur muß mindestens 1200° C betragen, wenn Einsatzstoffe verbrannt werden, die einen Massengehalt an polychlorierten aromatischen Kohlenwasserstoffen wie PCB oder PCP von 10 mg/kg oder mehr enthalten, es sei denn, durch geeignete andere Maßnahmen wird sichergestellt, daß keine erhöhten Emissionen entstehen.

Unabhängig von den vorgenannten Temperaturen sind im Nachverbrennungsraum eine ausreichende Verweilzeit und ein Mindestvolumengehalt an Sauerstoff von 6 vom Hundert einzuhalten.

Entnahme von Reststoffen

Es ist sicherzustellen, daß bei der Entnahme von Reststoffen aus den Anlagen kein Nachqualmen stattfinden kann.

---

25 Soweit Stoffe verbrannt werden, die unter den Anwendungsbereich der 17. BtmSchV – s. S. 153 – fallen, werden die entsprechenden Vorschriften der TA Luft durch diese Verordnung verdrängt.

Staub

Die staubförmigen Emissionen im Abgas dürfen 20 mg/m^3 nicht überschreiten.

3.1.4 gilt unabhängig von den dort festgelegten Massenströmen.

Kohlenmonoxid

Die Emissionen an Kohlenmonoxid im Abgas dürfen 0,10 g/m^3 nicht überschreiten.

Organische Stoffe

Die Emissionen an organischen Stoffen im Abgas dürfen 20 mg/m^3, angegeben als Gesamtkohlenstoff, nicht überschreiten.

Schwefeloxide

Die Emissionen an Schwefeldioxid und Schwefeltrioxid im Abgas dürfen 0,50 g/m^3, angegeben als Schwefeldioxid nicht überschreiten.

Halogenverbindungen

a) Die Emissionen an gasförmigen anorganischen Chlorverbindungen im Abgas dürfen 50 mg/m^3, angegeben als Chlorwasserstoff, nicht überschreiten;

b) die Emissionen an gasförmigen anorganischen Fluorverbindungen im Abgas dürfen 2 mg/m^3, angegeben als Fluorwasserstoff, nicht überschreiten.

Kontinuierliche Messung

Die Anlagen sind mit Meßeinrichtungen auszurüsten, die die Massenkonzentrationen an Staub und Kohlenmonoxid im Abgas und die Nachverbrennungstemperatur kontinuierlich ermitteln; Anlagen, in denen chlorierte Stoffe verbrannt werden, sind mit Meßeinrichtungen auszurüsten, die die Massenkonzentration an gasförmigen anorganischen Chlorverbindungen kontinuierlich ermitteln.

Bei Gekrätzeveraschungsöfen finden die Anforderungen keine Anwendung, soweit ausschließlich Reststoffe (Gekrätze) eingesetzt werden, die im eigenen Betrieb anfallen.

3.3.8.5 Anlagen der Nummer 8.5

3.3.8.5.1 **Kompostwerke**

Geruchsintensive Stoffe

a) Die Aufgabebunker sind geschlossen mit einer Fahrzeugschleuse zu errichten; bei geöffneter Halle und beim Entladen der Müllfahrzeuge ist die Bunkerabluft abzusaugen und einem Biofilter oder einer gleichwertigen Abgasreinigungseinrichtung zuzuführen;

b) die bei der Belüftung der Mieten auskondensierten Brüden und die anfallenden Sickerwässer dürfen bei offener Kompostierung nicht zum Befeuchten des Kompostes verwendet werden, sondern sind einer Kläranlage zu zuführen;

c) die Abgase aus Reaktoren und belüfteten Mieten sind einem Biofilter oder einer gleichwertigen Abgasreinigungseinrichtung zuzuführen.

3.3.9 Lagerung, Be- und Entladung von Stoffen

3.3.9.2 Anlagen der Nummer 9.2

3.3.9.2.1 **Anlagen zum Lagern von Mineralöl oder flüssigen Mineralölerzeugnissen**

Lagerung

Für die Lagerung von Produkten mit einem Dampfdruck von mehr als 13 mbar bei einer Temperatur von 20° C sind Festdachtanks mit Schwimmdecken, Schwimmdachtanks mit wirksamer Randabdichtung oder diesen Methoden mindestens gleichwertige Einrichtungen zur Emissionsminderung vorzusehen. Diese Einrichtungen sind so auszulegen, daß die Emissionsrate im Vergleich zu einem Festdachtank ohne Schwimmdecke um mindestens 90 vom Hundert gesenkt wird.

Tankanstrich

Festdachtanks sind mit Farbanstrichen zu versehen, die zum Zeitpunkt des Auftrags die Energie des eingestrahlten Sonnenlichts zu mindestens 70 vom Hundert und auf Dauer zu mindestens 50 vom Hundert reflektieren.

Umfüllung

Beim Umfüllen ist die Unterspiegelbefüllung anzuwenden; 3.1.8.6 findet keine Anwendung, wenn weniger als 10 000 m³/a umgefüllt werden.

3.3.10 Sonstiges

3.3.10.15 Anlagen der Nummer 10.15

3.3.10.15.1 **Prüfstände für oder mit Verbrennungsmotoren**

Stickstoffoxide

3.1.6 findet keine Anwendung; die Möglichkeiten, die Emissionen an Stickstoffmonoxid und Stickstoffdioxid durch motorische oder andere dem Stand der Technik entsprechende Maßnahmen zu vermindern, sind auszuschöpfen, insbesondere bei Überschreitung eines Massenstromes an Stickstoffmonoxid und Stickstoffdioxid, angegeben als Stickstoffdioxid, von 5 kg/h.[26]

Staub und Schwefeloxide

Für Prüfstände, auf denen Motoren im bestimmungsgemäßen Betrieb mit Rückstandsölen oder vergleichbaren Treibstoffen betrieben werden, sind Sonderregelungen zur Begrenzung der Emissionen an Staub und Schwefeloxiden zu treffen.

Organische Stoffe

3.1.7 findet keine Anwendung; die Möglichkeiten die Emissionen an organischen Stoffen durch motorische oder andere dem Stand der Technik entsprechende Maßnahmen zu vermindern, sind auszuschöpfen.[27]

---

26 vgl. Empfehlung des LAI auf S. 151
27 vgl. Empfehlung des LAI auf S. 152

4 Anforderungen an Altanlagen

Die zuständigen Behörden haben die erforderlichen Maßnahmen zu treffen, damit die Betreiber von Altanlagen die sich aus § 5 Abs. 1 Nr. 1 und 2 BImSchG ergebenden Pflichten erfüllen. Maßnahmen zur Emissionsminderung haben Vorrang vor einer Verbesserung der Ableitbedingungen.

4.1 *Nachträgliche Anordnungen zum Schutz vor schädlichen Umwelteinwirkungen*

4.1.1 Zum Schutz vor schädlichen Umwelteinwirkungen durch Luftverunreinigungen sollen nachträgliche Anordnungen getroffen werden, wenn

— die Immissionswerte auf einer Beurteilungsfläche überschritten oder
— die Emissionen krebserzeugender Stoffe nicht nach 2.3 begrenzt sind oder
— die in Anhang A für Schwefeldioxid oder für Fluorwasserstoff und anorganische gasförmige Fluorverbindungen festgelegten Zusatzbelastungswerte auf einer Beurteilungsfläche überschritten sind und erhebliche Nachteile nach 2.2.1.3 Abs. 3 Buchstaben b oder c bestehen oder
— sonst der Schutz vor schädlichen Umwelteinwirkungen nicht sichergestellt ist.

4.1.2 Eine nachträgliche Anordnung kann nicht auf eine Überschreitung von Immissionswerten gestützt werden, wenn eine Genehmigung nach 2.2.1 bis 2.2.3 aus diesem Grunde nicht versagt werden dürfte.

4.1.3 Sofern der Schutz vor schädlichen Umwelteinwirkungen nicht durch Einhaltung der sich aus 2.3 oder 3 ergebenden Anforderungen sichergestellt werden kann, sollen weitergehende Maßnahmen getroffen werden, insbesondere

— über die Anforderungen in 2.3 oder 3 hinausgehende technische Maßnahmen einschließlich der Beschränkung der Verwendung bestimmter Brenn- oder Einsatzstoffe,
— zur Verbesserung der Ableitbedingungen.

4.1.4 Die nachträglichen Anordnungen sollen unverzüglich getroffen werden.

4.2 *Nachträgliche Anordnungen und Sicherstellung von Ausgleichsmaßnahmen zur Vorsorge gegen schädliche Umwelteinwirkungen*

4.2.1 Die zuständigen Behörden sollen zur Vorsorge gegen schädliche Umwelteinwirkungen

a) nachträgliche Anordnungen treffen, damit Altanlagen nach Ablauf der sich aus 4.2.2 bis 4.2.6 ergebenden Fristen den Anforderungen nach 3 entsprechen oder

b) die Durchführung von Ausgleichsmaßnahmen sicherstellen, damit das in 4.2.10 festgelegte Sanierungsziel erreicht wird, sofern für die am Ausgleich beteiligten Anlagen spätestens am 28. Februar 1987 ein 4.2.10 entsprechender Sanierungsplan vorgelegt worden ist.

Bei der Beurteilung der Frage, ob die Anlagen den Anforderungen nach 3 entsprechen und inwieweit die Voraussetzungen nach 4.2.2, 4.2.3 oder 4.2.4 gegeben sind, sind folgende Gesichtspunkte zu berücksichtigen:

— Fehlende oder nicht ausreichende Emissionsbegrenzungen im Genehmigungsbescheid für Stoffe, die im Rohgas in für die Luftreinhaltung bedeutsamer Menge enthalten sein können,
— Mitteilungen nach § 16 BImSchG,
— Emissionserklärungen nach § 27 BImSchG,
— Ergebnisse von Ermittlungen nach §§ 26ff. BImSchG,
— Ergebnisse von Ermittlungen nach § 52 BImSchG sowie
— sonstige Erkenntnisse der Behörde.

Einer Messung nach §§ 26 ff. BImSchG bedarf es nur, wenn sich die Voraussetzungen für den Erlaß einer nachträglichen Anordnung nicht bereits aus anderen der oben genannten Gesichtspunkte ergeben.

Altanlagen im Sinne dieser Anleitung sind

1. Anlagen, für die am 1. März 1986

a) die Genehmigung zur Errichtung und zum Betrieb erteilt ist oder

b) in einem Vorbescheid oder einer Teilgenehmigung Anforderungen nach § 5 Abs. 1 Nr. 2 BImSchG festgelegt sind,

2. Anlagen, die nach § 67 Abs. 2 BImSchG anzuzeigen sind oder vor Inkrafttreten des Bundes-Immissionschutzgesetzes nach § 16 Abs. 4 der Gewerbeordnung anzuzeigen waren.

4.2.2 Bei Anlagen, deren Emissionen das Dreifache sowohl der Massenströme als auch der Massenkonzentrationen nach 3.1.4, 3.1.6 Klasse I bis III oder 3.1.7 Klasse I oder II überschreiten oder die den Anforderungen nach 3.1.7 Absatz 7 nicht entsprechen, sollen nachträgliche Anordnungen spätestens bis zum 28. Februar 1987 mit der Maßgabe erlassen werden, daß die Anforderungen nach 3 am 1. März 1989 eingehalten werden.

4.2.3 Bei Anlagen, deren Emissionen das Eineinhalbfache der sich aus 3.1 oder 3.3 ergebenden Emissionsbegrenzungen überschreiten, sollen nachträgliche Anordnungen spätestens bis zum 29. Februar 1988 mit der Maßgabe erlassen werden, daß die Anforderungen nach 3 am 1. März 1991 eingehalten werden.

4.2.4 Bei Anlagen, deren Emissionen mehr als das Einfache der sich aus 3.1 oder 3.3 ergebenden Emissionsbegrenzungen betragen, sollen nachträgliche Anordnungen mit der Maßgabe erlassen werden, daß die Anforderungen nach 3 am 1. März 1994 eingehalten werden.

4.2.5 Die Fristen nach 4.2.2 gelten auch für Anlagen, bei denen die Erfüllung einer nachträglichen Anordnung einen geringen technischen Aufwand erfordert, insbesondere bei Umstellungen auf emissionsärmere Brenn- oder Einsatzstoffe sowie bei einfachen Änderungen der Prozeßführung oder Verbesserungen der Wirksamkeit vorhandener Abgasreinigungseinrichtungen.

4.2.6 Für die in 3.3.7 genannten Anlagen mit Ausnahme der Anlagen in 3.3.7.15 gelten die Fristen nach 4.2.3, soweit zur Erfüllung der Anforderungen Abgasreinigungseinrichtungen erforderlich sind und der Mindestabscheidegrad in Abhängigkeit von der Geruchszahl festzulegen ist.

4.2.7 Soweit ein Betreiber auf Berechtigungen aus der Genehmigung verzichtet, ist eine nachträgliche Anordnung nach Maßgabe derjenigen vorstehend genannten Vorschriften zu erlassen, die einem Anlagenbetrieb unter Beachtung der Verzichterklärung entsprechen. Der Verzicht ist nur zu berücksichtigen, wenn er bis zum 28. Februar 1987 schriftlich gegenüber der Genehmigungbehörde erklärt wird.

Bei Anlagen, die nach § 67 Abs. 2 BImSchG anzuzeigen sind oder vor Inkrafttreten des Bundes-Immissionsschutzgesetzes nach § 16 Abs. 4 der Gewerbeordnung anzuzeigen waren, gilt Absatz 1 entsprechend, wenn der Betreiber sich in einer Vereinbarung mit der Genehmigungsbehörde verpflichtet hat, bestehende Berechtigungen nicht mehr in Anspruch zu nehmen.

4.2.8 Soweit am 1. März 1986 in Luftreinhalteplänen nach § 47 BImSchG oder in Vereinbarungen über Sanierungsmaßnahmen Sanierungsfristen enthalten sind, gehen diese den in 4.2.2 bis 4.2.5 bestimmten Fristen vor.

4.2.9 Eine nachträgliche Anordnung ist nicht zu erlassen, wenn der Betreiber durch schriftliche Erklärung gegenüber der Genehmigungsbehörde darauf verzichtet hat, die Anlage länger als bis zum 28. Februar 1994 zu betreiben. Satz 1 gilt nicht für nachträgliche Anordnungen nach 4.2.2 oder 4.2.5.

4.2.10 Die Behörde soll im Hinblick auf betriebsbereite Anlagen von 4.2.1 Buchst. a, 4.2.2, 4.2.3 und 4.2.5 abweichen, wenn in einem Sanierungsplan technische Ausgleichsmaßnahmen an einer Altanlage oder mehreren Altanlagen desselben Betreibers oder eines Dritten vorgesehen sind, die zu einer weitergehenden Verringerung der Emissionsfrachten im jeweiligen Kalenderjahr führen als die Summe der Minderungen, die durch Erlaß nachträglicher Anordnungen nach Maßgabe von 4.2.1 Buchst. a, 4.2.2, 4.2.3 und 4.2.5 bei den beteiligten Anlagen erreichbar wäre. Der Ausgleich ist nur zwischen denselben oder in der Wirkung auf die Umwelt gleichen Stoffen und nur zwischen Anlagen zulässig, die mindestens eine Beurteilungsfläche gemeinsam haben oder deren Beurteilungsgebiete sich mindestens in der Größe einer Beurteilungsfläche überschneiden; die unterschiedlichen Ableitbedingungen und Immissionsverhältnisse in den für die Beurteilung der Einwirkungen maßgeblichen Gebieten sind zu berücksichtigen, insbesondere darf die Verringerung von Emissionsfrachten aus hohen Quellen nur insoweit zum Ausgleich von Emissionsfrachten aus niedrigeren Quellen herangezogen werden, als die nach dem Sanierungsplan zu verrechnenden Emissionen am jeweils ungünstigsten Einwirkungsort Immissionsbeiträge in ungefähr gleicher Höhe verursachen würden; 4.2.4 bleibt unberührt.

Die Durchführung der in einem Sanierungsplan vorgesehenen Maßnahmen ist durch nachträgliche Anordnungen oder durch Nebenbestimmungen zum Genehmigungsbescheid sicherzustellen.

4.2.11 Soweit sonstige emissionsbezogene Anforderungen zur Vorsorge gegen schädliche Umwelteinwirkungen (2.1.5 Absatz 2 Buchst. f) durch bauliche oder betriebliche Maßnahmen zu erfüllen sind, bestimmt die Behörde die angemessene Frist; die Maßnahmen müssen spätestens nach Ablauf der in 4.2.4 genannten Frist abgeschlossen sein.

4.3 *Überwachung der Emissionen durch kontinuierliche Messungen*

Bei Anlagen, die nach 3.2 oder 3.3 mit Einrichtungen zur kontinuierlichen Messung von Emissionen auszurüsten sind, sollen Anordnungen nach § 29 Abs. 1 BImSchG bis zum 28. Februar 1987 mit der Maßgabe erlassen werden, daß die Einrichtungen spätestens am 1. März 1989 in Betrieb genommen werden.

5 **Aufhebung von Vorschriften**

Die Erste Allgemeine Verwaltungsvorschrift zum Bundes-Immissionsschutzgesetz (Technische Anleitung zur Reinhaltung der Luft) vom 28. August 1974 (GMBI S. 426, 525), geändert am 23. Februar 1983 (GMBl S. 94), wird aufgehoben.

6 **Inkrafttreten**

Diese allgemeine Verwaltungsvorschrift tritt am Tage nach der Veröffentlichung in Kraft.[28]

Bonn, den 27. Februar 1986

Der Bundeskanzler
Dr. Helmut Kohl

Der Bundesminister des Innern
Dr. Zimmermann

---

28 Die TA Luft ist am 1. 3. 1986 in Kraft getreten.

Anhang A:
Zusatzbelastungswerte

Staubniederschlag (nicht gefährdende Stäube)	3,5	$mg/(m^2d)$
Blei und anorganische Bleiverbindungen als Bestandteile des Staubniederschlags – angegeben als Pb –	7,5	$\mu g/(m^2d)$
Cadmium und anorganische Cadmiumverbindungen als Bestandteile des Staubniederschlags – angegeben als Cd –	0,15	$\mu g/(m^2d)$
Thallium und anorganische Thalliumverbindungen als Bestandteile des Staubniederschlags – angegeben als Tl –	0,2	$\mu g/(m^2d)$
Fluorwasserstoff und anorganische gasförmige Fluorverbindungen – angegeben als F –	0,05	$\mu g/m^3$
Schwefeldioxid	2,0	$\mu g/m^3$

Anhang B:
S-Werte

Schwebstaub	0,2
Chlorwasserstoff – angegeben als Cl –	0,1
Chlor	0,15
Fluorwasserstoff und anorganische gasförmige Fluorverbindungen – angegeben als F –	0,003
Kohlenmonoxid	15
Schwefeldioxid	0,2
Schwefelwasserstoff	0,005
Stickstoffdioxid	0,15

für Stoffe nach 3.1.4:

Klasse I	0,02
Klasse II	0,1
Klasse III	0,2

für die Stoffe:

Blei	0,005
Cadmium	0,0005
Quecksilber	0,005
Thallium	0,005

für Stoffe nach 3.1.7:

Klasse I	0,05
Klasse II	0,2
Klasse III	1,0

für Stoffe nach 2.3:

Klasse I	0,0001
Klasse II	0,001
Klasse III	0,01

Anhang C:
Ausbreitungsrechnung

1. **Allgemeines**
Die Berechnung der Kenngrößen für die Zusatzbelastung ist nach dem hier festgelegten Verfahren durchzuführen.

2. **Emissionsquellen**
Emissionsquellen sind die festzulegenden Stellen des Übertritts von Luftverunreinigungen aus der Anlage in die Atmosphäre. Bei der Ableitung der Emissionen über einen Schornstein nach 2.4 ist der Schornstein als Punktquelle zu behandeln.

3. **Emissionsmassenstrom**
Für den Emissionsmassenstrom der Emissionsquelle sind die mittleren stündlichen Werte einzusetzen, die sich beim bestimmungsgemäßen Betrieb bei den für die Luftreinhaltung ungünstigsten Betriebsbedingungen ergeben, insbesondere hinsichtlich des Einsatzes von Brenn- und Rohstoffen. Dies gilt auch bei zeitlichen Schwankungen der Emissionsmassenströme.

4. Ausbreitungsrechnung für Gase und Schwebstaub

Zur Berechnung der Immissionsbeiträge (Konzentration der Luftverunreinigung am Aufpunkt) aus Punktquellen ist die folgende Formel I zu verwenden, soweit die Ausbreitung

— von Gasen, deren physikalische oder chemische Umwandlung unberücksichtigt bleibt,
— von Gasen, für die Immissionswerte festgesetzt sind und
— von Schwebstaub, der keine nennenswerte Sinkgeschwindigkeit aufweist (Korngröße kleiner 5 µm, angegeben als aerodynamischer Durchmesser), wenn mehr als 75 vom Hundert der Korngrößenverteilung des emittierten Staubes eine Korngröße kleiner 5 µm, angegeben als aerodynamischer Durchmesser, aufweisen,

berechnet wird.

Formel I:

$$C(x,y,z) = \frac{10^6}{3600 \cdot 2\pi} \frac{Q}{u_h \sigma_y \sigma_z} \exp\left[-\frac{y^2}{2\sigma_y^2}\right] \left[\exp\left[-\frac{(z-h)^2}{2\sigma_z^2}\right] + \exp\left[-\frac{(z+h)^2}{2\sigma_z^2}\right]\right]$$

Es bedeuten:

x, y, z in m — kartesische Koordinaten der Aufpunkte (Nummer 7 dieses Anhangs) in Ausbreitungsrichtung (x), senkrecht zur Ausbreitungsrichtung horizontal (y) und vertikal (z)

C (x, y, z) in mg/m³ — Massenkonzentration der Luftverunreinigung (Immissionsbeitrag) am Aufpunkt (Nummer 7 dieses Anhangs) mit den Koordinaten (x, y, z) für jede einzelne Ausbreitungssituation (Nummer 8 dieses Anhangs)

z in m — Höhe des Aufpunktes über der Flur

Q in kg/h — Emissionsmassenstrom des emittierten luftverunreinigenden Stoffes aus der Emissionsquelle. Bei der Emission von Stickstoffmonoxid ist ein Umwandlungsgrad von 60 vom Hundert des Stickstoffmonoxids zu Stickstoffdioxid zugrunde zu legen (siehe auch 2.4.3)

h in m   effektive Quellhöhe (Nummer 6 dieses Anhangs)

σ_y, σ_z in m   horizontale und vertikale Ausbreitungsparameter (Nummer 10 dieses Anhangs)

u_h in m/s   Windgeschwindigkeit (Nummer 11 dieses Anhangs).

Zur Berechnung der Immissionsbeiträge aus Flächenquellen sind diese als Punktquellen darzustellen, die von diesen hervorgerufenen Immissionsbeiträge zu berechnen und entsprechend zusammenzufassen.

5. **Ausbreitungsrechnung für Stäube**
Die Ausbreitungsrechnung für Stäube ist durchzuführen zur Ermittlung der Immissionsbeiträge des Schwebstaubes und des Staubniederschlages.

Die Berechnung ist für folgende Größenklassen der Korngrößenverteilung, angegeben als aerodynamischer Durchmesser, des Emissionsmassenstromes durchzuführen:

Klasse	Korngröße in μm	Ablagerungsgeschwindigkeit V_{di} in m/s
i=1	kleiner 5	0,001
i=2	von 5 bis 10	0,01
i=3	von 10 bis 50	0,05
i=4	größer 50	0,1

Der Emissionsmassenstrom Q_i ist für jede Größenklasse der Korngrößenverteilung anzugeben.

Zur Berechnung der Immissionsbeiträge aus Flächenquellen sind diese als Punktquellen darzustellen, die von diesen hervorgerufenen Immissionsbeiträge zu berechnen und entsprechend zusammenzufassen.

5.1 **Berechnung des Schwebstaubs**
Der Schwebstaub wird für die Klassen der Korngrößen i = 1 bis i = 4 für jeden Aufpunkt berechnet.

Zur Berechnung der Immissionsbeiträge des Schwebstaubs wird für jede Klasse die Formel II angewendet:

Formel II:

$$C_i(x,y,z) = \frac{10^6}{3600 \cdot 2\pi} \frac{Q_i}{u_h \sigma_y \sigma_z} \cdot \exp\left[-\frac{y^2}{2\sigma_y^2}\right] \cdot$$

$$\cdot \left[\exp\left[-\frac{(z-h)^2}{2\sigma_z^2}\right] + \exp\left[-\frac{(z+h)^2}{2\sigma_z^2}\right]\right] \cdot$$

$$\cdot \exp\left[-\sqrt{\frac{2}{\pi}} \frac{V_{di}}{u_h} \int_0^x \frac{1}{\sigma_z(\xi)} \exp\left[-\frac{h^2}{2\sigma_z^2(\xi)}\right] d\xi\right]$$

Anschließend werden die jeweiligen Immissionsbeiträge addiert.

Ist die Korngrößenverteilung nicht bekannt, so ist die Berechnung mit $V_d = 0{,}07$ m/s durchzuführen. In diesem Fall ist für Q_i die Gesamtemission an Stäuben mit einer Korngröße kleiner 50 μm einzusetzen.

5.2 Berechnung des Staubniederschlags

Zur Berechnung der Immissionsbeiträge des Staubniederschlags (Klassen $i = 1$ bis $i = 4$) wird für jede Klasse der Korngröße die Formel II angewendet. Aus den so berechneten Immissionsbeiträgen des Schwebstaubs wird nach Formel III der mittlere tägliche Staubniederschlag für jeden Aufpunkt berechnet.

Formel III:

$$d(x,y) = 86\,400 \sum_{i=1}^{4} V_{di} \, C_i(x,y,0)$$

Ist die Korngrößenverteilung nicht bekannt, so ist die Berechnung mit $V_d = 0{,}07$ m/s durchzuführen.

Zur Berechnung des Niederschlags von Blei, Cadmium oder Thallium ist für Q jeweils der Emissionsmassenstrom von Blei, Cadmium oder Thallium anzusetzen.

6. Effektive Quellhöhe

Die Abgasfahnenüberhöhung ü, welche zusammen mit der Schornsteinbauhöhe H die effektive Quellhöhe h in m ergibt, wird aus dem emittierten Wärmestrom M, der Quellentfernung x und der Windgeschwindigkeit u_H an der Schornsteinmündung nach den folgenden Formeln ermittelt:

a) Labile Temperaturschichtung
   (Ausbreitungsklassen IV und V)

$\ddot{u}_{la}(x) = 3{,}34 \cdot M^{1/3} \cdot x^{2/3} \cdot u_H^{-1}$ (1)

mit $\ddot{u}_{la}(x) + H$ kleiner oder gleich 1 100 m (2)

Für M größer 6 MW gilt zusätzlich:

$x_{max_{la1}} = 288 \cdot M^{2/5}$ (3)

$\ddot{u}_{max_{la1}} = 146 \cdot M^{3/5} \cdot u_H^{-1}$ (4)

mit $\ddot{u}_{max_{la1}} + H$ kleiner oder gleich 1 100 m (5)

Für M kleiner oder gleich 6 MW gilt zusätzlich:

$x_{max_{la2}} = 195 \cdot M^{5/8}$ (6)

$\ddot{u}_{max_{la2}} = 112 \cdot M^{3/4} \cdot u_H^{-1}$ (7)

mit $\ddot{u}_{max_{la2}} + H$ kleiner oder gleich 1 100 m (8)

b) Neutrale Temperaturschichtung
   (Ausbreitungsklassen III/1 und III/2)

$\ddot{u}_n(x) = 2{,}84 \cdot M^{1/3} \cdot x^{2/3} \cdot u_H^{-1}$ (9)

mit $\ddot{u}_n(x) + H$ kleiner oder gleich 800 m (10)

Für M größer 6 MW gilt zusätzlich:

$x_{max_{n1}} = 210 \cdot M^{2/5}$ (11)

$\ddot{u}_{max_{n1}} = 102 \cdot M^{3/5} \cdot u_H^{-1}$ (12)

mit $\ddot{u}_{max_{n1}} + H$ kleiner oder gleich 800 m (13)

Für M kleiner oder gleich 6 MW gilt zusätzlich:

$x_{max_{n2}} = 142 \cdot M^{5/8}$ (14)

$\ddot{u}_{max_{n2}} = 78{,}4 \cdot M^{3/4} \cdot u_H^{-1}$ (15)

$\ddot{u}_{max_{n2}} + H$ kleiner oder gleich 800 m (16)

c) Stabile Temperaturschichtung
   (Ausbreitungsklassen I und II)

$\ddot{u}_{st}(x) = 3{,}34 \cdot M^{1/3} \cdot x^{2/3} \cdot u_H^{-1}$ (17)

Für Ausbreitungsklasse I gilt zusätzlich:

$x_{max_{st1}} = 104 \cdot u_H$ (18)

$\ddot{u}_{max_{st1}} = 74{,}4 \cdot M^{1/3} \cdot u_H^{-1/3}$ (19)

Für Ausbreitungsklasse II gilt zusätzlich:

$$x_{max_{st2}} = 127 \cdot u_H \tag{20}$$
$$\ddot{u}_{max_{st2}} = 85{,}2 \cdot M^{1/3} \cdot u_H^{-1/3} \tag{21}$$

Die nach einer der Gleichungen (17), (19) oder (21) berechnete Abgasfahnenüberhöhung ist mit dem entsprechenden Überhöhungswert für neutrale Temperaturschichtung nach Punkt b) zu vergleichen. Dabei ist die Windgeschwindigkeit an der Schornsteinmündung für die neutrale Temperaturschichtung zu berechnen. Der niedrigere der beiden Werte ist die Überhöhung.

d) Wärmestrom
Der emittierte Wärmestrom M in MW wird nach folgender Formel berechnet:
$$M = 1{,}36 \cdot 10^{-3} \cdot R \cdot (T-283) \tag{22}$$
Es bedeuten:

M in MW Wärmestrom

R in m³/s Volumenstrom des Abgases (f) im Normzustand

Sind die Austrittsbedingungen der Emissionen nicht im einzelnen bekannt, gilt die Schornsteinbauhöhe H der Emissionsquelle als effektive Quellhöhe h.

7. **Lage der Aufpunkte**
Die Lage der Aufpunkte wird so festgelegt, daß die Schnittpunkte des quadratischen Gitternetzes (2.6.2.6) jeweils mit einem Aufpunkt zusammenfallen. Der Abstand der Gitterlinien, durch deren Schnittpunkte die Aufpunkte festgelegt werden, beträgt bis zu einer Austrittshöhe der Emissionen von 150 m die Hälfte der unter 2.6.2.6 festgelegten Abstände.

8. **Häufigkeit der Ausbreitungssituation**
Eine Ausbreitungssituation ist durch Windgeschwindigkeit (Nummer 11 dieses Anhangs), Windrichtungssektor (Nummer 12 dieses Anhangs) und Ausbreitungsklasse (Nummer 9 dieses Anhangs) gekennzeichnet. Zur Durchführung der Ausbreitungsrechnung ist eine Häufigkeitsverteilung der stündlichen Ausbreitungssituationen zugrunde zu legen, die für den Standort der Anlage charakteristisch ist. Liegen keine Messungen am Standort der Anlage vor, sind Daten aus einem in der Regel zehnjährigen Meßzeitraum einer geeigneten Station des Deutschen Wetterdienstes zu

verwenden; ein kürzerer Meßzeitraum ist zulässig, wenn dies für die Beurteilung der Ausbreitungssituation ausreicht. Die Übertragbarkeit dieser Daten auf den Standort der Anlagen ist zu prüfen; dies kann z. B. durch Vergleich mit Daten durchgeführt werden, die im Rahmen eines meteorologischen Standortgutachtens ermittelt werden. Bei Messungen am Standort der Anlage soll der Meßzeitraum ein Jahr betragen; kürzere Meßzeiträume sind in begründeten Fällen zulässig. Bei der Bestimmung von Windrichtung und Windgeschwindigkeit ist die VDI-Richtlinie 3786 Blatt 2 (Ausgabe März 1982) zu beachten.

9. **Ausbreitungsklassen**
Die Ausbreitungsklassen sind für jede volle Stunde unter Berücksichtigung von Windgeschwindigkeit, Bedeckungsgrad, Wolkenart sowie Monat und Tageszeit nach dem folgenden Schema zu bestimmen, wobei Einzelheiten des Rechenganges (z. B. Glättungsverfahren, Interpolation bei fehlenden Werten) nach den Empfehlungen des Deutschen Wetterdienstes durchzuführen sind:

Schema zur Bestimmung der Ausbreitungsklassen

Windgeschwindigkeit in 10 m Höhe in Knoten	Gesamtbedeckung in Achteln *)				
	für Nachtstunden **)		für Tagesstunden **)		
	0/8 bis 6/8	7/8 bis 8/8	0/8 bis 2/8	3/8 bis 5/8	6/8 bis 8/8
2 und darunter	I	II	IV	IV	IV
3 und 4	I	II	IV	IV	III/2
5 und 6	II	III/1	IV	IV	III/2
7 und 8	III/1	III/1	IV	III/2	III/2
9 und darüber	III/1	III/1	III/2	III/1	III/1

*) Bei den Fällen mit einer Gesamtbedeckung, die ausschließlich aus hohen Wolken (Cirren) besteht, ist von einer um 3/8 erniedrigten Gesamtbedeckung auszugehen.
**) Für die Abgrenzung sind Sonnenaufgang und -untergang (MEZ) maßgebend. Die Ausbreitungsklasse für Nachtstunden wird noch für die auf den Sonnenaufgang folgende volle Stunde eingesetzt.

Die so bestimmten Ausbreitungsklassen werden zur Berücksichtigung besonderer Ausbreitungsverhältnisse wie folgt geändert:

a) Ergeben sich für die Monate Juni bis August und die Stunden zwischen 10.00 bis 16.00 MEZ Ausbreitungsklassen unter V, so ist für eine

Gesamtbedeckung von nicht mehr als 6/8 oder eine Gesamtbedeckung von 7/8 und Windgeschwindigkeiten unter 5 Knoten die nächsthöhere Ausbreitungsklasse einzusetzen. Für die Stunden zwischen 12.00 bis 15.00 MEZ, bei Bedeckung von nicht mehr als 5/8 ist, unter Beachtung von Satz 1, die nächsthöhere Ausbreitungsklasse – im Fall der Klasse IV die Klasse V – einzusetzen.

b) Für die Monate Mai und September ist für die Stunden zwischen 11.00 bis 15.00 MEZ und eine Bedeckung von nicht mehr als 6/8 die nächsthöhere Ausbreitungsklasse – im Fall der Klasse IV die Klasse V – einzusetzen.

c) Für jede volle Stunde der Zeiträume von 1 Stunde bis 3 Stunden nach Sonnenaufgang (SA + 1 bis SA + 3) und von 2 Stunden vor bis 1 Stunde nach Sonnenuntergang (SU – 2 bis SU + 1) werden die Ausbreitungsklassen nach der folgenden Tabelle sowohl nach den Spalten für Nachtstunden (K_N) als auch nach den Spalten für Tagstunden (K_T) bestimmt. Die folgende Tabelle enthält alle möglichen Kombinationen der Ausbreitungsklassen K_N und K_T und gibt an, welche Ausbreitungsklasse statt dessen für die Ausbreitungsrechnung zu verwenden ist. Geht z. B. die Sonne um 6.25 MEZ auf, dann ist für SA + 1 bis SA + 2 der Wert für die Stunden von 7.26 bis 8.25 MEZ einzusetzen. Bei stündlicher Zeitfolge mit Beobachtungen zur vollen Stunde ist die Bestimmung der Ausbreitungsklasse für 8.00 MEZ gültig.

d) Für die Monate Dezember, Januar und Februar ist die Ausbreitungsklasse IV durch die Ausbreitungsklasse III/2 zu ersetzen.

K_N	K_T	SA + 1 bis SA + 2	SA + 2 bis SA + 3	SU – 2 bis SU – 1	SU – 1 bis SU	SU bis Su + 1
I	IV	I(II)*)	II	II	II(I)**)	I(II)*)
I	III/2	II	II	III/1	III/1	I(II)*)
II	IV	II	III/1	III/1	II	II
II	III/2	III/1	III/1	III/1	III/1	II
III/1	IV	III/1	III/2	III/2	III/1	III/1
III/1	III/2	III/1	III/1	III/2	III/2	III/1
III/1	III/1	III/1	III/1	III/1	III/1	III/1

*) Für die Monate März bis November und Windgeschwindigkeiten über 2 Knoten ist der Wert in der Klammer einzusetzen.

**) Für die Monate Januar, Februar und Dezember, Windgeschwindigkeiten bis 2 Knoten und Gesamtbedeckung bis 6/8 ist der Wert in der Klammer einzusetzen.

Fälle, bei denen keine Ausbreitungsklasse bestimmt werden kann, werden bei Windgeschwindigkeiten unter 4 Knoten der Ausbreitungsklasse I, von 5 bis 6 Knoten der Klasse II und von mehr als 7 Knoten der Klasse III/1 zugeordnet.

Nachdem die Ausbreitungsklassen festgestellt sind, wird für jede Klasse eine nach Richtungs- und Geschwindigkeitsklassen geordnete Windstatistik erstellt. Die Windrichtungsdaten sind wie die Windgeschwindigkeitsdaten Mittelwerte über mindestens 10 bis höchstens 60 Minuten.

10. Ausbreitungsparameter

Der Ausbreitungsklasse entsprechend sind bei den Berechnungen nach der Formel I die Ausbreitungsparameter σ_y und σ_z wie folgt einzusetzen:

$$\sigma_y = Fx^f$$
$$\sigma_z = Gx^g$$

Die Zahlenwerte für die Koeffizienten F und G sowie die Exponenten f und g sind den folgenden Tabellen zu entnehmen:

a) für effektive Quellhöhen h über 150 m:

Ausbreitungs-klasse		F	f	G	g
V	(sehr labil)	0,40	0,91	0,41	0,91
IV	(labil)	0,40	0,91	0,41	0,91
III/2	(neutral)	0,36	0,86	0,33	0,86
III/1	(neutral)	0,32	0,78	0,22	0,78
II	(stabil)	0,31	0,71	0,06	0,71
I	(sehr stabil)	0,31	0,71	0,06	0,71

b) für effektive Quellhöhen h von 100 m:

Ausbreitungs-klasse		F	f	G	g
V	(sehr labil)	0,170	1,296	0,051	1,317
IV	(labil)	0,324	1,025	0,070	1,151
III/2	(neutral)	0,466	0,866	0,137	0,985
III/1	(neutral)	0,504	0,818	0,265	0,818
II	(stabil)	0,411	0,882	0,487	0,652
I	(sehr stabil)	0,253	1,057	0,717	0,486

c) für effektive Quellhöhen h unter 50 m:

Ausbreitungs-klasse		F	f	G	g
V	(sehr labil)	1,503	0,833	0,151	1,219
IV	(labil)	0,876	0,823	0,127	1,108
III/2	(neutral)	0,659	0,807	0,165	0,996
III/1	(neutral)	0,640	0,784	0,215	0,885
II	(stabil)	0,801	0,754	0,264	0,774
I	(sehr stabil)	1,294	0,718	0,241	0,662

Für effektive Quellhöhen von 50 m bis 100 m sowie von 100 m bis 150 m erfolgt eine logarithmische Interpolation zwischen den angegebenen Werten für F und G und eine lineare Interpolation zwischen den angegebenen Werten für f und g.

11. **Windgeschwindigkeit**
Die Windgeschwindigkeit u_a ist der in Anemometerhöhe z_a über eine Mittelbildungszeit von 10 bis 60 Minuten festgestellte Mittelwert.

Der Windgeschwindigkeit u_a ist ein Rechenwert u_R nach der folgenden Tabelle zuzuordnen:

u_a in Knoten	u_a in m/s	Rechenwert u_R in m/s
2	kleiner 1,4	1
3	1,4 — 1,8	1,5
4	1,9 — 2,3	2
5 bis 7	2,4 — 3,8	3
8 bis 10	3,9 — 5,4	4,5
11 bis 13	5,5 — 6,9	6
14 bis 16	7,0 — 8,4	7,5
17 bis 19	8,5 — 10,0	9
20 und mehr	größer 10,0	12

Die in die Formeln I und II einzusetzende Windgeschwindigkeit u_h wird aus dem Rechenwert u_R nach der Formel IV wie folgt ermittelt:

Formel IV:

$$u_h = u_R \left(\frac{h}{z_a}\right)^m$$

Es bedeutet:

z_a in m Anemometerhöhe über der Flur.

Die zur Ermittlung der effektiven Quellhöhe h (Nummer 6 dieses Anhangs) einzusetzende Windgeschwindigkeit u_H wird aus dem Rechenwert u_R nach der Formel V wie folgt ermittelt:

Formel V:

$$u_H = u_R \left(\frac{H}{z_a}\right)^m$$

Für Schornsteinbauhöhen H bzw. für effektive Quellhöhen h größer 200 m wird die Windgeschwindigkeit u_H bzw. u_h gleich dem Wert für 200 m gesetzt.

Für jede Ausbreitungsklasse ist m wie folgt einzusetzen:

Ausbreitungsklasse	m
V	0,09
IV	0,20
III/2	0,22
III/1	0,28
II	0,37
I	0,42

12. **Windrichtungssektoren**
Die Windrichtung ist in 36 Sektoren zu je 10 Grad, beginnend bei Nord, eingeteilt. Die Ausbreitungsrechnung ist unter Zugrundelegung einer gleichförmigen Verteilung der Windrichtung innerhalb jedes 10 Grad-Sektors für jeden 2 Grad-Sektor durchzuführen.

Bei den Windgeschwindigkeitsbereichen kleiner 3 Knoten ist die Verteilung auf die Windrichtungssektoren wie bei 3 Knoten maßgebend.

Die Fälle mit umlaufenden Winden werden der entsprechenden Ausbreitungs- und Windgeschwindigkeitsklasse zugeordnet; die Verteilung auf die Windrichtungssektoren ist entsprechend der Windrichtungsverteilung in der jeweiligen Windgeschwindigkeitsklasse vorzunehmen.

13. **Berücksichtigung von Schwachwindlagen sowie sonstiger Unsicherheiten bei den meteorologischen Daten**
    Die Fälle mit Windgeschwindigkeiten von weniger oder gleich 1 Knoten sind für jede Ausbreitungsklasse wie Fälle mit Windgeschwindigkeiten von 2 Knoten zu behandeln. Die Verteilung auf die Windrichtungssektoren ist entsprechend der Verteilung bei 3 Knoten vorzunehmen.

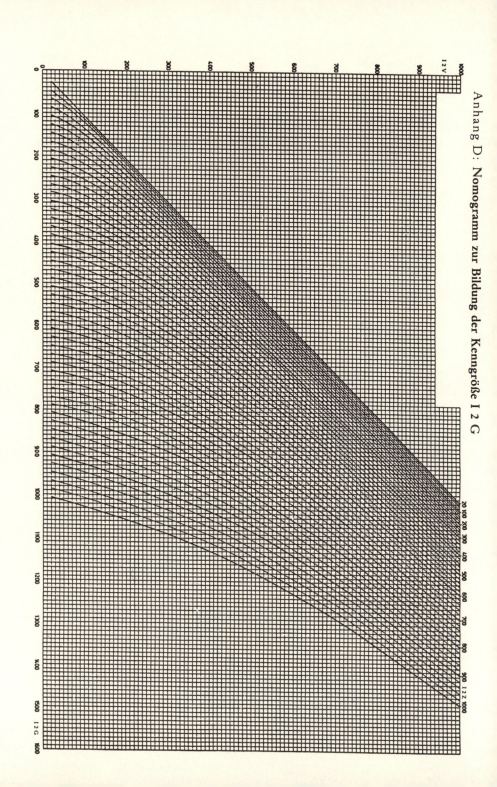

Anhang D: Nomogramm zur Bildung der Kenngröße I 2 G

Anhang E: **Organische Stoffe**

Stoff	Summenformel	Klasse
Acetaldehyd	C_2H_4O	I
Aceton	C_3H_6O	III
Acrolein	siehe 2-Propenal	
Acrylsäure	$C_3H_4O_2$	I
Acrylsäureethylester	siehe Ethylacrylat	
Acrylsäuremethylester	siehe Methylacrylat	
Alkylalkohole		III
Alkylbleiverbindungen		I
Ameisensäure	CH_2O_2	I
Ameisensäuremethylester	siehe Methylformiat	
Anilin	C_6H_7N	I
Benzylchlorid	siehe α-Chlortoluol	
Biphenyl	$C_{12}H_{10}$	I
2-Butanon	C_4H_8O	III
2-Butoxyethanol	$C_6H_{14}O_2$	II
Butylacetat	$C_6H_{12}O_2$	III
Butylglykol	siehe 2-Butoxyethanol	
Butyraldehyd	C_4H_8O	II
Chloracetaldehyd	C_2H_3ClO	I
Chlorbenzol	C_6H_5Cl	II
2-Chlor-1,3-Butadien	C_4H_5Cl	II
Chloressigsäure	$C_2H_3ClO_2$	I
Chlorethan	C_2H_5Cl	III
Chlormethan	CH_3Cl	I
Chloroform	siehe Trichlormethan	
2-Chloropren	siehe 2-Chlor-1,3-Butadien	
2-Chlorpropan	C_3H_7Cl	II
α-Chlortoluol	C_7H_7Cl	I
Cumol	siehe Isopropylbenzol	
Cyclohexanon	$C_6H_{10}O$	II
Diacetonalkohol	siehe 4-Hydroxy-4-methyl-2-pentanon	
Dibutylether	$C_8H_{18}O$	III
1,2-Dichlorbenzol	$C_6H_4Cl_2$	I
1,4-Dichlorbenzol	$C_6H_4Cl_2$	II
Dichlordifluormethan	CCl_2F_2	III
1,1-Dichlorethan	$C_2H_4Cl_2$	II
1,2-Dichlorethan	$C_2H_4Cl_2$	I
1,1-Dichlorethylen	$C_2H_2Cl_2$	I
1,2-Dichlorethylen	$C_2H_2Cl_2$	III
Dichlormethan	CH_2Cl_2	III
Dichlorphenole	$C_6H_4Cl_2O$	I
Diethanolamin	siehe 2,2'-Iminodiethanol	

Stoff		Summenformel	Klasse
Diethylamin		$C_4H_{11}N$	I
Diethylether		$C_4H_{10}O$	III
Di-(2-ethylhexyl)-phthalat		$C_{24}H_{38}O_4$	II
Diisobutylketon	siehe 2,6-Dimethylheptan-4-on		
Diisopropylether		$C_6H_{14}O$	III
Dimethylamin		C_2H_7N	I
Dimethylether		C_2H_6O	III
N,N-Dimethylformamid		C_3H_7NO	II
2,6-Dimethylheptan-4-on		$C_7H_{14}O$	II
Dioctylphthalat	siehe Di-(2-ethylhexyl)-phthalat		
1,4-Dioxan		$C_4H_8O_2$	I
Diphenyl	siehe Biphenyl		
Essigester	siehe Ethylacetat		
Essigsäure		$C_2H_4O_2$	II
Essigsäurebutylester	siehe Butylacetat		
Essigsäureethylester	siehe Ethylacetat		
Essigsäuremethylester	siehe Methylacetat		
Essigsäurevinylester	siehe Vinylacetat		
Ethanol	siehe Alkylalkohole		
Ether	siehe Diethylether		
2-Ethoxyethanol		$C_4H_{10}O_2$	II
Ethylacetat		$C_4H_8O_2$	III
Ethylacrylat		$C_5H_8O_2$	I
Ethylamin		C_2H_7N	I
Ethylbenzol		C_8H_{10}	II
Ethylchlorid	siehe Chlorethan		
Ethylenglykol		$C_2H_6O_2$	III
Ethylenglykol-monoethylether	siehe 2-Ethoxyethanol		
Ethylenglykol-monomethylether	siehe 2-Methoxyethanol		
Ethylglykol	siehe 2-Ethoxyethanol		
Ethylmethylketon	siehe 2-Butanon		
Formaldehyd		CH_2O	I
2-Furaldehyd		$C_5H_4O_2$	I
Furfural, Furfurol	siehe 2-Furaldehyd		
Furfurylalkohol		$C_5H_6O_6$	II
Glykol	siehe Ethylenglycol		
Holzstaub in atembarer Form			I
4-Hydroxy-4-methyl-2-pentanon		$C_6H_{12}O_2$	III
2,2'-Iminodiethanol		$C_4H_{11}NO_2$	II
Isobutylmethylketon	siehe 4-Methyl-2-pentanon		
Isopropenylbenzol		C_9H_{10}	II
Isopropylbenzol		C_9H_{12}	II
Kohlenstoffdisulfid		CS_2	II
Kresole		C_7H_8O	I

Stoff		Summenformel	Klasse
Maleinsäureanhydrid		$C_4H_2O_3$	I
Mercaptane	siehe Thioalkohole		
Methacrylsäure-methylester	siehe Methylmethacrylat		
Methanol	siehe Alkylalkohole		
2-Methoxyethanol		$C_3H_8O_2$	II
Methylacetat		$C_3H_6O_2$	II
Methylacrylat		$C_4H_6O_2$	I
Methylamin		CH_5N	I
Methylbenzoat		$C_8H_8O_2$	III
Methylchlorid	siehe Chlormethan		
Methylchloroform	siehe 1,1,1-Trichlorethan		
Methylcyclohexanone		$C_7H_{12}O$	II
Methylenchlorid	siehe Dichlormethan		
Methylethylketon	siehe 2-Butanon		
Methylformiat		$C_2H_4O_2$	II
Methylglykol	siehe 2-Methoxyethanol		
Methylisobutylketon	siehe 4-Methyl-2-pentanon		
Methylmethacrylat		$C_5H_8O_2$	II
4-Methyl-2-pentanon		$C_6H_{12}O$	III
4-Methyl-m-phenylen-diisocyanat		$C_9H_6N_2O_2$	I
N-Methylpyrrolidon		C_5H_9NO	III
Naphthalin		$C_{10}H_8$	II
Nitrobenzol		$C_6H_5NO_2$	I
Nitrokresole		$C_7H_7NO_3$	I
Nitrophenole		$C_6H_5NO_3$	I
Nitrotoluole		$C_7H_7NO_2$	I
Olefinkohlenwasserstoffe (ausgenommen 1,3-Butadien)			III
Paraffinkohlenwasserstoffe (ausgenommen Methan)			III
Perchlorethylen	siehe Tetrachlorethylen		
Phenol		C_6H_6O	I
Pinene		$C_{10}H_{16}$	III
2-Propenal		C_3H_4O	I
Propionaldehyd		C_3H_6O	II
Propionsäure		$C_3H_6O_2$	II
Pyridin		C_5H_5N	I
Schwefelkohlenstoff	siehe Kohlenstoffdisulfid		
Styrol		C_8H_8	II
1,1,2,2-Tetrachlorethan		$C_2H_2Cl_4$	I
Tetrachlorethylen		C_2Cl_4	II
Tetrachlorkohlenstoff	siehe Tetrachlormethan		
Tetrachlormethan		CCl_4	I
Tetrahydrofuran		C_4H_8O	II
Thioalkohole			I
Thioether			I

Stoff	Summenformel	Klasse
o-Toluidin	C_7H_9N	I
Toluol	C_7H_8	II
Toluylen-2,4-diisocyanat	siehe 4-Methyl-m-phenylendiisocyanat	
1,1,1-Trichlorethan	$C_2H_3Cl_3$	II
1,1,2-Trichlorethan	$C_2H_3Cl_3$	I
Trichlorethylen	C_2HCl_3	II
Trichlormethan	$CHCl_3$	I
Trichlorphenole	$C_6H_3OCl_3$	I
Triethylamin	$C_6H_{15}N$	I
Trichlorfluormethan	CCl_3F	III
Trimethylbenzole	C_9H_{12}	II
Vinylacetat	$C_4H_6O_2$	II
Xylenole (ausgenommen 2,4-Xylenol)	$C_8H_{10}O$	I
2,4-Xylenol	$C_8H_{10}O$	II
Xylole	C_8H_{10}	II

Anhang F

VDI-Richtlinien zu Prozeß- und Gasreinigungstechniken

Titel	Richtlinie VDI
Gasreinigungstechnik	
Betrieb und Wartung von Entstaubungsanlagen	2264
Druckentlastung von Staubexplosionen	3673
Technische Gewährleistung für Entstauber	2260
Massenkraftabscheider	3676
Filternde Abscheider	3677
Elektrische Abscheider	3678
Naßarbeitende Abscheider	3679
Verhütung von Staubbränden und Staubexplosionen	2263
Umschlagen und Fördern staubender Güter	3470
Erfassen luftfremder Stoffe	3801
Abgasreinigung durch Adsorption, Oberflächenreaktion und heterogene Katalyse	3674
Abgasreinigung durch Adsorption	3675
Abgasreinigung durch thermische Verbrennung	2442
Abgasreinigung durch oxidierende Gaswäsche	2443
Abgasreinigung durch katalytische Verfahren	3476
Biologische Abluftreinigung: Biofilter	3477
Biologische Abluftreinigung: Biowäscher	3478
Abscheidung von Nebeln	3475
Bergbau	
Auswurfbegrenzung: Schwefeldioxid, Koksofenabgase	2110
Emissionsminderung: Steinkohlenbrikettfakriken	2292
Auswurfbegrenzung: Braunkohlenbrikettfabriken	2293
Emissionsminderung: Drücken von Koks	3463
Auswurfbegrenzung: Aufbereitungsanlagen in Kaliwerken	3464
Industrie der Steine und Erden	
Emissionsminderung: Zementwerke	2094
Emissionsminderung: Kalk- und Dolomitwerke	2583
Auswurfbegrenzung: Anlagen zum Brechen und Klassieren von in Steinbrüchen gewonnenem Gestein	2584

Titel	Richtlinie VDI
Auswurfbegrenzung: Aufbereitungsanlagen für bituminöses Mischgut (Asphalt-Mischanlagen)	2283
Auswurfbegrenzung: Grobkeramische Industrie	2585
Emissionsminderung: Feinkeramische Industrie	2586
Emissionsminderung: Anlagen zur Herstellung nichttextiler Mineralfaserprodukte	3457
Asbest und asbesthaltige Produkte	3469
Eisenhüttenwerke und Eisengießereien	
Auswurfbegrenzung: Stahlwerksbetrieb, Elektrolichtbogenöfen	3465
Emissionsminderung: Gießerei, Schmelzbetrieb	3886
Emissionsminderung: Gießerei, Form- und Kernherstellung	3887
Emissionsminderung: Gießerei, Putzerei	3888
Metallhütten und Umschmelzwerke	
Auswurfbegrenzung: Sekundärbleihütten (Umschmelzwerke)	2597
Auswurfbegrenzung: Kupferschrotthütten und Kupferraffinerien	2102
Auswurfbegrenzung: Zinkhütten	2284
Auswurfbegrenzung: Aluminiumoxidgewinnung und Aluminiumschmelzflußelektrolyse	2286
Auswurfbegrenzung: Kupferlegierungsschmelzwerke	2582
Auswurfbegrenzung: Alumumlegierungsschmelzwerke	2581
Auswurfbegrenzung: Elektrothermische und metallothermische Erzeugung von Ferrolegierungen	2576
Chemische und verwandte Industrien	
Emissionsminderung: Salpetersäureanlagen	2295
Emissionsminderung: Phosphor und anorganische Phosphorverbindungen ausgenommen Düngemittel	3450 Bl. 1
Emissionsminderung: Phosphathaltige Düngemittel	3450 Bl. 2
Emissionsminderung: Anlagen zur Herstellung und Verarbeitung von Chlorwasserstoff	3451
Emissionsminderung: Schwefelsäureanlagen	2298
Emissionsminderung: Anorganische Fluorverbindungen	2296
Emissionsminderung: Vinylchlorid	2446
Emissionsminderung: Acrylnitril	2447
Auswurfbegrenzung: Erzeugung von Elektrokorund	2575
Auswurfbegrenzung: Viskoseherstellung und -verarbeitung, Schwefelwasserstoff und Schwefelkohlenstoff	3452
Auswurfbegrenzung: Herstellung von Kohlenstoff (Hartbrandkohle) und Elektrographit	3467

Titel	Richtlinie VDI
Auswurfbegrenzung: Anlagen zur Rußherstellung	2580
Mineralölindustrie	
Emissionsminderung: Mineralölraffinerien	2440
Emissionsminderung: Mineralöltanklager	3479
Emissionsminderung: Clausanlagen	3454
Oberflächenbehandlung	
Auswurfbegrenzung: Feuerverzinkungsanlagen	2579
Emissionsminderung: Lackdrahtherstellung	3458
Emissionsminderung: Beschichtung von metallischen Oberflächen mit organischen Stoffen	2588
Emissionsminderung: Industrielles Behandeln metallischer und nichtmetallischer Werkstücke mit Chlorkohlenwasserstoffen	2589
Verarbeitung tierischer und pflanzlicher Produkte	
Auswurfbegrenzung: Anlagen zur Tierkörperbeseitigung	2590
Auswurfbegrenzung: Abluft aus Fischmehlfabriken	2591
Emissionsminderung: Herstellung und Verarbeitung pflanzlicher und tierischer Öle und Fette	2592
Auswurfbegrenzung: Schnitzeltrocknungsanlagen der Zuckerindustrie	2594
Emissionsminderung: Räucheranlagen	2595
Emissionsminderung: Schlachthöfe	2596
Auswurfbegrenzung: Holzbe- und -verarbeitung	3462
Emissionsminderung: Kaffeeindustrie	3893
Emissionsminderung: Kakao- und Schokoladenindustrie	3893
Landwirtschaft	
Auswurfbegrenzung: Tierhaltung, Schweine	3471
Auswurfbegrenzung: Tierhaltung, Hühner	3472
Feuerungsanlagen für Dampferzeuger	
Auswurfbegrenzung: Dampferzeuger mit Staubfeuerungen für feste Brennstoffe	2091
Auswurfbegrenzung: Nebenanlagen von Dampfkesseln für feste Brennstoffe	2113
Auswurfbegrenzung: Ölbefeuerte Dampf- und Heißwassererzeuger	2297
Auswurfbegrenzung: Dampferzeuger mit Rostfeuerungen für feste Brennstoffe	2300

Titel	Richtlinie VDI

Abfallbeseitigung
Auswurfbegrenzung: Abfallverbrennungsanlagen, Durchsatz mehr als 750 kg/h   2114
Auswurfbegrenzung: Abfallverbrennungsanlagen, Durchsatz bis 750 kg/h   2301
Auswurfbegrenzung: Anlagen zur Verbrennung von Sonderabfällen, insbesondere von ölhaltigen Abfällen   3460
Auswurfbegrenzung: Kabelzerlegungsanlagen   3461

Sonstige technische Anlagen
Auswurfbegrenzung: Anlagen zum Bedrucken von Bedarfsgegenständen   2287
Auswurfbegrenzung: Organische Verbindungen, insbesondere Lösemittel   2280

Anhang G:
VDI-Richtlinien zur Emissionsmeßtechnik

Stoff	VDI-Richtlinie	Ausgabe	
Chlor	3488 Bl. 1	Dezember	1979
	3488 Bl. 2	November	1980
Chlorwasserstoff	3480 Bl. 1	Juli	1984
Fluorverbindungen	2470 Bl. 1	Oktober	1975
	2286	März	1974
Kohlenmonoxid	2459 Bl. 6	November	1980
Kohlenstoffdisulfid	3487 Bl. 1	November	1978
Organische Stoffe	2460 Bl. 1	März	1973
	2460 Bl. 2	Juli	1974
	2460 Bl. 3	Juni	1981
	2466 Bl. 1	März	1973
	3481 Bl. 1	August	1975
	3481 Bl. 2	April	1980
	2457 Bl. 2	Februar	1974
	2457 Bl. 3	Mai	1976
	2457 Bl. 4	Dezember	1975
	2457 Bl. 5	Juni	1981
	2457 Bl. 6	Juni	1981
	2457 Bl. 7	Juni	1981
Schwefeldioxid	2462 Bl. 1	Februar	1974
	2462 Bl. 2	Februar	1974
	2462 Bl. 3	Februar	1974
	2462 Bl. 4	August	1975
	2462 Bl. 5	Juli	1979
	2462 Bl. 6	Januar	1974
Schwefeltrioxid	2462 Bl. 7	März	1985
Schwefelwasserstoff	3486 Bl. 1	April	1979
	3486 Bl. 2	April	1979
	3486 Bl. 3	November	1980
Staub	2066 Bl. 1	Oktober	1975
	2066 Bl. 2	Juni	1981
	3491 Bl. 1	September	1980
Stickstoffoxide	2456 Bl. 1	Dezember	1973
	2456 Bl. 2	Dezember	1973
	2456 Bl. 3	Mai	1975
	2456 Bl. 4	Mai	1976
	2456 Bl. 5	Mai	1978
	2456 Bl. 6	Mai	1978
	2456 Bl. 7	April	1981
Stickstoffverbindungen, basische	3496 Bl. 1	April	1982
Vinylchlorid	3493 Bl. 1	November	1982

Empfehlungen des Länderausschusses für Immissionsschutz -LAI - zur Konkretisierung von Dynamisierungsklauseln der TA Luft

Die TA Luft enthält in Nummer 3.1 bis 3.3 emissionsbegrenzende Anforderungen regelmäßig in Form von Emissionswerten. Sie enthält daneben in Nummer 3.3 für einzelne Anlagearten und Stoffe einen Emissionshöchstwert in Verbindung mit der Aufforderung, die Möglichkeiten zur weitergehenden Verminderung der Emissionen auszuschöpfen (Dynamisierungsklausel).

Diese Kombinationen von Emissionshöchstwerten mit Dynamisierungsklauseln werden im Hinblick auf einen bundeseinheitlichen Vollzug konkretisiert. Dies erfolgt im Regelfall durch Festlegung eines dem Stand der Technik entsprechenden konkreten Emissionswertes; eine solche Festlegung ist jedoch nach derzeitigem Kenntnisstand noch nicht für alle Dynamisierungsklauseln möglich. Es werden daher vereinzelt auch Zielwerte angegeben. Diese erscheinen grundsätzlich unter Ausschöpfung technischer Maßnahmen erreichbar. Zum Teil ist die Dauererprobung dieser Maßnahmen noch nicht abgeschlossen oder die Entwicklung noch in Fluß. Daher ist in diesen Fällen im Einzelfall zu prüfen, ob unter Berücksichtigung des Grundsatzes der Verhältnismäßigkeit der Zielwert erreicht werden kann. Soweit auch Zielwerte nicht angegeben werden können, ist durch Einzelfallprüfung festzustellen, inwieweit die angegebenen Maßnahmen umgesetzt werden können.

Die Einordnung von Altanlagen in die Sanierungsklassen nach Nr. 4 TA-Luft wird durch die Konkretisierung nicht berührt. Maßstab dafür bleibt der in 3.3 genannte Emissionshöchstwert. Die Frist für die Nachrüstung ergibt sich grundsätzlich aus Nummer 4.2.4 TA Luft (01.03.1994). Eine längere Frist kann im Einzelfall wegen Art und Umfang der notwendigen Umrüstungsmaßnahmen zur Einhaltung der konkretisierten Dynamisierungsklauseln erforderlich werden, die Emissionshöchstwerte sind in jedem Fall bis zum 01. März 1994 einzuhalten.

Die Gliederung der Empfehlung folgt der Gliederung der TA Luft. Sie enthält Angaben zu den jeweils mit Dynamisierungsklauseln versehenen Stoffen. In Buchstabe a wird in Kurzform die in der TA Luft festgelegte Kombination von Emissionshöchstwert und Art der Dynamisierungsklausel angegeben. Unter Buchstabe b werden die aus heutiger Sicht möglichen technischen Maßnahmen genannt, mit denen die Emissionen des luftverunreinigenden Stoffes vermindert werden können. Unter Buchstabe c werden, soweit möglich, die Emissions- oder Zielwerte jeweils für Neu- und Altanlagen angegeben.

3.3.1.2.1/ Feuerungsanlagen für feste Brennstoffe
3.3.1.3.1

Stickstoffoxide
a) Anforderung
— Emissionshöchstwert: 0,50 g NO_x/m^3
— Dynamisierungsklausel: Ausschöpfung feuerungstechnischer Maßnahmen

b) Technische Maßnahmen
— NO_x-arme Brenner
— gestufte Verbrennung
— Abgasrückführung
— Feuerraumkonstruktion

c) Konkretisierung
Rostfeuerungen:
— Neuanlagen: 0,40 g NO_x/m^3
   ausgenommen:
— Einzelfeuerungen bis 10 MW bei Einsatz von Steinkohle: 0,50 g NO_x/m^3
— Feuerungsanlagen für den Einsatz von gestrichenem, lackiertem oder beschichtetem Holz sowie daraus anfallenden Resten, soweit keine Holzschutzmittel aufgetragen oder enthalten sind und Beschichtungen nicht aus halogenorganischen Verbindungen bestehen, oder Sperrholz, Spanplatten, Faserplatten oder sonst verleimtem Holz sowie daraus anfallenden Resten, soweit keine Holzschutzmittel aufgetragen oder enthalten sind und Beschichtungen nicht aus halogenorganischen Verbindungen bestehen: 0,50 g NO_x/m^3
— Altanlagen: 0,50 g NO_x/m^3
Staubfeuerungen:
— Neuanlagen: 0,40 g NO_x/m^3
   ausgenommen:
— Einzelfeuerungen bis 20 MW: 0,50 g NO_x/m^3
— Feuerungsanlagen für den Einsatz von gestrichenem, lackiertem oder beschichtetem Holz sowie daraus anfallenden Resten, soweit keine Holzschutzmittel aufgetragen oder enthalten sind und Beschichtungen nicht aus halogenorganischen Verbindungen bestehen, oder

Sperrholz, Spanplatten, Faserplatten oder sonst verleimtem Holz sowie daraus anfallenden Resten, soweit keine Holzschutzmittel aufgetragen oder enthalten sind und Beschichtungen nicht aus halogenorganischen Verbindungen bestehen: 0,50 g NO_x/m^3
— Altanlagen: 0,50 g NO_x/m^3

Stationäre Wirbelschicht mit Feuerungswärmeleistung bis 20MW:
— Neuanlagen: 0,50 g NO_x/m^3
— Altanlagen: 0,50 g NO_x/m^3

Schwefeloxide

a) **Anforderungen**

— Emissionshöchstwert: 2,0 g SO_2/m^3
— Dynamisierungsklausel: Minderungsmöglichkeiten ausschöpfen, z. B. durch Zugabe basischer Sorbentien Absenkung des Schwefelemissionsgrades auf 50 %.

b) **Technische Maßnahmen**

— schwefelarme Braunkohle
— Direktentschwefelwng durch Sorbentienzugabe
— Abgasentschwefelung.

c) **Konkretisierung**

feste Brennstoffe außer Braunkohle:
— Neuanlagen:
  — unter 10 MW FWL: 2,0 g SO_2/m^3
  — ab 10 MW FWL: 1,0 g SO_2/m^3
— Altanlagen:
  — Einzelfeuerungen unter 10 MW: 2,0 g SO_2/m^3 (war einzuhalten ab 1. 3. 1989) durch Nachweis des Schwefelgehalts im Brennstoff
  — Einzelfeuerungen ab 10 MW: 1,0 g SO_2/m^3

Braunkohlefeuerungen:
Neu- und Altanlagen 1,0 g SO_2/m^3
Ein Überschreiten des Emissionswertes von 1,0 g SO_2/m^3 ist bei 3 % aller Tagesmittelwerte der Betriebstage innerhalb eines Kalenderjahres bis höchstens 2,0 g SO_2/m^3 zulässig.

3.3.1.2.2/ **Feuerungsanlagen für Heizöle**
3.3.1.3.2
Stickstoffoxide
a) **Anforderung**
— Emissionshöchstwert: 0,45 g NO_x/m^3
— Dynamisierungsklausel: Ausschöpfung feuerungstechnischer Maßnahmen

b) **Technische Maßnahmen**
— NO_x-arme Brenner
— gestufte Verbrennung
— Abgasrückführung
— Feuerraumkonstruktion

c) **Konkretisierung**
brennbare Stoffe außer Heizöl EL:
— Neuanlagen: Einzelfallprüfung, Zielwert 0,30 g NO_x/m^3
— Altanlagen: 0,45 g NO_x/m^3

Schwefeloxide
a) **Anforderung**
— Emissionshöchstwert: 1,7 g/m^3
— Dynamisierungsklausel: Minderungsmöglichkeiten ausschöpfen, z. B. durch Einsatz schwefelarmer Brennstoffe.

b) **Technische Maßnahmen**
— schwefelarmes Heizöl S (nur begrenzt verfügbar)
— Direktentschwefelung durch Sorbentienzugabe (nur bei dafür geeigneten Kesselkonstruktionen möglich)
— Abgasentschwefelung.

c) **Konkretisierung**
— Neuanlagen:
  — unter 10 MW: 1,7 g SO_2/m^3
  — ab 10 MW: 0,85 g SO_2/m^3

— Altanlagen:
  — unter 10 MW: 1,7 g SO_2/m^3 (war einzuhalten ab 01. 03. 1989)
  — Einzelfeuerungen ab 10 MW: 0,85 g SO_2/m^3

3.3.1.4.1 Selbstzündungsmotoren

Stickstoffoxide

a) **Anforderung**

— Emissionshöchstwerte
  — bis 3 MW: 4,0 g NO_x/m^3
  — über 3 MW: 2,0 g NO_x/m^3
— Dynamisierungsklausel: Ausschöpfung motorischer und anderer dem Stand der Technik entsprechenden Maßnahmen.

b) **Technische Maßnahmen**

— Abgasrückführung
— Selektive Katalytische Reduktion (SCR).

c) **Konkretisierung**

— Neuanlagen:
  — gasbetriebene Zündstrahlmotoren 0,50 g NO_x/m^3
  — sonstige Motoren
    Einzelfallprüfung, Zielwert 1,0 g, NO_x/m^3; insbesondere durch den Einsatz von SCR so weit wie möglich anstreben.
— Altanlagen: wie Neuanlagen

Staub

a) **Anforderung**

— Emissionshöchstwert: 0,13 g/m^3
— zusätzliche Anforderung: Einsatz von Rußfiltern ist anzustreben.

b) **Technische Maßnahmen**

— Motorische Maßnahmen
— Rußfilter (insbesondere bei Anlagen < 1 000 kW in der Erprobung).

c) **Konkretisierung**
— Neuanlagen:
— gasbetriebene Zündstrahlmotoren: 50 mg/m^3 durch motorische Maßnahmen. Der Einsatz von Rußfiltern ist anzustreben.
— sonstige Motoren:
— unter 1000 kW: Einzelfallprüfung, Zielwert 80 mg/m^3 durch motorische Maßnahmen. Der Einsatz von Rußfiltern ist anzustreben.
— Einzelaggregat ab 1000 kW: Einzelfallprüfung, Zielwert 50 mg/m^3 durch motorische Maßnahmen. Der Einsatz von Rußfiltern ist anzustreben.
— Notstromaggregate: Einzelfallprüfung, Zielwert 80 mg/m^3 durch motorische Maßnahmen anzustreben.
— Altanlagen: 0,13 g/m^3
Nr. 2.3 TALuft bleibt unberührt, da Dieselmotoren-Emissionen in III A2 der MAK-Werte-Liste eingestuft wurden.

3.3.1.5.1 Gasturbinen

Stickstoffoxide

a) **Anforderung**

— Emissionshöchstwerte
— bis 60000 m^3/h Abgas: 0,35 g NO$_x$/m^3
— über 60000 m^3/h Abgas: 0,30 g NO$_x$/m^3 zusätzlich Wirkungsgradbonus.
— Dynamisierungsklausel: Ausschöpfung verbrennungstechnischer Maßnahmen.

b) **Technische Maßnahmen**

— NO$_x$-arme trockene Verbrennung: verfügbar für Gasturbinen > 100 MW, für Gasturbinen < 100 MW in der Entwicklung und voraussichtlich 1993/94 verfügbar
— Wasser/Dampf-Einspritzung einsetzbar für alle Gasturbinen, Nachteile: Wasseraufbereitung/Abwasserprobleme, Wirkungsgradminderung (CO$_2$-Problematik).

c) **Konkretisierung**
- Neuanlagen:
  - Einzelaggregate ab 100 MW: 0,10 g NO_x/m^3 bei Betrieb mit Erdgas oder Kohlegas
    0,15 g NO_x/m^3 bei Betrieb mit Heizöl EL oder sonstigen Gasen
  - Einzelaggregate unter 100 MW: Einzelfallprüfung
    Zielwert 0,15 g NO_x/m^3 bei Betrieb mit Erdgas oder Kohlegas
    Zielwert 0,20 g NO_x/m^3 bei Betrieb mit Heizöl EL oder sonstigen Gasen
    jeweils bei Anwendung NO_x-armer trockener Verbrennung
- Altanlagen:
  - ab 100 MW 0,10 g NO_x/m^3 bei Betrieb mit Erdgas oder Kohlegas
    0,15 g NO_x/m^3 bei Betrieb mit Heizöl EL oder sonstigen Gasen
  - unter 100 MW
    davon Anlagen
  - Einzelaggregate ab 60000 m^3 Abgas/h höchstens 0,30g NO_x/m^3
  - unter 60000 m^3 Abgas/h höchstens 0,35 g NO_x/m^3

Der Wirkungsgradbonus gilt unverändert weiter.
Hinweis:
Im Hinblick auf die Reproduzierbarkeit der Messungen ist bei sachgerechter Auslegung unter Dauerbetrieb im Sinne der Nummer 3.3.1.5.1 der Betrieb bei Nennlast zu verstehen.

3.3.1.11.1 Koksöfen

Stickstoffoxide

a) **Anforderung**

Dynamisierungsklausel: Möglichkeiten zur Vermeidung einer alterungsbedingten Überschreitung des Emissionswertes von 0,50 g NO_x/m^3 durch feuerungstechnische oder andere dem Stand der Technik entsprechende Maßnahmen ausschöpfen.

b) Technische Maßnahmen

Beseitigung von Undichtigkeiten im Heizsystem, z. B. durch:
— Keramisches Schweißen
— Torkretierung
— Düstensteinabdichtung

c) Konkretisierung

Einzelfallprüfung, da die zu treffenden Maßnahmen vom Alterungszustand der Anlage abhängig sind.

3.3.2.3.1 Zementöfen

Stickstoffoxide

a) Anforderung

— Emissionshöchstwerte
   — Rostvorwärmer: 1,5 g NO_x/m^3
   — Zyklonvorwärmer mit AWN: 1,3 g NO_x/m^3
   — Zyklonvorwärmer ohne AWN: 1,8 g NO_x/m^3
— Dynamisierungsklausel: Ausschöpfung feuerungstechnischer oder anderer dem Stand der Technik entsprechende Maßnahmen.

b) Technische Maßnahmen

— Vergleichmäßigung des Ofenbetriebs
— NO_x-arme Feuerungstechnik
— NO_x-arme Sekundärfeuerung mit Tertiärluftzuführung
— Selektive Nichtkatalytische Reduktion/SNR (in Demonstrationsversuchen erprobt)

c) Konkretisierung

— Neuanlagen: 0,50 g NO_x/m^3 bezogen auf einen Volumengehalt an Sauerstoff von 10 vom Hundert
— Altanlagen: 0,80 g NO_x/m^3 bezogen auf einen Volumengehalt an Sauerstoff von 10 vom Hundert

3.3.2.4.1 Brennen von Bauxit, Dolomit, Gips, Kalkstein, Kieselgur, Magnesit, Quarzit oder Schamotte

Stickstoffoxide

a) Anforderung
— Emissionshöchstwerte
  — Drehrohröfen: 1,8 g NO_x/m^3
  — sonstige Öfen: 1,5 g NO_x/m^3
— Dynamisierungsklausel: Ausschöpfung feuerungstechnischer und anderer dem Stand der Technik entsprechenden Maßnahmen.

b) Technische Maßnahmen

NO_x-arme Feuerungstechnik beim Brennen von Kalkstein oder Sinterdolomit in Drehrohröfen; im übrigen keine besonderen Maßnahmen.

c) Konkretisierung

Emissionswerte für
— Neuanlagen: 0,50 g NO_x/m^3
  Ausnahme beim Brennen von Sinterdolomit in Drehrohröfen oder von Kalkstein: Einzelfallprüfung, Zielwert 0,50 g NO_x/m^3 so weit wie möglich anstreben.
— Altanlagen:
  wie Neuanlagen

3.3.2.8.1 Glasschmelzöfen

Stickstoffoxide

a) Anforderung
— Emissionshöchstwerte:
  je nach Ofenbauart und Brennstoffart (Öl oder Gas) 1,2 bis 3,5 g NO_x/m^3, bei Nitratläuterung Verdoppelung.
— Dynamisierungsklausel: Ausschöpfung feuerungstechnischer und anderer dem Stand der Technik entsprechenden Maßnahmen.

b) **Technische Maßnahmen**
- Feuerungs- und prozeßtechnische Maßnahmen, z. B.
  - Luftstufung (bei U-Flammenwannen erprobt)
  - Düsensteinabdichtung
  - Absenkung der Oberofentemperatur
  - Minimierung des Luftüberschusses
  - Verwendung NO_x-armer Brenner
- bei Neuanlagen emissionsarme Wannenkonstruktionen (soweit bei bestimmten Glasarten möglich)
- Selektive Nichtkatalytische Reduktion (SNR) (in der Erprobung)
- Selektive Katalytische Reduktion (SCR) (in der Erprobung)

c) **Konkretisierung**

- Neuanlagen: Bei einem Massenstrom von 10 kg NO_x/h oder mehr:
  Einzelfallprüfung, Zielwert 0,50 g NO_x/m^3 so weit wie möglich anstreben.
- Altanlagen: wie Neuanlagen, wobei Wannenreisezeit und Wannentyp zu berücksichtigen sind.

Die Vorschrift, daß in Fällen, in denen aus Produktionsqualitätsgründen eine Nitratläuterung erforderlich ist, die Emissionen das Zweifache des Zielwertes nicht überschreiten dürfen, gilt unverändert fort.

3.3.2.10.1 Brennen keramischer Erzeugnisse

Schwefeloxide

a) **Anforderung**

- Emissionshöchstwert: bei einem Schwefelgehalt ab 0,12 % und ab einem Massenstrom von 10 kg SO^2/h: 1,5 g SO_2/m^3
- Dynamisierungsklausel: Ausschöpfung von Abgasreinigungsmaßnahmen

b) **Technische Maßnahmen**

- Zugabe von schwefelbindenden Sorbentien zum Einsatzstoff
- Chemisorptionsverfahren (Quasitrockensorption, Sprühabsorption)

c) Konkretisierung
— Neuanlagen: 0,50 g SO_2/m^3
— Altanlagen: wie Neuanlagen
  Ausnahme bei Ziegeleien: Einzelfallprüfung mit Zielwert
  0,50 g SO_2/m^3

3.3.2.11.1 Schmelzen mineralischer Stoffe

Stickstoffoxide

a) Anforderung

— Emissionshöchstwerte:
je nach Ofenbauart und Brennstoffart (Öl/Gas) 1,2 bis 2,2 g NO_x/m^3
— Dynamisierungsklausel: Ausschöpfung feuerungstechnischer und anderer dem Stand der Technik entsprechenden Maßnahmen.

b) Technische Maßnahmen und Konkretisierung

Die unter Nr. 3.3.2.8.1 Buchstabe b genannten Maßnahmen können bei vergleichbarer Ofenbauart herangezogen werden.

c) Konkretisierung

Einzelfallprüfung, da wegen der geringen Zahl der Anlagen und unterschiedlicher Betriebsverhältnisse eine individuelle Prüfung sachgerecht ist.

3.3.3.6.1 Wärme- und Wärmebehandlungsöfen

Stickstoffoxide

a) Anforderung

— Emissionshöchstwert: bei Luftvorwärmung über 200°C, Kurve in Abhängigkeit von Luftvorwärmtemperatur
— Dynamisierungsklausel: Ausschöpfung feuerungstechnischer und anderer dem Stand der Technik entsprechenden Maßnahmen.

b) Technische Maßnahmen

NO_x-arme Brenner

c) Konkretisierung

— Neuanlagen: 0,50 g NO_x/m^3
— Altanlagen: bei Anlagen mit Vorwärmung der Verbrennungsluft
  — bis 450°C: 0,50 g NO_x/m^3
  — auf 450°C oder mehr Zielwert: 0,50 g NO_x/m^3
  Ausnahme bei Einsatz von Koksofengas, Einzelfallprüfung: Zielwert 0,50 g NO_x/m^3 so weit wie möglich anstreben

3.3.3.10.1 Kontinuierliche Beizanlagen

Stickstoffoxide

a) Anforderung

— Emissionshöchstwert: 1,5 g NO_x/m^3
— Dynamisierungsklausel: Ausschöpfung von Abgasreinigungsmaßnahmen

b) Technische Maßnahmen

— Primärmaßnahmen, z. B. H_2O_2, Harnstoffzugabe
— Mehrstufige Absorption
— Absorption in Verbindung mit SCR-Verfahren

c) Konkretisierung

— Neuanlagen:
Einzelfallprüfung, Zielwert 0,50 g NO_x/m^3 so weit wie möglich anstreben.
— Altanlagen:
wie Neuanlagen

3.3.4.4.1 Katalytische Spaltanlagen

Stickstoffoxide

a) Anforderung

— Emissionshöchstwert: 0,70 g NO_x/m^3
— Dynamisierungsklausel: Ausschöpfung prozeßtechnischer Maßnahmen

b) **Technische Maßnahmen**

— Verringerung des Luftüberschusses
— Stufenverbrennung
— Verringerung der Promotorzugabe

c) **Konkretisierung**

— Neuanlagen: $\qquad$ 0,50 g NO_x/m^3
— Altanlagen:
Einzelfallprüfung, Zielwert 0,50 g NO_x/m^3 so weit wie möglich anstreben

Schwefeloxide

a) **Anforderung**

— Emissionshöchstwert: 1,7 g SO_2/m^3
— Dynamisierungsklausel: Ausschöpfung prozeßtechnischer Maßnahmen

b) **Technische Maßnahmen**

Zugabe oxidischer Zusätze zum Katalysator

c) **Konkretisierung**

— Neuanlagen: Einzelfallprüfung, Zielwert 1,2 g/m³ so weit wie möglich anstreben
— Altanlagen: wie Neuanlagen

3.3.5.1.1 Serienlackierung von Automobilkarossen

Organische Stoffe

a) **Anforderung**

— Emissionshöchstwert
  — Unilackierung: $\qquad$ 60 g LM/m^2
  — Metalliclackierung: $\qquad$ 120 g LM/m^2
— Dynamisierungsklausel: Möglichkeiten zur Emissionsminderung durch Einsatz lösemittelarmer oder -freier Lacksysteme, Lackauftragsverfahren mit einem hohen Wirkungsgrad, Umluftverfahren oder Abgasreinigung ausschöpfen.

b) Technische Maßnahmen

— Grundierung: wasserlöslicher Lack weit verbreitet
— Füller: wasserlöslicher Füller oder Abgasreinigung
— Basislack Metallic: wasserlösliches System oder Abgasreinigung
— Klarlack Metallic: Abgasreinigung einsetzbar, wasserlösliches System in Erprobung
— Decklack Uni (Einschichtlackierung): lösemittelarmer Zweikomponentenlack oder Abgasreinigung
— Basislack Uni (bei Zweischichtlackierung): wasserverdünnbares System oder Abgasreinigung
— Klarlack Uni (bei Zweischichtlackierung): Abgasreinigung einsetzbar, wasserlösliches System in Erprobung
— Abgasreinigung: bei Füller, Decklack und Klarlack jeweils erfolgreich nachgewiesen

c) Konkretisierung

— Neuanlagen: PkW: 35 g LM/m^2 Rohbaukarosse
LkW: 45 g LM/m^2 Rohbaufahrerhaus
oder Rohbaukastenwagen
Bei Anlagen, bei denen der Einsatz von wasserlöslichen Klarlacken oder von Pulverlacken für PkW-Rohbaukarossen vorgesehen ist und bei denen bereits entsprechende Vorkehrungen für einen späteren Einsatz, z. B. die erforderliche Trocknerkapazität, getroffen sind, kann bis zum 01. 10. 1995 ein Wert von 40 g LM/m^2 zugelassen werden.
— Altanlagen: Einzelfallprüfung, Zielwert wie bei Neuanlagen so weit wie möglich anstreben, jedoch höchstens 45 g LM/m^2 bei PkW-Rohbaukarossen und 55 g LM/m^2 bei Rohbaufahrerhäusern oder Rohbaukastenwagen.
Die Werte schließen die Lösemittel aus der Nachlackierung von fertigen Fahrzeugen und der Endkonservierung für den Transport nicht ein.

3.3.5.1.2 Handspritzzonen bei sonstigen Lackieranlagen

Organische Stoffe

a) Anforderung

— Ohne Emissionshöchstwert für Stoffe nach 3. 1. 7 Klasse II und III

— Dynamisierungsklausel: Möglichkeiten zur Emissionsminderung durch Einsatz lösemittelarmer oder -freier Lacksysteme, Lackauftragsverfahren mit einem hohen Wirkungsgrad, Umluftverfahren oder Abgasreinigung ausschöpfen

b) **Technische Maßnahmen**

— Abgasreinigung prinzipiell dieselben Verfahren wie bei Serienlackierung von Automobilkarossen, Aufwand bisher jedoch relativ hoch
— Biofilter zur Lösemittelabscheidung grundsätzlich einsetzbar, im Pilotmaßstab erprobt
— Einsatz lösemittelarmer Lacke in allen Materialbereichen entwickelt und eingesetzt, doch noch nicht durchgängig anwendbar; Entwicklung läuft weiter und könnte für bestimmte Materialbereiche oder Produktgruppen in einigen Jahren abschließend bewertet werden
— Einsatz emissionsarmer Lackauftragsverfahren (Pulverbeschichtung, Airlessverfahren) sind nur teilweise einsatzfähig oder reichen für eine Konkretisierung noch nicht aus.

c) **Konkretisierung**

Einzelfallprüfung, da wegen der Vielzahl unterschiedlicher Anlagearten eine individuelle Prüfung mit dem Ziel der Einhaltung der Emissionswerte nach Nr. 3.1.7 Klasse II und III sachgerecht ist.

3.3.5.2.1 Bedruckungsanlagen

Organische Stoffe

a) **Anforderung**

— Emissionshöchstwert: 0,50 g Ethanol/m^3 bei Einsatz wasserverdünnbarer Druckfarben, die als organisches Lösemittel ausschließlich bis zu 25 % Ethanol enthalten
— Dynamisierungsklausel: Möglichkeiten zur Emissionsminderung durch Einsatz ethanolärmerer Druckfarben oder Abgasreinigung ausschöpfen

b) **Technische Maßnahmen**

— ethanolarme Farben: je höher die Saugfähigkeit des bedruckten Materials und je geringer die Gebrauchsanforderungen (z. B. Abnutzungsfestigkeit) sind, um so geringere Ethanolgehalte (bis herab zu wenigen Prozent) sind möglich
— Abgasreinigung: Biofilter zur Ethanolabscheidung grundsätzlich einsetzbar, bereits im Pilotmaßstab erprobt

c) **Konkretisierung**

Einzelfallprüfung, da wegen der Vielzahl unterschiedlicher Verfahren und Produkte eine individuelle Prüfung sachgerecht ist.

3.3.5.3.1 Tränken von Mineralfasern

Organische Stoffe

a) **Anforderung**

— Emissionshöchstwert: 40 mg Stoffe nach 3. 1.7 Klasse I/m^3
— Dynamisierungsklausel: Möglichkeiten zur Emissionsminderung durch Nachverbrennung oder gleichwertige Maßnahmen ausschöpfen.

b) **Technische Maßnahmen**

— Wäsche in Verbindung mit Aerosolabscheider (Naßelektrofilter oder Faserfilter)
— thermische Nachverbrennung (Problem: Energienutzung, Aufwand)

c) **Konkretisierung**

— Neuanlagen: 20 mg/m^3
— Altanlagen: Einzelfallprüfung, Zielwert 20 mg/m^3
  so weit wie möglich anstreben.

3.3.10.15.1 Motorprüfstände

Stickstoffoxide

a) **Anforderung**

— kein Emissionshöchstwert

— Dynamisierungsklausel: Ausschöpfung motorischer oder anderer dem Stand der Technik entsprechenden Maßnahmen

b) **Technische Maßnahmen**

Geregelter Katalysator bei Leistungsprüfständen für Ottomotoren für Vergaserkraftstoff

c) **Konkretisierung**

Forderung nach Einbau der unter b genannten Katalysatoren, im übrigen Einzelfallprüfung

Organische Stoffe

a) **Anforderung**

— kein Emissionshöchstwert
— Dynamisierungsklausel: Ausschöpfung motorischer oder anderer dem Stand der Technik entsprechenden Maßnahmen

b) **Technische Maßnahmen**

— geregelter Katalysator bei Leistungsprüfständen für Ottomotoren für Vergaserkraftstoff
— ungeregelter Katalysator beim Probelauf zur Funktionskontrolle von Ottomotoren für Vergaserkraftstoff
— Rußfilter bei Dieselmotor-Abgas in Erprobung

c) **Konkretisierung**

Forderung nach Einbau der unter b genannten Katalysatoren; im übrigen Einzelfallprüfung.

Nr. 2.3 TA Luft bleibt unberührt, da Dieselmotor-Emissionen in III A2 der MAK-Werte eingestuft wurden.

17. BImschV

Die Verordnung über Verbrennungsanlagen für Abfälle und ähnliche brennbare Stoffe dient im wesentlichen der Sicherstellung der Grundpflicht, gem. § 5 Abs. 1 Nr. 2 des Bundes-Immissionsschutzgesetzes bei der Errichtung und beim Betrieb dieser genehmigungsbedürftigen Anlagen Vorsorge gegen schädliche Umwelteinwirkungen durch Luftverunreinigungen zu treffen. Darüber hinaus enthält die Verordnung Anforderungen hinsichtlich der Grundpflichten zur Reststoffverwertung und Wärmenutzung sowie zur Brandbekämpfung, insbesondere zur Verhinderung von dabei entstehenden Luftverunreinigungen.

Die vom Anwendungsbereich der Verordnung erfaßten Anlagen haben besondere Bedeutung für die Umwelt durch ihre Emissionen an gasförmigen anorganischen Chlor- und Fluorwasserstoff-Verbindungen sowie Inhaltsstoffen des Gesamtstaubes. Bei den Staubinhaltsstoffen sind vor allem die Schwermetalle und die polyhalogenierten aromatischen Verbindungen bedeutsam. Die Verordnung hat zum Ziel, die Emissionsfrachten dieser luftverunreinigenden Stoffe durch bauliche und betriebliche Anforderungen sowie durch Festlegung niedriger Emissionsgrenzwerte gegenüber der TA Luft 86 noch weiter abzusenken. Beim Erlaß der Verordnung sind die Ergebnisse aus dem Betrieb moderner Anlagen sowie aus der Auslegung geplanter Anlagen berücksichtigt worden.

Aufgrund von Fortschritten bei der Anwendung und Optimierung von Minderungstechniken sind die Tagesmittelwerte gegenüber dem Stand von 1986 z. Tl. um mehr als 50 % und die Emissionsgrenzwerte für die Staubinhaltsstoffe erheblich herabgesetzt worden. Außerdem war es möglich, für Dioxine/Furane den außerordentlich anspruchsvollen Emissionsgrenzwert festzulegen.

Um eine möglichst vollständige Zerstörung aller organischen Verbindungen und damit eine Minimierung von Emissionen dieser Schadstoffe zu erreichen, enthält die Verordnung in § 4 erhöhte feuerungstechnische Anforderungen. Gegenüber der TA Luft sind deshalb die Verbrennungsbedingungen durch Absenkung der Werte für Kohlenmonoxid und Gesamt-Kohlenstoff geändert worden.

Die Verordnung enthält in § 17 Übergangsregelungen für Altanlagen, die letztlich zum Ziel haben, daß alle Altanlagen spätestens bis zum 1. Dezember 1996 auf den Stand der Technik von Neuanlagen nachgerüstet werden.

Mit der Verordnung sind zusätzliche Anforderungen, die sich aus Richtlinien des Rates der Europäischen Gemeinschaften vom 8. und 21. Juni 1989 –89/369/EWG und 89/429/EWG– für neue und bestehende Hausmüllverbrennungsanlagen ergeben, in nationales Recht umgesetzt worden, z.B. in § 18 die jährliche Information der Öffentlichkeit und in § 16 die schnellere Unterrichtung der Behörden über Betriebsstörungen.

Die vom Länderausschuß für Immissionsschutz -LAI- in der Form eines Fragen- und Antwortenkatalogs verabschiedeten Auslegungshinweise sind den Vorschriften der Verordnung paragraphenweise zugeordnet.

Zum Anwendungsbereich hat der LAI folgende allgemeine Bemerkung vorausgeschickt:

»Der Anwendungsbereich der 17. BImschV nach § 1 Abs. 1 Satz 1 erfaßt alle Anlagen, in denen Stoffe nach Nr. 1 oder 2 verbrannt werden. Aus § 1 Abs. 1 Satz 2 ergibt sich, daß dies auch auf Anlagen zutrifft, in denen die Verbrennung dieser Stoffe nicht alleiniger Zweck ist; es genügt, daß das Verbrennen wenigstens auch als Nebenzweck gewollt ist. Nicht reicht es hingegen aus, daß die Verbrennung ungewollte Nebenfolge ist.«

Siebzehnte Verordnung zur Durchführung des Bundes-Immissionsschutzgesetzes (Verordnung über Verbrennungsanlagen für Abfälle und ähnliche brennbare Stoffe – 17. BImSchV)

Vom 23. November 1990 (BGBl I S. 2545, 2832)

Inhaltsübersicht

Erster Teil   Allgemeine Vorschriften
§ 1   Anwendungsbereich
§ 2   Begriffsbestimmungen

Zweiter Teil   Anforderungen an die Errichtung, die Beschaffenheit und den Betrieb
§ 3   Emissionsbezogene Anforderungen an Anlieferung und Zwischenlagerung der Einsatzstoffe
§ 4   Feuerung
§ 5   Emissionsgrenzwerte
§ 6   Ableitbedingungen für Abgase
§ 7   Behandlung von Reststoffen
§ 8   Wärmenutzung

Dritter Teil   Messung und Überwachung
§ 9   Meßplätze
§ 10   Meßverfahren und Meßeinrichtungen
§ 11   Kontinuierliche Messungen
§ 12   Auswertung und Beurteilung von kontinuierlichen Messungen
§ 13   Einzelmessungen
§ 14   Auswertung und Beurteilung von Einzelmessungen
§ 15   Besondere Überwachung der Emissionen an Schwermetallen
§ 16   Störungen des Betriebs

Vierter Teil   Anforderungen an Altanlagen
§ 17   Übergangsregelungen

Fünfter Teil Gemeinsame Vorschriften
§ 18 Unterrichtung der Öffentlichkeit
§ 19 Zulassung von Ausnahmen
§ 20 Weitergehende Anforderungen
§ 21 Ordnungswidrigkeiten

Sechster Teil Schlußvorschriften
§ 22 Inkrafttreten

Anhang

Auf Grund des § 5 Abs. 2 und des § 7 Abs. 1 und 4 des Bundes-Immissionsschutzgesetzes in der Fassung der Bekanntmachung vom 14. Mai 1990 (BGBl. I S. 880) verordnet die Bundesregierung nach Anhörung der beteiligten Kreise:

Erster Teil Allgemeine Vorschriften

§ 1 Anwendungsbereich
(1) Diese Verordnung gilt für die Errichtung, die Beschaffenheit und den Betrieb von Anlagen, in denen

1. feste oder flüssige Abfälle oder
2. ähnliche feste oder flüssige brennbare Stoffe, die nicht in Nummer 1.2 des Anhangs der Verordnung über genehmigungsbedürftige Anlagen aufgeführt sind,

verbrannt werden, soweit sie nach § 4 des Bundes-Immissionsschutzgesetzes in Verbindung mit der genannten Verordnung genehmigungsbedürftig sind. Die Verordnung ist auch anwendbar, wenn die Anlage überwiegend einem anderen Zweck als der Verbrennung der in Satz 1 bezeichneten Stoffe dient oder wenn die Anlage lediglich als Teil oder Nebeneinrichtung einer anderen Anlage betrieben wird.

(2) Für genehmigungsbedürftige Anlagen nach Absatz 1, in denen neben Stoffen nach Nummer 1.2 des Anhangs der Verordnung über genehmigungsbedürftige Anlagen auch feste oder flüssige Abfälle oder andere in Absatz 3 nicht aufgeführte feste oder flüssige brennbare Stoffe eingesetzt werden dürfen, gilt lediglich § 5 in Verbindung mit den jeweils zugehörigen Vorschriften über die Messung und Überwachung der Emissionsgrenzwerte im dritten Teil, wenn der zulässige Anteil der Abfälle oder der anderen brennbaren Stoffe an der jeweils gefahrenen Feuerungswärmeleistung einer Verbrennungseinheit einschließlich des für die Verbrennung benötigten zusätzlichen Brennstoffs 25 vom Hundert nicht übersteigt. Sonstige Anforderungen, die sich aus der Verordnung über Großfeuerungsanlagen oder aus § 5 Abs. 1 Nr. 2 des Bundes-Immissionsschutzgesetzes unter Beachtung der Technischen Anleitung zur Reinhaltung der Luft – TA Luft – vom 27. Februar 1986 (Gemeinsames Ministerialblatt S. 95, 202) ergeben, bleiben unberührt.

(3) Diese Verordnung gilt nicht für Verbrennungseinheiten, die – abgesehen vom Einsatz der in Nummer 1.2 des Anhangs der Verordnung über genehmigungsbedürftige Anlagen aufgeführten Stoffe – ausschließlich für den Einsatz von

1. Holz oder Holzresten einschließlich Sperrholz, Spanplatten, Faserplatten oder sonst verleimtem Holz mit Beschichtungen aus halogenorganischen Verbindungen,
2. Stroh, Nußschalen oder ähnlichen pflanzlichen Stoffen,
3. Ablaugen aus der Zellstoffgewinnung,
4. flüssigen brennbaren Stoffen, wenn der Massengehalt an polychlorierten aromatischen Kohlenwasserstoffen, wie polychlorierte Biphenyle (PCB) oder Pentachlorphenol (PCP), bis 10 Milligramm je Kilogramm und der untere Heizwert des brennbaren Stoffes mindestens 30 Megajoule je Kilogramm beträgt,
5. sonstigen flüssigen brennbaren Stoffen, soweit auf Grund ihrer Zusammensetzung keine anderen oder höheren Emissionen als bei der Verbrennung von Heizöl EL auftreten können oder
6. Destillations- oder Konversionsrückständen der Erdölverarbeitung oder Rückständen der Spaltung von Naphta im Eigenverbrauch

bestimmt sind.

(4) Diese Verordnung enthält Anforderungen, die nach § 5 Abs. 1 Nr. 1 bis 4 des Bundes-Immissionsschutzgesetzes bei der Errichtung und beim Betrieb der Anlagen zur
— Vorsorge gegen schädliche Umwelteinwirkungen durch Luftverunreinigungen,
— Bekämpfung von Brandgefahren,
— Behandlung von Reststoffen und
— Nutzung der entstehenden Wärme

zu erfüllen sind.

Auslegungshinweise zu § 1

§ 1 (1)/1

Frage:

Findet die 17. BImSchV auf thermische Abgasreinigungsanlagen (TNV) Anwendung?

Antwort:

Nein, sofern kein »fester oder flüssiger brennbarer Stoff« zur Verbrennung gelangt, sondern ein Abgasstrom einer Produktionsanlage, in dem in gewisser Menge/Konzentration ein Stoff enthalten ist, der zwar bei Umgebungsbedingungen fest oder flüssig ist, im konkreten Fall aber gas-/dampfförmig im Abgasstrom vorliegt.
Dagegen findet die 17. BImSchV Anwendung, wenn in Nachverbrennungsanlagen feste oder flüssige Abfälle oder ähnliche feste oder flüssige Stoffe, die nicht in Nr. 1.2 des Anhangs der 4. BImSchV oder § 1 (3) 17. BImSchV aufgeführt sind, zur Erzeugung der für die Nachverbrennung erforderlichen Temperaturen eingesetzt werden.

§ 1 (1)/2

Frage:

Erfaßt der Anwendungsbereich, wie in § 1 Abs. 1 Ziff. 2 der 17. BImSchV, auch das Vernichten von explosivstoffbehafteten Abfällen?
Gemäß den Richtlinien für das Vernichten von Explosivstoffen der BG Chemie ZH 1/482 sind bestimmte explosivstoffbehaftete Abfälle aus Sicherheitsgründen im Freien in langen Bahnen abzubrennen. Eine Fassung des aus immissionsschutzrechtlicher Sicht zu behandelnden Abgases ist bei dieser Verfahrensweise nicht möglich.

Antwort:

Anlagen zum Vernichten von Explosivstoffen durch Verbrennen fallen gemäß § 1 unter den Anwendungsbereich der 17. BImSchV. Soweit dies nach der Art des Explosivstoffes möglich ist, erscheint es aus der Sicht des Immissionsschutzes geboten, geschlossene Anlagen vorzusehen, in denen die Abgase erfaßt und gereinigt werden können. Sofern aus technologischen Gründen einzelne Grenzwerte der 17. BImSchV nicht eingehalten werden können, ist nach entsprechendem Nachweis die Zulassung von Ausnahmen nach § 19 möglich.

§ 1 (1)/3

Frage:

Fallen Anlagen zum Abbrennen von Kabeln unter den Geltungsbereich der Verordnung?

Antwort:

Ja, vgl. Vorbemerkung – s. S. 154 –; das Verbrennen der organischen Kabelbestandteile ist (Neben-) Zweck des Anlagenbetriebs.

§ 1 (1)/4

Frage:

Unterliegen thermische Bodensanierungsanlagen mit direkter Befeuerung der 17. BImSchV?

Antwort:

Ja, vgl. Vorbemerkung – s. S. 154 –; es handelt sich um eine gewollte Verbrennung der dem Boden anhaftenden organischen Verunreinigungen.

§ 1 (1)/5

Frage:

Zur Sekundärbleigewinnung in Schachtöfen werden Elektroden von Altbleiakkumulatoren in einem Shredder zerkleinert und die Kunststoffe vom Blei durch Flotation getrennt. Es ist nicht auszuschließen, daß dem im Schachtofen eingesetzten Sekundärblei Kunststoffreste, die aufgrund der Vorbehandlung nicht vollständig abgetrennt wurden, anhaften. Unterliegt der Einsatz von derartig vorbehandeltem Sekundärblei im Schachtofen dem Geltungsbereich der 17. BImSchV?

Antwort:

Nein, vgl. Vorbemerkung – s. S. 154 –; die thermische Zersetzung der anhaftenden Kunststoffreste unter reduzierenden metallurgischen Prozeßbedingungen ist ein ungewollter Nebeneffekt und nach der herrschenden Verkehrsanschauung nicht als zweckbestimmender Prozeßschritt einzustufen.

§ 1 (1)/6

Frage:

In der edelmetallerzeugenden oder -verarbeitenden Industrie werden zur Rückgewinnung kostbarer Elemente Gekrätzeveraschungsöfen eingesetzt. Sie dienen dazu, den bei der mechanischen Bearbeitung oder beim Guß von Edelmetallerzeugnissen anfallenden »Verschnitt« (z. B. Edelmetallstaub, Gußreste oder Späne) von den organischen Bestandteilen (Wischtücher, Besen, organische Verunreinigungen) durch Veraschung zu trennen. Es handelt sich in den meisten Fällen um kleinere Anlagen mit einer Einsatzmenge von weniger als 200 kg pro Tag. Unterliegt die Anlage der 17. BImSchV?

Antwort:

Ja, vgl. Vorbemerkung – s. S. 154 –; es handelt sich bei der beschriebenen Anlage um eine genehmigungsbedürftige Anlage im Sinne von Nr. 8.3 des Anhangs der 4. BImSchV, in der eine gewollte Verbrennung der genannten organischen Bestandteile stattfindet.

§ 1 (1)/7

Frage:

Als Einsatzstoffe in Sekundärkupferhütten werden sowohl mit brennbaren festen oder flüssigen Stoffen verunreinigtes Kupfer als auch kupferhaltige Verbundmaterialien und Apparaturen mit schwankenden brennbaren Anteilen eingesetzt (z. B. Rotoren, Statoren, Relais, Schaltanlagen, Computerschrott). Findet die 17. BImSchV Anwendung auf Sekundärkupferhütten, in denen Kupferschrotte bzw. gleichartige Elektronikschrotte in der beschriebenen Weise eingesetzt werden?

Antwort:

Nein, vgl. Vorbemerkung – s. S. 154 –, sofern mit dem Einsatz der brennbaren Anteile keine merkliche Verminderung der Brennstoffe erzielt wird oder hinsichtlich der Verbundmaterialien keine Beseitigungsabsicht anzunehmen ist.

§ 1 (1)/8

Frage:

Unterliegt die Verbrennung von Petrolkoks dem Geltungsbereich der 17. BImSchV?

Antwort:

Nein, Koks im Sinne der Nummer 1.2 des Anhangs der 4. BImSchV umfaßt die durch Verkokung oder Schwelung aus Stein- oder Braunkohlen oder Erdöl gewonnenen festen kohlenstoffreichen Produkte. Petrolkoks ist ein solches Produkt aus Erdöl.

§ 1 (1)/9

Frage:

Unterliegen Pyrolyseanlagen im Sinne der Nummer 8.2 des Anhangs der 4. BImSchV dem Anwendungsbereich der 17. BImSchV?

Antwort:

Nein, Pyrolyseanlagen sind sowohl rechtlich (s. Nrn. 8.1 und 8.2 des Anhangs zur 4. BImSchV) als auch technisch von Verbrennungsanlagen abgegrenzt. Nach der allgemeinen Verkehrsanschauung ist *Verbrennen* die Oxidation von Stoffen unter Zuführung oder Erzeugung von Wärme, meist mit Flammenerscheinung; *Pyrolyse* ist die Zersetzung von Stoffen durch Hitze, Aufspaltung von größeren Molekülen durch Hitzeeinwirkung in kleinere.
Verbrennungseinheiten, in denen feste oder flüssige Pyrolyseprodukte verbrannt werden, unterliegen der 17. BImSchV.

§ 1 (1)/10

Frage:

In Faßreinigungsanlagen werden gebrauchte Fässer mit der offenen Flamme so behandelt, daß sie nach Entfernung der Lackierung und Beseitigung bzw. Zersetzung verbliebener Reste der Füllung wieder unverformt dem Wirtschaftskreislauf zugeführt werden können. Unterliegen diese Faßreinigungsanlagen der 17. BImSchV?

Antwort:

Ja, vgl. Vorbemerkung – s. S. 154 –; es liegt eine gewollte Verbrennung der den Fässern anhaftenden organischen Stoffe vor.

§ 1 (1)/11

Frage:

In einer Ziegelei sollen durch brennbare Stoffe verunreinigte tonhaltige Materialien als Rohstoff eingesetzt werden, ohne daß eine Porosierung beabsichtigt ist. Fällt die Ziegelei unter die 17. BImSchV?

Antwort:

Wenn die in den Ersatzrohstoffen enthaltenen Verunreinigungen als Stoffe, die in Nr. 1.2 des Anhangs zur 4. BImSchV nicht genannt sind, im Prozeß mit verbrennen, ist dies ein nicht vermeidbarer Effekt, der nicht zwangsläufig zur Anwendung der 17. BImSchV führt.
Anders sieht es aus, wenn mit den Ersatzrohstoffen in Nr. 1.2 des Anhangs zur 4. BImSchV nicht genannte feste oder flüssige brennbare Stoffe in einem Umfang eingesetzt werden, der zu einer gewollten und nennenswerten Substitution der zum Brennen keramischer Erzeugnisse erforderlichen Brennstoffe nach Nr. 1.2 des Anhangs zur 4. BImSchV führt oder eine Beseitigungsabsicht für die verunreinigten Materialien anzunehmen ist.

§ 1 (1)/12

Frage:

Fallen Ziegeleien, in denen Stoffe zu Porosierungszwecken, z.B. Styropor oder Fangstoffe der Papierindustrie, eingesetzt werden, unter den Anwendungsbereich der 17. BImSchV?

Antwort:

Nein, Ziel der Porosierung ist die Bildung von Hohlräumen durch Ausgasen organischer Stoffe unter Wärmeeinwirkung, nicht das Verbrennen dieser Stoffe.

§ 1 (1)/13

Frage:

In einem Zementwerk soll Asche aus einer Braunkohlenfeuerung mit einem hohen Anteil an Unverbranntem sowohl als Zuschlagstoff als auch als Brennstoff in der Vorkalzinierung eingesetzt werden. Ist die 17. BImSchV anzuwenden?

Antwort:

Nein, die Braunkohlenasche wird hinsichtlich des unbrennbaren Anteils als Zuschlagstoff und hinsichtlich des brennbaren Anteils als Brennstoff in der Zementproduktion eingesetzt; bei dem Unverbranntem in der Asche handelt es sich um Kohle, d.h. einen in Nr. 1.2 des Anhangs der 4. BImSchV aufgeführten Brennstoff.

§ 1 (1)/14

Frage:

Zwecks Wiederverwertung werden Aluminiumschrotte in Trommelöfen erschmolzen. Vor Einsatz in das Schmelzaggregat werden die Aluminiumschrotte – so weit wie möglich – geshreddert und flotiert, um die Metalle von organischen Materialien zu trennen. Der Restkunststoffanteil der aufbereiteten Stoffe ist sehr stark von der Schrottart abhängig.

Nach Angaben der Wirtschaftsvereinigung Metalle e. V. schwanken bei Schrotten aus der Shredderleichtfraktion (Aluminiumverbundmaterialien) die organischen Anhaftungen zwischen 1 und 3 %. Handsortierter Gußschrott hat einen 1 bis 2%igen Kunststoffanteil, während Aluminiumschrott aus dem Kraftfahrzeugbereich nach der Aufbereitung bis zu 5 % Kunststoffe enthält. Bei den Aluminiumdosen schwankt der organische Anteil – abhängig vom vorherigen Verwendungszweck – zwischen 0,5 und 20 %. Getränkedosen werden möglichst getrennt recycelt, um die produktspezifische Aluminiumlegierung für die sich anschließende Neuherstellung zu erhalten. Aluminiumfolien aus der Verpackung pharmazeutischer Produkte besitzen – abhängig von der Folienart – einen schwankenden Kunststoffanteil von 1 bis 80 %. Das Erschmelzen der Folien ist jedoch nur bis zu einem Kunststoffanteil von 10 % möglich, da ansonsten aufgrund der zu hohen Temperatur das Aluminium oxidiert wird und sich mit den zur Schlackenbildung eingesetzten Salzen verbindet. Dies führt zu einem höheren Salzverbrauch. Folien mit einem höheren Kunststoffanteil werden nicht eingesetzt. Fällt die Sekundäraluminiumerzeugung unter die 17. BImSchV?

Antwort:

Nein, vgl. Vorbemerkung – s. S. 154 –. Im vorliegenden Fall werden die Aluminiumschrotte zum Zwecke ihrer Wiederverwertung eingeschmolzen. Durch die eingebrachten Kunststoffanteile, die sich in der Schmelze zersetzen, wird die Oxidbildung verstärkt. Dieser Effekt ist unerwünscht, da er die Aluminiumausbeute reduziert und zu höheren Salzverbräuchen führt. Zur Vermeidung der Aluminiumoxidbildung werden Salze auf die Schmelze gegeben, die zur Bildung einer Schlackeschicht oberhalb der Schmelze führen und auf diese Weise einen Sauerstoffabschluß bilden. Durch entsprechende Trennverfahren wird der Kunststoffanteil daher so weit wie möglich gesenkt. Bei den im Schrott verbleibenden organischen Materialien handelt es sich um ungewollte Anhaftungen oder um nicht separierbare Bestandteile im Verbundmaterial. Die mit dem Einschmelzprozeß einhergehende Zersetzung der organischen Bestandteile des Schrottes ist ein unerwünschter, nicht vermeidbarer Nebeneffekt.

§ 1 (1)/15

Frage:

Nach Angaben der Wirtschaftsvereinigung Metalle e. V. sind die bei der Verarbeitung von Aluminium anfallenden Späne mit Emulsionen (0,1 bis 0,5 % Öl und Additive; 99,5 bis 99,9 % Wasser) behaftet. Die Späne werden in einer Intal-Anlage (indirekte Beheizung auf 450° C) getrocknet. Zwecks

Temperaturerhöhung zur vollständigen Verdampfung des an den Spänen haftenden Wassers, wird zusätzlich Heizöl EL auf die Späne gesprüht und verbrannt. Zur Trocknung der Späne wird eine hohe Luftmenge zur Aufnahme des Wassers benötigt. Fällt die Aluminiumspänetrocknung unter den Geltungsbereich der 17. BImSchV?

Antwort:

Nein; die Anlage dient der Spänetrocknung und nicht der Verbrennung oder Mitverbrennung von Abfällen oder ähnlichen festen oder flüssigen brennbaren Stoffen nach § 1 Abs. 1 Nr. 2. Das Heizöl EL wird zur verfahrenstechnisch notwendigen Temperaturerhöhung eingesetzt und ist selbst ein Stoff nach Nr. 1.2 des Anhangs der 4. BImSchV.

§ 1 (1)/16

Frage:

In Filmveraschungsöfen werden Filme, Röntgenbilder etc. zum Zwecke der Silberrückgewinnung verascht. Diese Einsatzstoffe bestehen in der Regel aus einer Kunststoffträgerfolie, auf die eine metallische Beschichtung aufgebracht ist. Diese Verbundmaterialien haben Kunststoffanteile von ca. 80 bis 90 %. Z. Z. ist noch kein geeignetes erprobtes Trennverfahren zur Separierung der Kunststoffe aus dem Materialverbund vorhanden. Fallen Filmveraschungen unter den Geltungsbereich der 17. BImSchV?

Antwort:

Ja, vgl. Vorbemerkung – s. S. 154 –; bei der Veraschung handelt es sich um eine gewollte Verbrennung der organischen Bestandteile.

§ 1 (1)/17

Frage:

In einer Feuerungsanlage werden als Brennstoffe Holzwerkstoffreste und (im Ausnahmefall) Heizöl S oder Erdgas eingesetzt. Zusätzlich wird auch eine sog. Preßbrühe verbrannt. Diese entsteht beim Pressen der Hartfaserplatten; sie ist eine braune, faserhaltige Flüssigkeit, die keine Zusatzstoffe enthält, sondern vom Grundsatz her die gleichen Inhaltsstoffe wie eine Faserplatte hat. Sie wird in einer Siebeinrichtung in feste und flüssige Stoffe getrennt; die

Feststoffe werden der Rostfeuerung des Kessels zugegeben, die flüssigen Stoffe werden in einer Vakuumanlage eingedickt und dann dem Kessel als sog. Lauge eingedüst. Fällt die Feuerungsanlage unter den Geltungsbereich der 17. BImSchV?

Antwort:

Nein. Die 17. BImSchV gilt u. a. für den Betrieb von Anlagen, in denen abfallähnliche feste oder flüssige brennbare Stoffe, die nicht in Nr. 1.2 des Anhangs der Verordnung über genehmigungsbedürftige Anlagen aufgeführt sind, verbrannt werden. In Ziffer 1.2 des Anhangs zur 4. BImSchV werden Holzwerkstoffe einschl. daraus anfallender Reste als Brennstoffe aufgeführt. Die in gleicher Zusammensetzung wie die festen Werkstoffe selber vorliegenden feuchten oder flüssigen Holzwerkstoffreste sind abgesehen vom Wassergehalt der Kategorie »Reste« entsprechend 1.2 des Anhangs 4. BImSchV hinzuzurechnen.

§ 1 (1)/18

Frage:

In einer Chemieanlage wird der Reststoff »Abfallschwefelsäure« thermisch in einer Heizöl-EL-Feuerung gespalten und zu Wertprodukten wie Schwefelsäure oder Schwefeloxiden aufgearbeitet. Die eingesetzte Dünnsäure ist verunreinigt und enthält etwa 2 % organische Bestandteile, die bei der Spaltung verbrennen. Unterliegt die Anlage dem Geltungsbereich der Verordnung?

Antwort:

Nein, vgl. Vorbemerkung – s. S. 154 –; bei diesem geringen Anteil der organischen Bestandteile ist der Anlagenzweck nicht darauf gerichtet, diese zu verbrennen.

§ 1 (1)/19

Frage:

Was sind ähnliche feste oder flüssige brennbare Stoffe im Sinne der Vorschrift des § 1 Abs. 1 Nr. 2 der 17. BImSchV?

Antwort:

Ähnliche feste oder flüssige *brennbare* Stoffe im Sinne der o.g. Vorschrift sind Stoffe mit positivem unteren Heizwert, auch wenn sie in Gemischen mit nicht brennbaren Stoffen vorliegen und die Gemische insgesamt keinen positiven unteren Heizwert aufweisen.

§ 1 (1)/ 20

Frage:

In einer Gips-Schwefelsäure-Anlage wird Naturgips oder Anhydrit mit Koks reduziert und thermisch gespalten sowie unter Zugabe von geeigneten Zuschlagstoffen (Ton, Sand) in einem Drehrohr zu Zementklinker gebrannt. Das bei der thermischen Spaltung frei werdende Schwefeldioxid-Rauchgas wird in einer Kontaktanlage zu Schwefelsäure weiterverarbeitet. Als Primärenergie wird Braunkohle eingesetzt.
Als Ersatz für den Naturgips sollen insbesondere Reststoffe aus der Rauchgasentschwefelung (Sprühabsorptionsprodukte mit und ohne Asche, REA-Gips) eingesetzt werden. Darüber hinaus soll der Energieträger durch schwefel- (für die Schwefelsäureproduktion) und heizwertreiche Reststoffe, wie Säureharze, Abfallschwefelsäure, Gießerei-Altsande, Flugaschen, gebrauchte Aktivkohle und Lackschlämme, ersetzt werden, die zum Teil auch wegen ihrer Gehalte an Silikaten, Aluminiumoxiden und Eisenoxiden die Funktion der Zuschlagstoffe übernehmen sollen. Findet die 17. BImSchV auf diese Anlagen Anwendung?

Antwort

Der Ersatz von Naturgips durch Reststoffe aus der Rauchgasentschwefelung führt nicht zur Anwendung der 17. BImSchV.
Dagegen findet die 17. BImSchV aber Anwendung bei Ersatz der Braunkohle durch die aufgeführten brennbaren Reststoffe, wie Säureharze, Aktivkohle, Lackschlämme. An dieser Beurteilung ändert sich auch nichts dadurch, daß zum einen der Eintrag von schwefelhaltigen Reststoffen im Prinzip erwünscht ist und zum anderen durch die anderen Reststoffe die Zuschlagstoffe ersetzt

werden sollen, da die Verbrennung dieser Stoffe zumindest gewollter Nebenzweck ist.

§ 1 (1)/21

Frage:

Bei der Erzeugung von Nichteisenrohmetallen werden sekundäre Rohstoffe und Recyclingmaterialien in einem Elektroofen eingeschmolzen. In diesem Ofen wird die für den Schmelzvorgang notwendige Wärme zum überwiegenden Teil durch elektrische Energie über Elektroden dem Schmelzgut zugeführt. Als Reduktionsmittel wird Koks eingesetzt. Daneben werden brennbare Abfälle aus dem Werksbereich mit dem Ziel der Beseitigung eingesetzt. Durch eine definierte Luftzufuhr erfolgt im Ofen eine Teilverbrennung. Das Prozeßabgas wird einer Nachverbrennungskammer zugeführt.
Führt der Einsatz dieser Abfälle zur Anwendung der 17. BImSchV?

Antwort:

Ja, das Verbrennen der Abfälle ist gewollter Nebenzweck der Anlage. Dabei ist es unerheblich, daß im Ofen nur eine Teilverbrennung stattfindet.

§ 1 (2)/1

Frage:

Wenn in Anlagen neben konventionellen Brennstoffen zusätzlich feste oder flüssige Abfälle oder andere brennbare Stoffe eingesetzt werden dürfen, gilt lediglich § 5 in Verbindung mit den Überwachungsvorschriften, wenn der zulässige Anteil der Abfälle oder anderen brennbaren Stoffe an der jeweils gefahrenen Feuerungswärmeleistung einer Verbrennungseinheit einschließlich des für die Verbrennung benötigten zusätzlichen Brennstoffs 25 v. H. nicht übersteigt.
Bezieht sich beim Chargenbetrieb die Beschränkung »an der jeweils gefahrenen Feuerungswärmeleistung« direkt auf die momentane zusätzliche eingesetzte Brennstoffmenge oder etwa auf die Menge des zusätzlichen Brennstoffes pro Charge?

Antwort:

§ 1 Abs. 2 ist so auszulegen, daß der Betreiber zu keinem Zeitpunkt an der jeweils gefahrenen Feuerungswärmeleistung mehr als 25 % der Feuerungswärmeleistung, auch bei Chargenbetrieb, durch Abfälle oder ähnliche brennbare Stoffe einschließlich der für die Verbrennung benötigten zusätzlichen Brennstoffe beim Betrieb einer Verbrennungseinheit erreicht.

§ 1 (2)/2

Frage:

In immissionsschutzrechtlich genehmigungsbedürftigen Anlagen sollen Abfälle oder ähnliche feste oder flüssige brennbare Stoffe mit einem Anteil von maximal 1 % an der genehmigten Feuerungswärmeleistung mitverbrannt werden. Ist die 17. BImSchV anzuwenden oder ist der Einsatz von Abfällen oder ähnlicher fester oder flüssiger brennbarer Stoffe irrelevant?

Antwort:

Die 17. BImSchV ist anzuwenden. Der geringe prozentuale Anteil der eingesetzten Abfälle oder ähnlicher fester oder flüssiger brennbarer Stoffe an der Feuerungswärmeleistung ist für ihre Anwendung nicht entscheidend. § 5 und die Vorschriften zur Emissionsüberwachung gelten. Andernfalls könnten z. B. in einem Kohlekraftwerksblock mit einer elektrischen Leistung von 700 MW bei einem Primärenergiebedarf von ca. 1 Mio t SKE/a (4000 Vollaststunden im Jahr) weit mehr als 10 000 t/a Abfälle oder ähnliche brennbare Stoffe eingesetzt werden.

§ 1 (2)/3

Frage:

Bei der Verbrennung von Klärschlamm ist der Heizwert und damit die eingebrachte Feuerungswärmeleistung stark vom Gehalt der Trockensubstanz (TS) im Klärschlamm abhängig und somit von der Vorbehandlung. Welcher Heizwert bzw. welche Feuerungswärmeleistung ist für den Klärschlamm anzusetzen?

Antwort:

Eine Entscheidung kann nur im Einzelfall getroffen werden. Der Betreiber muß in jedem Fall gewährleisten, daß der Anteil von 25 von Hundert nicht überschritten wird, wenn lediglich § 5 und die Überwachungsvorschriften der 17. BImSchV Anwendung finden sollen. Der Betreiber hat die Nachweise zu erbringen. Es wird darauf hingewiesen, daß der zur Verbrennung von Klärschlamm evtl. zusätzlich benötigte Brennstoff dem Feuerungswärmeleistungsanteil des Klärschlamms zuzurechnen ist.

§ 1 (2)/4.1

Frage:

Nach § 1 Abs. 2 Satz 1 gilt für Anlagen, in denen nicht mehr als 25 % Abfälle oder ähnliche brennbare Stoffe eingesetzt werden dürfen, lediglich § 5 in Verbindung mit den Vorschriften über die Messung und Überwachung der Emissionsgrenzwerte im dritten Teil.
Ist aus dieser Formulierung die Schlußfolgerung zutreffend, daß für Altanlagen, die das vorstehende Kriterium erfüllen, die Vorschriften des vierten Teils (Anforderungen an Altanlagen) nicht gelten, und trifft es zu, daß weder für Alt- noch für Neuanlagen der fünfte Teil (Gemeinsame Vorschriften) anzuwenden ist?

Antwort:

Nein, die Vorschriften des 4. und 5. Teils gelten auch für die in § 1 Abs. 2 Satz 1 bezeichneten Anlagen, der 5. Teil für Alt- und Neuanlagen.
In § 1 Abs. 2 Satz 1 können nur die materiellen Anforderungen (s. 2. Teil) gemeint sein. Dies ergibt sich aus Sinn und Zweck und dem Gesamtzusammenhang der Regelungen; hierfür spricht auch die Formulierung in § 1 Abs. 2 Satz 2 »sonstige Anforderungen...« (vgl. Fragen § 1 (2)/4.2 und 4.3).

§ 1 (2)/4.2

Frage:

Durch die im § 1 Abs. 2 festgelegte Eingrenzung, nach der für genehmigungsbedürftige Anlagen nach § 1 Abs. 1, in denen neben Stoffen nach Nr. 1.2 des Anhangs der Verordnung über genehmigungsbedürftige Anlagen auch feste oder flüssige Abfälle oder andere in Absatz 3 nicht aufgeführte feste oder

flüssige brennbare Stoffe eingesetzt werden dürfen, lediglich § 5 in Verbindung mit den §§ 9 bis 16 gilt, wenn der zulässige Anteil der Abfälle oder der anderen brennbaren Stoffe an der jeweils gefahrenen Feuerungswärmeleistung einer Verbrennungseinheit einschließlich des für die Verbrennung benötigten zusätzlichen Brennstoffs 25 von Hundert nicht übersteigt.
Gelten auch für diese Anlagen die Übergangsregelungen nach § 17?

Antwort:

Der 4. Teil stellt gegenüber § 1 Abs. 2 die speziellere Vorschrift dar und gilt auch aus diesem Grunde selbständig; maßgebend für (alle) Altanlagen sind die im 4. Teil (§ 17) genannten Fristen (vgl. Fragen § 1 (2)/4.1 und 4.3).

§ 1 (2)/4.3

Frage:

Gelten für bestehende Anlagen, in denen neben Stoffen nach Nr. 1.2 des Anhangs zur 4. BImSchV auch Abfälle und ähnliche brennbare Stoffe mit einem Anteil von weniger als 25 % der Feuerungswärmeleistung eingesetzt werden, die Übergangsvorschriften des § 17 der 17. BImSchV?

Antwort:

Ja, die Auffassung, daß die Anforderungen des § 5 und die zugehörigen Überwachungsvorschriften auch bei Altanlagen sofort einzuhalten sind, weil § 1 Abs. 2 der VO nur hierauf und nicht auf § 17 der VO Bezug nimmt, trifft nicht zu. Aus der Entstehungsgeschichte der Verordnung und ihrer Auslegung nach Sinn- und Zweck folgt, daß § 1 Abs. 2 der 17. BImSchV lediglich die Anwendung der materiellen Vorschriften einschränkt, nicht jedoch die allgemeinen Vorschriften einschließlich der Übergangsvorschriften. Eine solche rein formale Betrachtung hätte im übrigen auch zur Folge, daß die Vorschriften des § 21 der 17. BImSchV über Ordnungswidrigkeiten nicht anwendbar wären (vgl. Fragen § 1 (2)/4.1 und 4.2).

§ 1 (2)/5 und § 5 (3)/1

Frage:

Besteht zwischen § 1 Abs. 2 (Bezugnahme auf die *jeweils* gefahrene Feuerungswärmeleistung) und § 5 Abs. 3 (Bezugnahme auf den anteiligen Abgasstrom bei Verbrennung des *höchstzulässigen* Anteils der Abfälle oder ähnlicher fester oder flüssiger brennbarer Stoffe) ein Widerspruch?

Antwort:

Nein. § 1 Abs. 2 regelt lediglich die Beurteilung, ob der Anteil der verbrannten Abfälle oder ähnlicher fester oder flüssiger Stoffe an der Feuerungswärmeleistung mehr oder weniger als 25 % beträgt. Unabhängig davon sind Emissionsmischgrenzwerte nach § 5 Abs. 3 unter Berücksichtigung des Teils des Abgasstromes zu bilden, der dem höchstzulässigen Einsatz von Abfällen oder ähnlichen festen oder brennbaren Stoffen zuzuordnen ist.

§ 1 (3)/1

Frage:

In einem Zementwerk soll als Brennstoff Altöl mit einem Gehalt an PCB ≤ 4 ppm und einem Heizwert ≥ 30 Megajoule eingesetzt werden, und zwar in Kombination mit Steinkohlenstaub und Braunkohlenstaub. Ist die Auffassung zutreffend, daß die Verordnung keine Anwendung findet, weil in der Verbrennungseinheit nur die unter § 1 Abs. 3 Nr. 4 genannten Stoffe zusammen mit Stoffen, die in der Nr. 1.2 des Anhangs der Verordnung über genehmigungsbedürftige Anlagen aufgeführt sind, verwendet werden.

Antwort:

Ja, die Auffassung trifft allerdings nur zu, sofern der Gehalt an polychlorierten Aromaten 10 ppm nicht überschreitet (Probenahme/Analyse nach AltölV und DIN 51527 Teil 1). Vergleiche aber auch die Antwort zu § 1 (3)/4.

§ 1 (3)/2

Frage:

In einem Muffelofen werden neben Erdgas als Stützfeuerung zusätzlich gasförmige, brennbare Abfallstoffe und flüssige abfallähnliche brennbare Stoffe im Sinne von § 1 Abs. 3 Nr. 4 verbrannt. Ist die 17. BImSchV auf die Anlage anzuwenden?

Antwort:

Nein, der Anwendungsbereich der Verordnung bezieht sich nicht auf gasförmige brennbare Stoffe; flüssige Stoffe nach § 1 Abs. 3 Nr. 4 sind ausgenommen, wenn auch die Anforderungen nach Nr. 5 erfüllt werden (vgl. auch Antwort zu § 1 (3)/4). Der zusätzliche Einsatz gasförmiger brennbarer Stoffe kann deshalb auf die Anwendbarkeit auch im Hinblick auf § 1 Abs. 3 keinen Einfluß haben.

§ 1 (3)/3

Frage:

In § 1 Abs. 3 Nrn. 1 bis 6 sind Ausnahmen von der Verordnung festgelegt. Ist in diesem Zusammenhang die Formulierung »... *ausschließlich* für den Einsatz von ...« alternativ oder kumulativ zu verstehen?

Antwort:

Die Aufzählung in den Nummern 1 – 3 und 6 ist zwar alternativ (das »oder« am Ende der Nr. 5 ist zwischen jede Nummer hineinzulesen), aber durchgängig nicht anlage- sondern stoffbezogen zu verstehen. Es ist abzustellen auf den bestimmungsgemäßen Einsatz der »Stoffe« Holz oder Stroh usw. in der Anlage und nicht auf jeweils eine Anlage für den Einsatz von Holz und eine (andere) für Stroh usw. Insofern handelt es sich bei den einzelnen Nummern nicht um eigene Alternativen mit der Folge, daß die Ausnahmeregelung des § 1 Abs. 3 auch dann greift, wenn mehrere der in den Nummern genannten Stoffe – als Gemisch – gleichzeitig eingesetzt werden.
Dagegen sind die Nummern 4 und 5 nach Entstehungsgeschichte und Wortlaut (»sonstige« in Nr. 5) im Zusammenhang zu betrachten (vgl. Frage § 1 (3)/4).

§ 1 (3)/4

Frage:

In Chemiebetrieben fallen in unterschiedlichem Umfang flüssige brennbare Stoffe an, welche die Bedingungen des § 1 Abs. 3 Nr. 4 erfüllen, aber zum Teil deutliche Fremdelementgehalte aufweisen.
In einer Chemieanlage werden flüssige aminhaltige Reststoffe mit einem Stickstoffgehalt bis 25 % in der betriebseigenen Prozeßfeuerung thermisch verwertet.
In einer anderen Anlage werden zum gleichen Zweck niedere Äther-Alkohol-Aldehyd-Gemische mit etwa 1 Gew. % aliphatisch-gebundenem Chlor eingesetzt.
Ist bei der Prüfung, ob die Anlagen der Verordnung unterliegen, allein die Nummer 4 zu beachten oder ist auch Nummer 5 zusätzlich zu berücksichtigen?

Antwort:

Die Nummern 4 und 5 sind im Zusammenhang zu betrachten (vgl. Frage § 1 (3)/3). Dabei stellt Nummer 5 den Grundsatz dar. Nummer 4 ist nur in Bezug auf die dort genannten Inhaltsstoffe eine Sonderregelung. Andernfalls würde z.B. ein PCB-Gehalt bis 10 Milligramm je Kilogramm bei einem unteren Heizwert von mindestens 30 Megajoule je Kilogramm Emissionen privilegieren, die nach Nummer 5 nicht gestattet sind.

§ 1 (3)/5

Frage:

Unterliegt die ausschließliche Verbrennung von Fetten (Schmelzpunkt: 60° C), die z.B. aus der Fellaufbereitung stammen, der 17. BImSchV oder ist die Ausnahmevorschrift des § 1 Abs. 3 Nr. 5 anzuwenden?

Antwort:

Die Ausnahmeregelung kommt zur Anwendung, wenn die Fette der Feuerungseinrichtung im konkreten Fall in flüssiger Form zugeführt werden. Auf die Definition von »*flüssigen* brennbaren Stoffen« in § 3 der Verordnung über brennbare Flüssigkeiten – VbF – kommt es nicht an, weil die VbF die Verbrennung nicht erfaßt.

§ 1 (3)/6

Frage:

Unterliegt der Einsatz von betriebseigenem Altöl aus dem Walzwerkbereich (max. PCB-Gehalt: 3 ppm) als Reduktionsmittel im Hochofen der 17. BImSchV?

Antwort:

Grundsätzlich ist die Verordnung anzuwenden, da neben der Reduktion immer eine gewollte Verbrennung stattfindet (vgl. Vorbemerkung); die Teilverbrennung reicht aus (vgl. Frage zu § 1 (1)/21). Die Frage der Anwendung der Ausnahme nach § 1 Abs. 3 Nr. 4 und 5 ist im Einzelfall zu prüfen (vgl. Frage zu § 1)/4).
Die Emissionsgrenzwerte der 17. BImSchV sind jedoch nicht relevant, soweit das Hochofengas in Anlagen energetisch genutzt wird. Für diese Anlagen gelten die Anforderungen der 13. BImSchV oder der TA Luft.

§ 1 (3)/7

Frage:

In einer Feuerungsanlage werden neben den in Nr. 1.2 des Anhangs zur 4. BImSchV aufgeführten Stoffen Teeröl und Melasse als Brennstoffe eingesetzt. Ist die 17. BImSchV anzuwenden?

Antwort:

Nein, sofern es sich bei Teeröl um ein Heizöl im Sinne von Nr. 1.2 Buchstabe a des Anhangs zur 4. BImSchV handelt. Dies ist der Fall, wenn das Teeröl der DIN 51603 Teil 2 entspricht. Melasse ist als ein »ähnlicher pflanzlicher Stoff« im Sinne von § 1 Abs. 3 Nr. 2 der 17. BImSchV anzusehen.

§ 1 (3)/8

Frage:

Bezieht sich in Nr. 6 die Einschränkung »im Eigenverbrauch« allein auf die Rückstände aus der Spaltung von Naphtha oder auch auf die Destillations- oder Konversionsrückstände?

Antwort:

§ 1 Abs. 3 Nr. 6 ist so auszulegen, daß sich die Einschränkung auf alle genannten Rückstände bezieht.

§ 1 (3)/9

Frage:

Sind die Voraussetzungen nach § 1 Abs. 3 Nr. 5 auch dann erfüllt, wenn trotz anderer Zusammensetzung des Altöls (u.a. Schwermetallgehalt) als der von Heizöl EL durch den Einsatz des Altöls *im konkreten Einzelfall* keine anderen oder höheren Emissionen auftreten können als beim Einsatz von Heizöl EL. Ist zur Bewertung der Voraussetzungen nach § 1 Abs. 3 Nr. 5 das Abstellen auf einen konkreten Einzelfall zulässig?

Antwort:

Nein; in § 1 Abs. 3 Nr. 5 wird hinsichtlich der Möglichkeit, daß andere oder höhere Emissionen auftreten können, ebenso wie in Nr. 4, die in Verbindung mit Nr. 5 zu betrachten ist (vgl. Fragen § 1 (3)/3 und § 1 (3)/4), die auf stoffliche Zusammensetzung und nicht auf einen konkreten Verbrennungsprozeß oder auf die Anlagentechnik im Einzelfall abgestellt. D.h., die Voraussetzungen nach § 1 Abs. 1 Nr. 5 sind nicht erfüllt, wenn aufgrund der Zusammensetzung des flüssigen brennbaren Stoffes bei irgend einem Verbrennungsprozeß andere oder höhere Emissionen als beim Einsatz von Heizöl EL auftreten können.

§ 1 (3)/10

Frage:

Bei der Reinigung von pflanzlichen Ölen fällt mit Ölresten getränkte Bleicherde an, die teilweise in Zementwerken eingesetzt wird. Dabei dient die Bleicherde als Ersatz-Rohstoff für sonst notwendigen Ton; beim Ölrest handelt es sich ggfs. um flüssige brennbare Stoffe im Sinne des § 1 Abs. 3. Wie ist der Einsatz rechtlich zu werten?

Antwort:

Unter der Voraussetzung, daß das Restöl die Anforderungen des § 1 Abs. 3 Nr. 5 erfüllt, ist es den regulären Brennstoffen zuzuordnen; die Bleicherde ist wie ein üblicher Einsatzstoff zu behandeln.

§ 2 Begriffsbestimmungen

Im Sinne dieser Verordnung sind:
1. Abgase
   die Trägergase mit den festen, flüssigen oder gasförmigen Emissionen;
2. Altanlagen
   2.1 Anlagen, für die bis zum 1. Dezember 1990
       a) der Planfeststellungsbeschluß nach § 7 Abs. 1 des Abfallgesetzes vom 27. August 1986 (BGBl. I S. 1410) zur Errichtung und zum Betrieb ergangen ist,
       b) in einem Planfeststellungsverfahren nach § 7 Abs. 1 des Abfallgesetzes der Beginn der Ausführung nach § 7 a des Abfallgesetzes vor Feststellung des Planes zugelassen worden ist,
       c) die Genehmigung nach § 6 oder § 15 des Bundes-Immissionsschutzgesetzes zur Errichtung und zum Betrieb erteilt ist oder
       d) ein Vorbescheid oder eine Teilgenehmigung erteilt ist, soweit darin Anforderungen nach § 5 Abs. 1 Nr. 2 oder 3 des Bundes-Immissionsschutzgesetzes festgelegt sind;
   2.2 Anlagen, die nach § 67 Abs. 2 des Bundes-Immissionsschutzgesetzes anzuzeigen sind oder vor Inkrafttreten des Bundes-Imissionsschutzgesetzes nach § 16 Abs. 4 der Gewerbeordnung anzuzeigen waren;
3. Emissionen
   die von Anlagen ausgehenden Luftverunreinigungen; sie werden angegeben als Massenkonzentration in der Einheit Nanogramm je Kubikmeter (ng/m^3), Milligramm je Kubikmeter (mg/m^3) oder Gramm je Kubikmeter (g/m^3), bezogen auf das Abgasvolumen im Normzustand (273 K, 1013 hPa) nach Abzug des Feuchtegehaltes an Wasserdampf;
4. Reststoffe
   alle Stoffe, die bei der Energieumwandlung oder bei der Herstellung, Bearbeitung oder Verarbeitung von Stoffen anfallen, ohne daß der Zweck des Anlagenbetriebs hierauf gerichtet ist.

Auslegungshinweise zu § 2

§ 2 Nr. 2/1

Frage:

Für Altanlagen gelten die Anforderungen der Verordnung ab 01. 03. 1994 bzw. 01. 12. 1996.
Ist eine unter die 17. BImSchV fallende Anlage auch dann eine »Altanlage« im Sinne der Verordnung, wenn vor dem Inkrafttreten der Verordnung (01. 12. 1990) zwar ein Genehmigungsbescheid erteilt war, der vollziehbar war, gegen den jedoch Dritte Widerspruch eingelegt haben, über den bisher noch nicht entschieden ist?

Antwort:

Nach § 2 Nr. 2.1 Buchstabe c und d der 17. BImSchV sind Anlagen, für die bis zum 01. 12. 1990 eine Genehmigung oder ein Vorbescheid erteilt ist, Altanlagen. Genehmigung oder Vorbescheid sind dann erteilt, wenn sie wirksam geworden, also dem Adressaten bekanntgegeben worden sind. für die Rechtswohltat des § 17 Abs. 2 der 17. BImSchV schadet es nicht, wenn die Anordnung oder Genehmigung, mit der die Nr. 3 der TA Luft umgesetzt wurde, durch einen Dritten angefochten wird, solange der jeweilige Bescheid jedenfalls für den Adressaten unanfechtbar geworden ist.
Daraus ergibt sich ferner, daß Vorbescheid oder Genehmigung im Sinne von § 2 Nr. 2.1 Buchstabe c und d der 17. BImSchV auch dann erteilt sind, wenn über den infolge eines Drittwiderspruchs nötig gewordenen Antrag auf sofortige Vollziehung zum maßgeblichen Zeitpunkt noch nicht entschieden war, die Genehmigung oder der Vorbescheid also nicht in Anspruch genommen werden konnten. Hindert nämlich der Drittwiderspruch nicht die Inanspruchnahme der längeren Frist nach § 17 Abs. 2, dürfte die Frage der Vollziehbarkeit für die Inanspruchnahme der kürzeren Frist aus Absatz 1 erst recht ohne Bedeutung sein.

Zweiter Teil Anforderungen an die Errichtung, die Beschaffenheit und den Betrieb

§ 3 Emissionsbezogene Anforderungen an Anlieferung und Zwischenlagerung der Einsatzstoffe

(1) Anlagen für die Verbrennung von festen Einsatzstoffen sind mit einem Bunker auszurüsten, in dem der Luftdruck durch Absaugung im Schleusenbereich oder im Bunker kleiner als der Atmosphärendruck zu halten ist. Die abgesaugte Luft ist der Feuerung zuzuführen. Bei Außerbetriebnahme der Feuerung sind Maßnahmen nach näherer Bestimmung der zuständigen Behörden durchzuführen, insbesondere Ableitung der abgesaugten Luft über den Schornstein.

(2) Zur Früherkennung von Bränden in Bunkern sind diese in geeigneter Weise zu überwachen, insbesondere mit Einrichtungen zur automatischen Brandüberwachung.

(3) Absatz 1 gilt nicht für Anlagen, soweit die Einsatzstoffe der Verbrennung ausschließlich in geschlossenen Einwegbehältnissen oder aus Mehrwegbehältnissen zugeführt werden.

(4) Sind auf Grund der Zusammensetzung der Einsatzstoffe Explosionen im Lagerbereich nicht auszuschließen, sind abweichend von Absatz 1 andere geeignete Maßnahmen nach näherer Bestimmung der zuständigen Behörde durchzuführen.

(5) Flüssige Einsatzstoffe sind in geschlossenen, gegen Überdruck gesicherten Behältern zu lagern; bei der Befüllung ist das Gaspendelverfahren anzuwenden oder die Verdrängungsluft zu erfassen. Offene Übergabestellen sind mit einer Luftabsaugung auszurüsten. Die Verdrängungsluft aus den Behältern sowie die abgesaugte Luft sind der Feuerung zuzuführen; bei Stillstand der Feuerung ist eine Annahme an offenen Übergabestellen oder ein Füllen von Lagertanks nur zulässig, wenn emissionsmindernde Maßnahmen, insbesondere die Gaspendelung oder eine Abgasreinigung, angewandt werden.

Auslegungshinweise zu § 3

§ 3 (5)/1

Frage:

Wie hoch ist der anzunehmende Überdruck, gegen den die Behälter gesichert sein müssen?

Antwort:

Die Frage ist im Einzelfall unter Berücksichtigung der jeweiligen Betriebsbedingungen (z.B. Förderdruck, Gasdruck über der Flüssigphase usw.) zu klären.

§ 4   Feuerung

(1) Die Anlagen sind so zu errichten und zu betreiben, daß ein weitgehender Ausbrand der Einsatzstoffe erreicht wird. Soweit es zur Erfüllung der Anforderungen nach Satz 1 erforderlich ist, sind die Einsatzstoffe vorzubehandeln, in der Regel durch Zerkleinern oder Mischen sowie das Öffnen von Einwegbehältnissen.

(2) Die Temperatur der Gase, die bei der Verbrennung von Hausmüll oder hinsichtlich ihrer Beschaffenheit oder Zusammensetzung ähnlicher Einsatzstoffe, von Klärschlamm, krankenhausspezifischen Abfällen oder Einsatzstoffen, die keine Halogen-Kohlenwasserstoffe enthalten, entstehen, muß nach der letzten Verbrennungsluftzuführung mindestens 850° C (Mindesttemperatur) betragen. Bei der Verbrennung von anderen Einsatzstoffen als nach Satz 1 muß die Mindesttemperatur 1200° C betragen. Die Mindesttemperatur muß auch unter ungünstigen Bedingungen bei gleichmäßiger Durchmischung der Verbrennungsgase mit der Verbrennungsluft für eine Verweilzeit von 2 Sekunden bei einem Mindestvolumengehalt an Sauerstoff von 6 vom Hundert, bei der Verbrennung ausschließlich von flüssigen Einsatzstoffen 3 vom Hundert, eingehalten werden. Ein Mindestvolumengehalt an Sauerstoff von 3 vom Hundert gilt auch für Anlagen, in denen Abfälle oder ähnliche brennbare Stoffe zunächst unter Sauerstoffmangel thermisch aufbereitet und die entstehenden gasförmigen und staubförmigen Stoffe anschließend verbrannt werden, soweit der Anteil der gasförmigen Stoffe an der Feuerungswärmeleistung überwiegt.

(3) Abweichend von Absatz 2 können die zuständigen Behörden andere Mindesttemperaturen, Verweilzeiten oder Mindestvolumengehalte an Sauerstoff (Verbrennungsbedingungen) zulassen, sofern nach der Inbetriebnahme der Anlage durch Messungen nachgewiesen wird, daß keine höheren Emissionen, insbesondere an polyzyklischen aromatischen Kohlenwasserstoffen, polyhalogenierten Dibenzodioxinen, polyhalogenierten Dibenzofuranen oder polyhalogenierten Biphenylen, entstehen als bei den jeweils nach Absatz 2 festgelegten Verbrennungsbedingungen. Die zuständigen Behörden haben Ausnahmen nach Satz 1 für Anlagen zur Verbrennung von Hausmüll oder hinsichtlich ihrer Beschaffenheit oder Zusammensetzung ähnlicher Einsatzstoffe den zuständigen obersten Immissionsschutzbehörden der Länder zusammen mit den Ergebnissen der Vergleichsmessungen zur Weiterleitung an die Kommission der Europäischen Gemeinschaften vorzulegen.

(4) Die Anlagen sind mit einem oder mehreren Zusatzbrennern auszurüsten. die Zusatzbrenner müssen während des Anfahrens und bei drohender Unterschreitung der Mindesttemperatur mit Erdgas, Flüssiggas, Heizöl EL oder

Stoffen nach § 1 Abs. 3 Nr. 5 betrieben werden. Zur Vermeidung des Unterschreitens der Mindesttemperatur darf auch Kohle verwendet werden.

(5) Durch automatische Vorrichtungen ist sicherzustellen, daß

1. eine Beschickung der Anlagen mit Einsatzstoffen erst möglich ist, wenn beim Anfahren die Mindesttemperatur erreicht ist,
2. eine Beschickung der Anlagen mit Einsatzstoffen nur solange erfolgen kann, wie die Mindesttemperatur aufrecht erhalten wird,
3. eine Beschickung der Anlagen mit Einsatzstoffen unterbrochen wird, wenn infolge eines Ausfalls oder einer Störung von Abgasreinigungseinrichtungen eine Überschreitung eines kontinuierlich überwachten Emissionsgrenzwertes eintreten kann.

(6) Die Anlagen sind so zu errichten und zu betreiben, daß ein Tagesmittelwert von 50 Milligramm Kohlenmonoxid je Kubikmeter Abgas und ein Stundenmittelwert von 100 Milligramm Kohlenmonoxid je Kubikmeter Abgas nicht überschritten wird. Ferner darf die Massenkonzentration an Kohlenmonoxid bei mindestens 90 vom Hundert aller innerhalb von 24 Stunden vorgenommenen Messungen einen Wert von 150 Milligramm je Kubikmeter Abgas nicht überschreiten. Die Emissionsgrenzwerte nach Satz 1 und 2 beziehen sich auf einen Volumengehalt an Sauerstoff von 11 vom Hundert.

(7) Beim Abfahren der Anlagen müssen zur Aufrechterhaltung der Verbrennungsbedingungen die Zusatzbrenner so lange betrieben werden, bis sich keine Einsatzstoffe mehr im Feuerraum befinden.

(8) Flugascheablagerungen sind möglichst gering zu halten, insbesondere durch geeignete Abgasführung sowie häufige Reinigung von Kesseln, Heizflächen, Kesselspeisewasser-Vorwärmern und Abgaszügen.

Auslegungshinweise zu § 4

§ 4 (2)/1

Frage:

Nach § 4 (2) muß die Temperatur der Gase bei der Verbrennung von Hausmüll, Klärschlamm, krankenhausspezifischen Abfällen oder Einsatzstoffen, die keine Halogen-Kohlenwasserstoffe enthalten, nach der letzten Verbrennungsluftzufuhr mindestens 850° C betragen. Zu den krankenhausspezifischen Abfällen gehören nach der Abfallbestimmungs-Verordnung u.a. Abfälle aus der Mikrobiologie, Pathologie, Virologie und aus Arztpraxen.

Nach hiesiger Auffassung kann nicht ausgeschlossen werden, daß in den krankenhausspezifischen Abfällen auch Halogen-Kohlenwasserstoffe enthalten sind, z.B. in Form von Lösemitteln im medizinischen Anwendungsbereich. die zur Verbrennung angelieferten Einwegbehälter dürfen wegen der Infektionsgefahr nicht mehr geöffnet werden, so daß eine Kontrolle des Inhalts nicht möglich ist.

Frage:

Welche Mindesttemperatur (850° C oder 1200° C) soll bei der Verbrennung von krankenhausspezifischen Abfällen vorgeschrieben werden?

Antwort:

Aus dem Wortlaut von § 4 Abs. 2 Satz 1 geht eindeutig hervor, daß bei Verbrennung von krankenhausspezifischen Abfällen die Mindesttemperatur 850° C betragen muß.

§ 4 (2)/2

Frage:

Was ist unter Einsatzstoffen, die keine Halogen-Kohlenwasserstoffe enthalten, im Hinblick auf die Mindesttemperatur von 850° C zu verstehen?

Antwort:

Der HKW-Gehalt darf in den Einsatzstoffen nur im Bereich der Nachweisgrenze liegen. Gegebenenfalls kann eine Ausnahme nach § 19 erteilt werden.

§ 4 (2)/3

Frage:

Zementdrehrohröfen haben in der Regel eine Primärfeuerung am Klinkerauslauf und eine Sekundärfeuerung am Rohmehleinlauf. Die Abgase der Primärfeuerung werden über die Sekundärfeuerung geführt. Hinter der Primärfeuerung stehen Abgasverweilzeiten von mehr als 2 sec bei Temperaturen über 1500° C zur Verfügung. Hinter der Sekundärfeuerung liegt die Temperatur bei geringen Verweilzeiten bei ca. 850° C. Welche Anforderungen an die Temperatur nach der letzten Verbrennungsluftzuführung, die Verweilzeit und den Sauerstoffgehalt im Abgas müssen bei Zementdrehrohröfen eingehalten werden, bei denen mehr als 25 % der Feuerungswärmeleistung durch »ähnliche feste oder flüssige brennbare Stoffe« erbracht wird?

Antwort:

Eine zusätzliche Brennstoffaufgabe am Rohmehleinlauf (Sekundärfeuerung) bildet zusammen mit der Brennstoffaufgabe am Klinkerauslauf (Primärfeuerung) eine gestufte Verbrennung und bildet somit eine Verbrennungseinheit im Sinne von § 1 Abs. 2 der 17. BImSchV. Beträgt der Anteil der in Nr. 1.2 des Anhangs der 4. BImSchV nicht genannten brennbaren Stoffe an einer oder beiden Aufgabestellen zusammen 25 % oder mehr der gesamten Feuerungswärmeleistung, ist § 4 Abs. 2 der 17. BImSchV anzuwenden; für die Primärfeuerung sind die Anforderungen stets erfüllt. Für die Brennstoffaufgabe am Rohmehleinlauf kann eine Ausnahme nach § 4 Abs. 3 erforderlich werden. Dazu genügt der Nachweis, daß durch die am Rohmehleinlauf aufgegebenen brennbaren Stoffe keine höheren Emissionen, insbesondere an polyzyklischen aromatischen Kohlenwasserstoffen, polyhalogenierten Dibenzodioxinen, polyhalogenierten Dibenzofuranen oder polyhalogenierten Biphenylen entstehen.

§ 4 (2,3)/1

Frage:

Sind die Regel-Mindesttemperaturen der Verbrennungsgase von 850° C bzw. 1200° C

- entsprechend § 4 Abs. 5 als Momentanwerte und Schaltpunkte für die MSR-Technik oder

- aufgrund § 11 Abs. 1 als Mittelwerte – etwa Halbstundenmittelwerte –

definiert?

Antwort:

Die Frage nach der Einhaltung der Mindesttemperatur ist anhand eines gemessenen Temperaturwertes mit einer Mittelungszeit von 10 Minuten zu überprüfen. Dasselbe gilt für den Sauerstoffgehalt.

§ 4 (2,3)/2

Frage:

Welche Randbedingungen sind bei der Messung der Verbrennungstemperatur zu beachten?
Dürfen andere Meßfühler als Thermoelemente verwendet werden?
Welche Einbaubedingungen gelten für die Meßfühler (Strahlungsschutz, Wandabstand, Redundanz)?
Inwieweit muß die Forderung nach einer Verweilzeit von 2 Sekunden bei der Messung der Gastemperatur berücksichtigt werden (Änderung der Strömungsgeschwindigkeiten und der Temperaturverteilung bei Lastvariation)?

Antwort:

Für Messungen der Verbrennungsbedingungen sowie zur Ermittlung der Bezugs- oder Betriebsgrößen sind die nach dem Stand der Technik entsprechenden Meßverfahren und geeigneten Meßeinrichtungen zu verwenden. Die Behörden sollten entsprechende Festlegungen mit dem gemäß § 10 zu beteiligenden Sachverständigen treffen.

§ 4 (3)/1

Frage:

Soll für die Durchführung der Messungen eine Versuchsgenehmigung erteilt werden?

Antwort:

Im Rahmen von Neugenehmigungen soll die Behörde bereits im Genehmigungsbescheid die Rahmenbedingungen für die Versuche mit niedrigerer Verbrennungstemperatur festlegen (z.B. meßtechnische Begleitung durch Sachverständige, einzusetzende Stoffe usw.). Bei bereits genehmigten Anlagen ist die Durchführung entsprechender Anlagenversuche in der Regel keine wesentliche Änderung. Eine Genehmigung als Versuchsanlage nach § 2 Abs. 1 der 4. BImSchV kommt nicht in Betracht.

§ 4 (3)/2

Frage:

Nach der getroffenen Regelung dürfen andere als die in § 4 Abs. 2 verlangten Verbrennungsbedingungen zugelassen werden, sofern bei diesen keine höheren Emissionen entstehen. Falls diese Voraussetzung erfüllt wird, könnten u. U. über die Abgaswaschmedien größere Schadstofffrachten ausgeschleust werden.

- a) Muß sich die Anlage nicht auch hinsichtlich der Abwasser/Reststoffpfade bei geänderten Prozeßbedingungen neutral verhalten?
- b) Welche Grenzwerte gelten für die im § 4 Abs. 3 genannten Schadstoffe im Abwasser-/Reststoff?

Antwort:

zu a) Die Regelung stellt auf »Emissionen« ab, denen gemäß § 2 Nr. 3 nur Luftverunreinigungen zuzurechnen sind. Im Rahmen des in § 4 Abs. 3 den Behörden gegebenen Ermessensspielraumes können jedoch auch Erwägungen zur Reststoffqualität Eingang finden.

zu b) Die Festlegung von Grenzwerten für die in § 4 Abs. 3 genannten Schadstoffe im Abwasser/Reststoff unterliegt nicht der 17. BImSchV und ist im Genehmigungsverfahren von den zuständigen Behörden zu prüfen.

§ 4 (3)/3

Frage:

Die zuständigen Behörden können u.a. andere Mindesttemperaturen zulassen, sofern nach der Inbetriebnahme der Anlage durch Messungen nachgewiesen wird, daß keine höhere Emission, insbesondere an polyzyclischen aromatischen Kohlenwasserstoffen, polyhalogenierten Dibenzodioxinen und -furanen oder polyhalogenierten Biphenylen, entstehen als bei den jeweils nach Abs. 2 festgelegten Bedingungen.

1. Wie ist der Nachweis zu führen?
2. Wie kann der Nachweis bei einer Altanlage, die aufgrund ihrer Einsatzstoffe eine Mindesttemperatur von 1200° C nach der letzten Verbrennungsluftzuführung fahren muß, aber aufgrund ihrer Ausstattung eine Verbrennungstemperatur von 1200° C nicht fahren kann, geführt werden?

Antwort:

1. Die Messungen für den Nachweis können wie folgt durchgeführt werden:
   An der Anlage im Betriebszustand werden Verbrennungsversuche mit typischen Abfällen, wie sie in der betreffenden Anlage verbrannt werden sollen, durchgeführt. Dabei ist darauf zu achten, daß der Anteil an thermostabilen Stoffen dem Anteil entspricht, der durch die Genehmigung max. zugelassen ist. Die Versuche sind zum einen bei einer Verbrennungstemperatur von mind. 1200° C und zum anderen bei abgesenkter Nachverbrennungstemperatur zu fahren. Die jeweiligen Ergebnisse werden ermittelt und im Vergleich dargestellt. Die Behörde kann den Betrieb bei einer abgesenkten Temperatur im Vergleich mit dem Betrieb bei mind. 1200° C keine erhöhten Emissionen an PCB und weiteren organischen Stoffen, z.B. polychlorierten Dibenzodioxinen und polychlorierten Dibenzofuranen, auftreten.

2. Bei Altanlagen, die eine Verbrennungstemperatur von 1200° C nicht erreichen können, sind entsprechende Vergleichsmessungen von Anlagen mit vergleichbarer Verbrennungstechnik zur Beurteilung der Feuerungsführung heranzuziehen. Dabei ist zu berücksichtigen, daß während der Emissionsmessungen in der vergleichbaren Anlage Abfälle, die in der zu beurteilenden Anlage verbrannt werden, zum Einsatz kommen.

§ 4 (6)/1

Frage:

In der 17. BImSchV ist nicht angeführt, für welchen Integrationszeitraum ein Meßwert nach § 4 Abs. 6 zu bilden ist. Im § 4 Abs. 6 wird die Begrenzung der CO-Massenkonzentration sowie die Definition des Begriffs Spitzenkonzentration ausgeführt. Eine Festlegung ist notwendig, weil entsprechende Anforderungen an die Auswertegeräte für die kontinuierliche Meßwerterfassung zu stellen sind. Darüber hinaus kann durch die Länge des o.g. Zeitraumes die Anzahl der Meßwerte auf ein sinnvolles Maß begrenzt werden.

Antwort:

Zur Bestimmung der Spitzenkonzentration an CO nach § 4 Abs. 6 der 17. BImSchV (90 %-Regelung) ist ein Integrationszeitraum von 10 Minuten zu bilden. Der Meßbereichsendwert für CO soll 2 x 150 mg/m^3 betragen.

§ 4 (6)/2 und § 5 (2)

Frage:

Die in § 4 Abs. 6 und § 5 Abs. 1 aufgeführten Emissionsgrenzwerte sind auf einen Volumengehalt an Sauerstoff im Abgas von 11 % (bei Altöl auf 3 %) zu beziehen. Ist es zulässig, gemessene Konzentrationen auch dann auf die vorgenannten Sauerstoffgehalte zu beziehen, wenn der gemessene Sauerstoffgehalt kleiner als der Bezugssauerstoffgehalt ist (rechnerische Verdünnung)?

Antwort:

Entsprechend den grundsätzlichen Anforderungen der TA Luft, Ziffer 3.1.2, darf, wenn zur Emissionsminderung Abgasreinigungseinrichtungen eingesetzt werden, die Umrechnung nur auf die Zeiten erfolgen, in denen der gemessene Sauerstoffgehalt über dem Bezugssauerstoffgehalt liegt.

§ 4 (7)/1

Frage:

Nach § 4 (7) müssen beim Abfahren der Anlagen zur Aufrechterhaltung der Verbrennungsbedingungen die Zusatzbrenner so lange betrieben werden, bis sich keine Einsatzstoffe mehr im Feuerraum befinden. Bei Ausfall der allgemeinen Stromversorgung jedoch würden die Brenner ausfallen.
Bedeutet die Formulierung in § 4 (7), daß beim »Abfahren in Folge allgemeinen Stromausfalles« durch die Einrichtung eines Notstromaggregates die Verbrennungsbedingungen erfüllt werden müssen? Gilt dieses ggf. auch für Verbrennungsanlagen mit einem maximalen Verbrennungsdurchsatz von 150 kg/Stunde (Beschickung mit jeweils 30 l Einwegbehältern)?

Antwort:

Dafür bietet die 17. BImSchV selbst keinen rechtlichen Ansatz, da § 4 Abs. 7 das reguläre und nicht das störfallbedingte Abfahren der Anlage regelt und auch § 16 bestimmte Anforderungen an den ordnungsgemäßen Betrieb der Anlage voraussetzt. Vorkehrungen gegen einen möglichen Stromausfall können deshalb nur auf das allgemeine Immissionsschutzrecht (§ 5 Abs. 1 Nrn. 1, 2 BImSchG) gestützt werden.
Die Frage nach der Einrichtung einer Notstromversorgung kann nur im Einzelfall auf der Grundlage einer Störfallbetrachtung beantwortet werden.

§ 5 Emissionsgrenzwerte

(1) Die Anlagen sind so zu errichten und zu betreiben, daß

1. kein Tagesmittelwert die folgenden Emissionsgrenzwerte überschreitet:
    a) Gesamtstaub, 10 mg/m^3
    b) organische Stoffe, angegeben als Gesamtkohlenstoff, 10 mg/m^3
    c) gasförmige anorganische Chlorverbindungen, angegeben als Chlorwasserstoff, 10 mg/m^3
    d) gasförmige anorganische Fluorverbindungen, angegeben als Fluorwasserstoff, 1 mg/m^3
    e) Schwefeldioxid und Schwefeltrioxid, angegeben als Schwefeldioxid, 50 mg/m^3
    f) Stickstoffmonoxid und Stickstoffdioxid, angegeben als Stickstoffdioxid, 0,20 g/m^3
2. kein Halbstundenmittelwert die folgenden Emissionsgrenzwerte überschreitet:
    a) Gesamtstaub, 30 mg/m^3
    b) organische Stoffe, angegeben als Gesamtkohlenstoff, 20 mg/m^3
    c) gasförmige anorganische Chlorverbindungen, angegeben als Chlorwasserstoff, 60 mg/m^3
    d) gasförmige anorganische Fluorverbindungen, angegeben als Fluorwasserstoff, 4 mg/m^3
    e) Schwefeldioxid und Schwefeltrioxid, angegeben als Schwefeldioxid, 0,20 g/m^3
    f) Stickstoffmonoxid und Stickstoffdioxid, angegeben als Stickstoffdioxid, 0,40 g/m^3
3. kein Mittelwert, der über die jeweilige Probenahmezeit gebildet ist, die folgenden Emissionsgrenzwerte überschreitet:
    a) Cadmium und seine Verbindungen, angegeben als Cd, Thallium und seine Verbindungen, angegeben als Tl, insgesamt 0,05 mg/m^3
    b) Quecksilber und seine Verbindungen, angegeben als Hg, 0,05 mg/m^3

c) Antimon und seine Verbindungen, angegeben als Sb,
Arsen und seine Verbindungen, angegeben als As,
Blei und seine Verbindungen, angegeben als Pb,
Chrom und seine Verbindungen, angegeben als Cr,
Cobalt und seine Verbindungen, angegeben als Co,
Kupfer und seine Verbindungen, angegeben als Cu,
Mangan und seine Verbindungen, angegeben als Mn,
Nickel und seine Verbindungen, angegeben als Ni,
Vanadium und seine Verbindungen, angegeben als V,
Zinn und seine Verbindungen,
angegeben als Sn, insgesamt 0,5 mg/m^3
und

4. kein Mittelwert, der über die jeweilige Probenahmezeit gebildet ist, den Emissionsgrenzwert für die im Anhang genannten Dioxine und Furane – angegeben als Summenwert nach dem im Anhang festgelegten Verfahren – von 0,1 ng/m^3 überschreitet.

(2) Die Emissionsgrenzwerte beziehen sich auf einen Volumengehalt an Sauerstoff im Abgas von 11 vom Hundert (Bezugssauerstoffgehalt). Soweit ausschließlich Altöle im Sinne von § 5 a Abs. 1 des Abfallgesetzes eingesetzt werden, beträgt der Bezugssauerstoffgehalt 3 vom Hundert.

(3) Soweit § 1 Abs. 2 Satz 1 Anwendung findet, gelten die Emissionsgrenzwerte des Absatzes 1 in Verbindung mit Absatz 2 und die Begrenzung der Emissionen an Kohlenmonoxid nach § 4 Abs. 6 nur für den Teil des Abgasstromes, der bei der Verbrennung des höchstzulässigen Anteils der Abfälle und des für die Verbrennung von Abfällen zusätzlich benötigten Brennstoffs oder der ähnlichen festen oder flüssigen brennbaren Stoffe entsteht. Für den übrigen Teil des Abgasstromes gelten die hierfür verbindlichen Emissionsgrenzwerte und Emissionsbegrenzungen. Fehlen derartige Festlegungen, sind die tatsächlichen Emissionen beim Betrieb ohne Einsatz von Abfällen oder ähnlichen festen oder flüssigen brennbaren Stoffen zugrunde zu legen. Die zuständige Behörde hat die Gesamtbegrenzung der Emissionen unter Berücksichtigung des § 19 nach Maßgabe der Sätze 1 bis 3 im Genehmigungsbescheid oder in einer nachträglichen Anordnung festzusetzen. Sätze 1 bis 4 finden für andere als die in den Nummern 1.1 bis 1.3 und 8.1 des Anhangs der Verordnung über genehmigungsbedürftige Anlagen genannten Anlagen sowie für die Emissionsgrenzwerte nach Absatz 1 Nr. 3 und 4 in Verbindung mit Absatz 2 auch Anwendung, soweit der zulässige Anteil der Abfälle oder der anderen brennbaren Stoffe an der Feuerungswärmeleistung 25 vom Hundert übersteigt.

Auslegungshinweise zu § 5

§ 5 (1)/1

Frage:

Ist das Minimierungsgebot nach Nr. 2.3 und 3.1.7 Abs. 7 TA Luft durch die 17. BImschV erfüllt?

Antwort:

Nummer 3.1.7 Abs. 7 TA Luft ist durch die 17. BImschV verdrängt (vgl. § 1 Abs. 4, 1. Anstrich). Das Minimierungsgebot der Nr. 2.3 Abs. 1 TA Luft wird durch die 17. BImschV nicht verdrängt. Allerdings werden mit den Anforderungen der Verordnung die Emissionen krebserzeugender Stoffe unter Beachtung der Verhältnismäßigkeit so weit begrenzt, daß auch das Minimierungsgebot nach 2.3 derzeit ausgefüllt ist.

§ 5 (1)/2

Frage:

Nach § 5 Abs. 1 Nr. 4 ist für Dioxine und Furane ein Summenwert zu bilden. Wie sind die Kongenere bei der Summenwertbildung zu berücksichtigen, deren Konzentration bei einer Emissionsmessung unterhalb der Nachweisgrenze des Analyseverfahrens (mindestens $< 0,005$ ng/m^3) liegt?

Antwort:

1. Definition der Nachweisgrenzen
   Ein bestimmtes PCDD/F-Kongener gilt als nachgewiesen, wenn das Signal-Rauschverhältnis größer als 3 : 1 ist. Die Basislinie für das Rauschen ist in einem Bereich vor dem Signal festzulegen, der der 10-fachen Signalbreite in halber Peakhöhe entspricht. Die Abstände sind jeweils von den Signalspitzen zu messen.
   Von den beiden zur Auswertung benutzten Massenchromatogrammen ist das Unempfindlichere zur Bewertung heranzuziehen. Ist ein Signal oberhalb des Grundrauschens nicht erkennbar, so erfolgt die Festlegung der Nachweisgrenze für ein bestimmtes Kongener an der Stelle der zu erwartenden Retentionszeit, in dem dort, wie oben beschrieben, das 3-fache des Grundrauschens ermittelt wird.

2. Bewertung der unterhalb der Nachweisgrenze liegenden PCDD/F-Kongenere bei der Ermittlung der Äquivalenzkonzentration (Summenbildung)

Die Nachweisgrenze für die Probenahme und Analyse der einzelnen Dioxine und Furane muß somit niedrig sein, daß ein hinsichtlich der toxischen Äquivalente aussagefähiges Ergebnis angegeben werden kann. Kongenere, deren Konzentration unterhalb der Nachweisgrenze liegt, bleiben unberücksichtigt. Nach dem Einleitungssatz des Anhangs zur 17. BImSchV sind nur die tatsächlich ermittelten Konzentrationen der einzelnen Kongenere mit den angegebenen Äquivalenzfaktoren zu multiplizieren.

Zur Überwachung des Grenzwertes von 0,1 ng/m^3 TE nach § 5 Abs. 1.4 der 17. BImSchV ist die nach § 13 Abs. 3 für alle Kongenere vorgegebene Mindestnachweisgrenze von 5 pg/m^3 ausreichend.

Zur Überwachung niedrigerer Grenzwerte als 0,1 ng/m^3 TE, z.B nach § 5 Abs. 3 der 17. BImSchV, sollten die Nachweisgrenzen der einzelnen Kongenere, die in die Summenbildung mit einem Gewichtungsfaktor ≥ 0,1 eingehen, entsprechend dem Mischungsverhältnis abgesenkt werden.

§ 5 (1)/3 und § 13 (2)/1

Frage:

Zur Feststellung, daß kein Mittelwert über die Probenahmezeit den Emissionsgrenzwert für die im Anhang zur Verordnung genanten Dioxine und Furane von 0,1 ng/m^3 überschreitet, hat der Betreiber u.a. wiederkehrend jährlich an drei Tagen Messungen durchführen zu lassen. Sind die Anforderungen für einen ordnungsgemäßen Betrieb erfüllt, wenn eine Einzelmessung den Emissionsgrenzwert lediglich in geringem Maße überschreitet?

Antwort:

Die Vorschrift trifft hierzu eine exakte Aussage. Gefordert ist, daß kein Mittelwert über die Probenahmezeit den Grenzwert überschreitet. Die Mittelung über eine ausreichende Probenahmezeit, d.h. über 6 bis 16 Stunden, stellt sicher, daß Schwankungen im Bereich der Probeentnahme ausgeglichen werden. Bei der Festlegung des Grenzwertes wurde zudem die Qualität der zur Verfügung stehenden Analyseverfahren berücksichtigt, so daß bei Überschreitungen des Grenzwertes Gründe, die sich auf die Güte des Meßverfahrens beziehen, generell nicht gelten gemacht werden können. Bestehen jedoch im Einzelfall begründete Zweifel an dem Ergebnis der Analyse, sollte durch zusätzliche Messungen Klarheit über den Betriebszustand der Anlage herbeigeführt werden.

§ 5 (2)/1

Frage:

Die Emissionsgrenzwerte beziehen sich auf einen vorgegebenen Volumengehalt an Sauerstoff im Abgas (Bezugssauerstoffgehalt). Es bestehen Überlegungen, bei der Verbrennung von Abfällen als Oxidationsmittel *reinen* Sauerstoff einzusetzen.
Ist die Festlegung eines Bezugssauerstoffgehaltes von 11 % in solchen Fällen sachgerecht?

Antwort:

Nein, die Festlegung des Bezugssauerstoffgehaltes und die Umrechnung von gemessenen Emissionswerten auf den Bezugssauerstoffgehalt dient insbesondere der Eliminierung von Falschluftanteilen unter Berücksichtigung von optimalen Verbrennungsbedingungen mit Luft, nicht aber mit reinem Sauerstoff. Die Anwendung des für die Verbrennung mit Luft vorgeschriebenen Umrechnungsformalismus ist daher für die Verbrennung mit reinem Sauerstoff nicht sachgerecht. Es kommen Ausnahmen nach § 19 Abs. 1 Nr. 1 zusammen mit anderen Anforderungen nach § 20 in entsprechender Anwendung von Nr. 3.1.2 TA Luft in Betracht. Nach Nr. 3.1.2 letzter Satz TA Luft sind bei Verbrennungsprozessen mit reinem Sauerstoff oder sauerstoffangereicherter Luft Sonderregelungen zu treffen.

§ 5 (3)/1

s. § 1 (2)/5

§ 5(3)/2

Frage:

Bezieht sich der in § 5 Abs. 3 Satz 1 enthaltene Satzteil »zusätzlich benötigten Brennstoffs« lediglich auf die Verbrennung von Abfällen?

Antwort:

Ja.

§ 5 (3)/3

Frage:

Für welche Anlagen und Stoffe gilt die Mischungsregelung nach § 5 Abs. 3 bei einem Feuerungswärmeanteil des Abfalls oder der ähnlichen brennbaren Stoffe einschließlich des für die Verbrennung zusätzlich benötigten Brennstoffs von mehr als 25 %?

Antwort:

Für alle Anlagen, die in den Nrn. 1.1, 1.2, 1.3 und 8.1 des Anhangs der 4. BImSchV aufgeführt sind, gilt die Mischungsregelung nur für die in § 5 Abs. 1 Nr. 3 (Schwermetalle), Nr. 4 (Dioxine und Furane) und § 4 Abs. 6 (Kohlenmonoxid) genannten Stoffe. Für die übrigen Anlagen findet die Mischungsregelung ohne Einschränkung Anwendung.

§ 5 (3)/4

Frage:

Wie ist die Gesamtbegrenzung der Emissionen bei einer Mischfeuerung mit einem Brennstoff nach Nr. 1.2 des Anhangs der 4. BImSchV zu berechnen? (Tagesmittelwert und insbesondere Halbstundenmittelwert unter Berücksichtigung der Nr. 2.1.5 a) der TA-Luft.)

Antwort:

Sind für den Brennstoff nach Nr. 1.2 des Anhangs der 4. BImSchV und für die Stoffe der 17. BImSchV gleiche Bezugssauerstoffgehalte zugrunde zu legen, so sind die einzuhaltenden Tagesmittelwerte durch einfache Prozentrechnung zu ermitteln. Hierbei ist vom maximal zulässigen Einsatz der Stoffe der 17. BImSchV einschließlich des für die Verbrennung benötigten zusätzlichen Brennstoffes auszugehen.
Bei unterschiedlichen Bezugssauerstoffgehalten ist auch für den Bezugssauerstoffgehalt eine Anteilsberechnung durchzuführen (vgl. Antwort zu § 5 (3)/9).
Entsprechende Berechnungen sind auch für die Halbstundenmittelwerte anzustellen.

§ 5 (3)/5

Frage:

Die Emissionsgrenzwerte gelten für den Teil des Abgasstromes, der bei der Verbrennung des höchstzulässigen Anteils der Abfälle und des für die Verbrennung von Abfällen zusätzlich benötigten Brennstoffs entsteht. Für den übrigen Teil des Abgasstromes gelten die hierfür verbindlichen Emissionsgrenzwerte. Ist eine Berechnung von Mischwerten aus dem Verhältnis der eingesetzten Energien zulässig?

Antwort:

Ja, aber nur dann, wenn sich aus einer Verbrennungsrechnung bzw. aus einer plausiblen Abschätzung ergibt, daß das Verhältnis der anteilig eingesetzten Energien dem Verhältnis der resultierenden anteiligen Abgasvolumina weitgehend entspricht.

§ 5 (3)/6

Frage:

Wie ist bei der Festlegung der Emissionsbegrenzungen zu verfahren, wenn, wie bei Zementklinkerbrennöfen, ein Bezugssauerstoffgehalt nach TA Luft '86 nicht festgelegt ist? Ist hier dann wie in § 5 Abs. 3 Satz 5 der 17. BImSchV zu verfahren?

Antwort:

In Übereinstimmung mit dem Beschluß des LAI in der 77. Sitzung zur Konkretisierung der Dynamisierungsklausel der TA Luft für Zementöfen[26] ist ein O_2-Bezugswert von 10 % zugrunde zu legen. Bei sonstigen Anlagen, für die ein Bezugssauerstoffgehalt nicht festgelegt ist, ist die Vorschrift des § 5 Abs. 3 Satz 5 anwendbar. Zur Festlegung eines Bezugssauerstoffgehaltes ist für Stoffe nach Ziffer 1.2 des Anhangs zur 4. BImSchV der sich ergebende Sauerstoffgehalt im Abgas bei ausschließlichem Einsatz von Stoffen nach Ziffer 1.2 zu ermitteln. Bei dieser Ermittlung ist Ziffer 2.1.3 letzter Absatz der TA Luft zu beachten.

---

26 vgl. S. 143

§ 5 (3)/7

Frage:

Soll bei der Festlegung des Emissionsgrenzwertes gemäß § 5 Abs. 3 neben dem Grenzwert für den Abfall-Abgasstrom der dem Stand der Technik entsprechende Emissionsgrenzwert oder der in der TA Luft genannte bzw. im Genehmigungsbescheid festgelegte Grenzwert herangezogen werden?

Antwort:

Es gelten die Emissionsbegrenzungen des Genehmigungsbescheides, wenn diese der 13. BImSchV bzw. der TA Luft entsprechen, anderenfalls ist zu prüfen, inwieweit eine Anpassung im Rahmen einer Änderungsgenehmigung oder nachträglichen Anordnung vorgenommen werden kann.

§ 5 (3)/8

Frage:

Mischgrenzwerte sind aus den Emissionsgrenzwerten der Verordnung und aus den für den übrigen Teil des Abgasstromes verbindlichen Emissionsgrenzwerten, die für den zweckbestimmenden Prozeß gelten, zu bilden. Dabei sind die Grenzwerte über die theoretisch zuzuordnenden Abgasströme zu wichten und im Hinblick auf die Bildung des Mischgrenzwertes zu normieren. Wenn für den zweckbestimmenden Prozeß Grenzwertfestlegungen fehlen, sind die tatsächlichen Emissionen beim Betrieb ohne Einsatz von Abfällen oder ähnlichen festen oder flüssigen brennbaren Stoffen zugrunde zu legen. Für Dioxine und Furane sind außer in der 17. BImSchV bislang keine konkreten Grenzwerte in anderen Vorschriften vorgeschrieben. Wie ist daher der Grenzwert für den Abgasstrom des zweckbestimmenden Prozesses aus den tatsächlichen Emissionen zu bilden?

Antwort:

Es sollen mindestens drei Einzelmessungen durchgeführt werden. Unter Berücksichtigung der Fehlergrenze ist der höchste Einzelwert bei der Festlegung der Emissionsbegrenzung zugrunde zu legen.

§ 5 (3)/9

Frage:

Beim Mitverbrennen von Abfällen oder sonstigen ähnlichen festen oder flüssigen brennbaren Stoffen sind Mischgrenzwerte zu bilden. Gilt diese Regelung auch für den Bezugssauerstoffgehalt?

Antwort:

Ja, die Festlegung des bezugssauerstoffgehaltes und die Normierung der gemessenen Emissionswerte berücksichtigen typische Verbrennungsbedingungen und -abläufe, die sich bei Einsatz unterschiedlicher Brennstoffe in unterschiedlichen Feuerungen ergeben. Der Sauerstoffbezug bildet hierbei eine Kenngröße, die aus der Erfahrung heraus dem optimalen Betrieb der Feuerung ohne Falschluftzugabe zuzuordnen ist. Sowohl die Festlegung von Mischgrenzwerten, als auch die nach gleichem Verfahren festzulegenden Mischbezugssauerstoffgehalte sind für eine Beurteilung von Mischfeuerungen sachgerecht.

§ 5 (3)/10

Frage:

Unter welchen Voraussetzungen können für Zementwerke Ausnahmen nach § 19 der 17. BImSchV für Emissionsgrenzwerte für Kohlenmonoxid, Gesamt-C und NO_x bei Einsatz »ähnlicher fester oder flüssiger brennbarer Stoffe« erteilt werden?

Antwort:

In den Fällen, in denen die Verbrennungsbedingungen bei der Feuerung, in der ähnliche feste oder flüssige brennbare Stoffe eingesetzt werden, optimiert sind und erhöhte Emissionen an Gesamt-C und CO aus der Zusammensetzung der eingesetzten, nicht zur Verbrennung bestimmten Rohstoffe resultieren, ist durch Ausnahmen nach § 19 der 17. BImSchV (§ 5 Abs. 3 Satz 3) auf die Festsetzung von Emissionsbegrenzungen zu verzichten.
Da die NO_x-Emissionen von Zementöfen nicht signifikant von der Brennstoffart beeinflußt werden, können auch Ausnahmen für NO_x nach § 19 der 17. BImSchV erforderlich werden. Dabei sollen die vom LAI in der 77. Sitzung beschlossenen konkretisierten Dynamisierungswerte [27], die den Stand der

---

[27] vgl. S. 143

Technik wiedergeben, nicht überschritten werden.
Eine Übertragung der Antwort auf andere Schadstoffe ist nicht zulässig.

§ 5 (3)/11

Frage:

In einem Kraftwerksblock mit Steinkohlefeuerung und einer Feuerungswärmeleistung (FWL) von mehr als 300 MW soll Klärschlamm mit einem Anteil an der FWL von bis zu 25 % eingesetzt werden.
Wie sind die Stoffe, für die sowohl die 13. BImSchV als auch die 17. BImSchV Emissionsgrenzwerte – allerdings mit unterschiedlichen Beurteilungsmaßstäben – enthalten, die Emissionsbegrenzungen nach § 5 Abs. 3 ermitteln?

Antwort:

Unter Berücksichtigung der anteiligen Abgasströme sind grundsätzlich zu ermitteln:

- a) Tagesmittelwerte auf der Basis der Emissionsgrenzwerte der 13. BImSchV und der Tagesmittelwerte der 17. BImSchV für Staub, Kohlenmonoxid, Stickstoffoxide, Schwefeloxide und Halogenverbindungen,
- b) Halbstundenmittelwerte auf der Basis der 1,2-fachen Emissionsgrenzwerte der 13. BImSchV und der Halbstundenmittelwerte der 17. BImSchV für 97 % aller Halbstundenmittelwerte für Staub, Stickstoffoxide, Schwefeloxide und Halogenverbindungen sowie
- c) Halbstundenmittelwerte auf der Basis der 2-fachen Emissionsgrenzwerte der 13. BImSchV und der Halbstundenmittelwerte der 17. BImSchV für 3 % aller Halbstundenmittelwerte für Staub, Stickstoffoxide, Schwefeloxide und Halogenverbindungen.

Für die Begrenzung der Kohlenmonoxid-Emissionen sind – ebenfalls unter Berücksichtigung der anteiligen Abgasströme – *zusätzlich* zu Buchstabe a) zu ermitteln:

- d) Stundenmittelwerte und

e) Werte, die bei mindestens 90 % aller innerhalb von 24 Stunden vorgenommenen Messungen nicht überschritten werden dürfen.

Da es zu Buchstaben d) und e) in der 13. BImSchV keine entsprechenden Regelungen gibt und auch Genehmigungsbescheide entsprechende Festsetzungen nicht enthalten dürften, sind im Hinblick auf den zu berücksichtigenden anteiligen Abgasstrom der Kohlefeuerung diese Werte zunächst für die Kohleverfeuerung ohne Einsatz von Klärschlamm zu ermitteln und festzulegen.

Zur Vermeidung eines ggf. unverhältnismäßig hohen Aufwandes kann im Wege der Ausnahme auf die Festlegung einzelner Emissionsbegrenzungen verzichtet werden, wenn gleichwertige oder schärfere Beurteilungswerte vorgegeben werden. So wären z. B. Emissionsbegrenzungen nach Buchstaben d) und e) entbehrlich, wenn ein jederzeit einzuhaltender Halbstundenmittelwert akzeptiert wird, der sich aus dem 1,2-fachen Emissionsgrenzwert der 13. Verordnung und dem Tagesmittelwert nach § 4 Abs. 6 der 17. Verordnung ergibt.

Da die Klärschlammverbrennung erst bei ungestörtem Betrieb der Kohlefeuerung erfolgen sollte, sollten auch Emissionsbegrenzungen nach Buchstabe c) entfallen und Emissionsbegrenzungen nach Buchstabe b) für 100 % aller Halbstundenmittelwerte gelten.

§ 5 (3)/12

Frage:

In der Verordnung werden wie in der TA Luft drei Schwermetallklassen gebildet, jedoch sind diese jeweils anders zusammengesetzt. In der Großfeuerungsanlagen-Verordnung sind Schwermetallgrenzwerte nur als Summe von bestehenden Elementen festgelegt und dann auch nur, wenn als feste Brennstoffe nicht Kohle oder Holz und als flüssige Brennstoffe nickelhaltiges Heizöl oder andere flüssige Brennstoffe benutzt werden.
Bedeutet dies in der Praxis, daß hier für die festzusetzenden Schwermetallmischgrenzwerte die tatsächlichen Emissionen bei Betrieb ohne Abfalleinsatz festgestellt werden müssen?

Antwort:

Ja, dabei kann auf bereits vorhandene repräsentative Untersuchungen über das Emissionsverhalten (Bandbreiten) bei Einsatz bestimmter Kohlen oder Heizöle zurückgegriffen werden?

Auf folgende Forschungsberichte wird hingewiesen:

- RW TÜV: »Untersuchung der Anreicherung von Spurenelementen im Bereich kleiner Kornfraktionen im Roh- und Reingas von Kohlekraftwerken«, Bd. 1 bis 3;
  Forschungsbericht 83 - 104 03 182, Februar 1987

- RW TÜV: »Messung und Bewertung der Schwermetallemissionen ausgewählter Anlagen und Vorschläge zu Minderungsmaßnahmen«;
  Forschungsbericht 104 03 185, Oktober 1987
  mit den Teilberichten über die Bestimmung der Schwermetall- und Spurenelementemissionen

  - eines schwerölbefeuerten 25 t/h-Dampfkessels
  - eines schwerölbefeuerten 45 t/h-Dampfkessels
  - eines braunkohlebefeuerten Kraftwerkskessels.

§ 6 Ableitbedingungen für Abgase

Die Abgase sind über einen oder mehrere Schornsteine abzuleiten, deren Höhe nach Nummer 2.4 der TA Luft zu berechnen ist.

§ 7 Behandlung von Reststoffen

(1) Schlacken, Filter- und Kesselstäube sowie Reaktionsprodukte und sonstige Reststoffe der Abgasbehandlung sind zu vermeiden oder ordnungsgemäß und schadlos zu verwerten. Soweit Vermeidung oder Verwertung technisch nicht möglich oder unzumutbar ist, sind sie als Abfälle ohne Beeinträchtigung des Wohls der Allgemeinheit zu beseitigen.

(2) Filter- und Kesselstäube, die bei der Abgasentstaubung sowie bei der Reinigung von Kesseln, Heizflächen und Abgaszügen anfallen, sind getrennt von anderen festen Reststoffen zu erfassen. Satz 1 gilt nicht für Anlagen mit einer Wirbelschichtfeuerung.

(3) Soweit es zur Erfüllung der Pflichten nach Absatz 1 erforderlich ist, sind die Bestandteile an organischen und löslichen Stoffen in den Reststoffen zu vermindern.

(4) Die Förder- und Lagersysteme für schadstoffhaltige, staubförmige Reststoffe sind so auszulegen und zu betreiben, daß hiervon keine relevanten diffusen Emissionen ausgehen können. Dies gilt besonders hinsichtlich notwendiger Wartungs- und Reparaturarbeiten an verschleißanfälligen Anlagenteilen. Trockene Filter- und Kesselstäube sowie Reaktiongsprodukte der Abgasbehandlung und trocken abgezogene Schlacken sind in geschlossenen Behältnissen zu befördern oder zwischenzulagern.

§ 8 Wärmenutzung

In Anlagen nach § 1 Abs. 1 ist entstehende Wärme, die nicht an Dritte abgegeben wird, in Anlagen des Betreibers zu nutzen, soweit dies nach Art und Standort der Anlage technisch möglich und zumutbar sowie mit den Pflichten nach § 5 Abs. 1 Nr. 1 bis 3 des Bundes-Immissionsschutzgesetzes vereinbar ist. Soweit aus der bei der Verbrennung entstehenden Wärme, die nicht an Dritte abgegeben wird oder die nicht in Anlagen des Betreibers genutzt wird, eine elektrischen Klemmenleistung von mehr als 0,5 Megawatt erzeugbar ist, ist elektrische Energie zu erzeugen.

Dritter Teil Messung und Überwachung

§ 9 Meßplätze

Für die Messungen sind nach näherer Bestimmung der zuständigen Behörde Meßplätze einzurichten; diese sollen ausreichend groß, leicht begehbar und so beschaffen sein sowie so ausgewählt werden, daß repräsentative und einwandfreie Messungen gewährleistet sind.

§ 10 Meßverfahren und Meßeinrichtungen

(1) Für Messungen zur Feststellung der Emissionen oder der Verbrennungsbedingungen sowie zur Ermittlung der Bezugs- oder Betriebsgrößen sind die dem Stand der Meßtechnik entsprechenden Meßverfahren und geeigneten Meßeinrichtungen nach näherer Bestimmung der zuständigen Behörde anzuwenden oder zu verwenden.

(2) Über den ordnungsgemäßen Einbau von Meßeinrichtungen zur kontinuierlichen Überwachung ist eine Bescheinigung einer von der zuständigen obersten Landesbehörde für Kalibrierungen bekanntgegebenen Stelle zu erbringen.

(3) Der Betreiber hat Meßeinrichtungen, die zur kontinuierlichen Feststellung der Emissionen eingesetzt werden, durch eine von der zuständigen obersten Landesbehörde bekanntgegebene Stelle kalibrieren und jährlich einmal auf Funktionsfähigkeit prüfen zu lassen; die Kalibrierung ist nach einer wesentlichen Änderung der Anlage, im übrigen im Abstand von 3 Jahren zu wiederholen. Die Berichte über das Ergebnis der Kalibrierung und der Prüfung der Funktionsfähigkeit sind der zuständigen Behörde innerhalb von acht Wochen vorzulegen.

§ 11 Kontinuierliche Messungen

(1) Der Betreiber hat

1. die Massenkonzentrationen der Emissionen nach § 4 Abs. 6, § 5 Abs. 1 Nr. 1 und 2 sowie § 17 Abs. 4,
2. den Volumengehalt an Sauerstoff im Abgas,
3. die Temperaturen nach § 4 Abs. 2 oder 3 und
4. die zur Beurteilung des ordnungsgemäßen Betriebs erforderlichen Betriebsgrößen, insbesondere Abgastemperatur, Abgasvolumen, Feuchtegehalt und Druck,

kontiunierlich zu ermitteln, zu registrieren und auszuwerten. Die Anlagen sind hierzu mit geeigneten Meßeinrichtungen und Meßwertrechnern auszurüsten. Satz 1 Nr. 1 in Verbindung mit Satz 2 gilt nicht, soweit Emissionen einzelner Stoffe nach § 5 Abs. 1 Nr. 1 auszuschließen oder allenfalls in geringen Konzentrationen zu erwarten sind. Meßeinrichtungen für den Feuchtegehalt sind nicht notwendig, soweit das Abgas vor der Ermittlung der Massenkonzentrationen der Emissionen getrocknet wird.

(2) Ergibt sich aufgrund der Einsatzstoffe, der Bauart, der Betriebsweise oder von Einzelmessungen, daß der Anteil des Stickstoffdioxids an den Stickstoffoxidemissionen unter 10 vom Hundert liegt, soll die zuständige Behörde auf die kontinuierliche Messung des Stickstoffdioxids verzichten und die Bestimmung des Anteils durch Berechnung zulassen.

(3) Absatz 1 Satz 1 Nr. 1 findet auf gasförmige anorganische Fluorverbindungen keine Anwendung, wenn Reinigungsstufen für gasförmige anorganische Chlorverbindungen betrieben werden, die sicherstellen, daß die Emissionsgrenzwerte nach § 5 Abs. 1 Nr. 1 Buchstabe c und Nr. 2 Buchstabe c nicht überschritten werden.

(4) Die Anlagen sind mit Registriereinrichtungen auszurüsten, durch die Verriegelungen oder Abschaltungen nach § 4 Abs. 5 registriert werden.

(5) Der Betreiber hat auf Verlangen der zuständigen Behörde Massenkonzentrationen der Emissionen nach § 5 Abs. 1 Nr. 3 und 4 kontinuierlich zu messen, wenn geeignete Meßeinrichtungen verfügbar sind.

Auslegungshinweise zu § 11

§ 11 (1)/1

Frage:

§ 11 Abs. 1 gestattet von der kontinuierlichen Messung der Massenkonzentrationen bestimmter Emissionen abzusehen, wenn die Emissionen einzelner Stoffe auszuschließen oder allenfalls in geringen Konzentrationen zu erwarten sind.
Welche Konzentrationen sind als gering anzusehen und gestatten die Anwendung des § 11 Abs. 1 Satz 3?

Antwort:

Über die Anwendung des § 11 Abs. 1 Satz 3 ist jeweils nach einer Einzelfallprüfung zu entscheiden. Dabei sind mehrere Kriterien zu berücksichtigen und zu bewerten, u. a. die Schadstoffart, die Reingaskonzentration im Vergleich zum Emissionsgrenzwert, die Rohgaskonzentration, die Betriebssicherheit der Abgasreinigung, der Anteil des Abfalls oder Reststoffs an der Feuerungswärmeleistung, die Homogenität des Emissionsverhaltens. Eine Anwendung von § 11 Abs. 1 Satz 3 kommt insbesondere dann in Frage, wenn die Emissionskonzentration eines in § 5 Abs. 1 Nr. 1 genannten Stoffes einen Wert von 10 % der für die Anlage maßgeblichen Emissionsbegrenzung unterschreitet.
Sind die Emissionskonzentrationen nicht mehr als geringfügig zu beurteilen, sind Ausnahmen von der kontinuierlichen Messung nur unter den Bedingungen des § 19 zulässig. Im Fall der Gewährung einer Ausnahme soll jährlich wiederkehrend eine Einzelmessung entsprechend §§ 13 und 14 gefordert werden.

§ 12 Auswertung und Beurteilung von kontinuierlichen Messungen

(1) Während des Betriebes der Anlagen ist aus den Meßwerten für jede aufeinanderfolgende halbe Stunde der Halbstundenmittelwert zu bilden und auf den Bezugssauerstoffgehalt umzurechnen. Für die Stoffe, deren Emissionen durch Abgasreinigungseinrichtungen gemindert und begrenzt werden, darf die Umrechnung der Meßwerte nur für die Zeiten erfolgen, in denen der gemessene Sauerstoffgehalt über dem Bezugssauerstoffgehalt liegt. Aus den Halbstundenmittelwerten ist für jeden Tag der Tagesmittelwert, bezogen auf die tägliche Betriebszeit einschließlich der Anfahr- oder Abstellvorgänge, zu bilden. § 4 Abs. 6 bleibt unberührt.

(2) Über die Auswertung der kontinuierlichen Messungen hat der Betreiber einen Meßbericht zu erstellen und innerhalb von drei Monaten nach Ablauf eines jeden Kalenderjahres der zuständigen Behörde vorzulegen. Der Betreiber muß die Aufzeichnungen der Meßgeräte fünf Jahre aufbewahren. Satz 1 gilt nicht, soweit die zuständige Behörde die telemetrische Übermittlung der Meßergebnisse vorgeschrieben hat.

(3) Die Emissionsgrenzwerte sind eingehalten, wenn kein Tagesmittelwert nach § 4 Abs. 6 und § 5 Abs. 1 Nr. 1, kein Stundenmittelwert nach § 4 Abs. 6 und kein Halbstundenmittelwert nach § 5 Abs. 1 Nr. 2 überschritten sowie die Begrenzung der Spitzenkonzentration nach § 4 Abs. 6 Satz 2 eingehalten wird.

(4) Häufigkeit und Dauer einer Nichteinhaltung der Anforderungen nach § 4 Abs. 2 hat der Betreiber in den Meßbericht nach Absatz 2 aufzunehmen.

§ 13 Einzelmessungen

(1) Der Betreiber hat nach Errichtung oder wesentlicher Änderung der Anlagen bei der Inbetriebnahme durch Messungen einer nach § 26 des Bundes-Immissionsschutzgesetzes bekanntgegebenen Stelle überprüfen zu lassen, ob die Verbrennungsbedingungen nach § 4 Abs. 2 oder 3 erfüllt werden.

(2) Der Betreiber hat nach Errichtung oder wesentlicher Änderung der Anlagen Messungen einer nach § 26 des Bundes-Immissionsschutzgesetzes bekanntgegebenen Stelle zur Feststellung, ob die Anforderungen nach § 5 Abs. 1 Nr. 3 und 4 oder – bei Vorliegen der Voraussetzungen nach § 11 Abs. 3 – nach § 5 Abs. 1 Nr. 1 und 2 erfüllt werden, durchführen zu lassen. Die Messungen sind nach Erreichen des ungestörten Betriebs, jedoch frühestens nach dreimonatigem Betrieb und spätestens sechs Monate nach der Inbetriebnahme, und anschließend wiederkehrend jeweils jährlich mindestens an drei

Tagen durchführen zu lassen. Diese sollen vorgenommen werden, wenn die Anlagen mit der höchsten Leistung betrieben werden, für die sie bei den während der Messung verwendeten Einsatzstoffen für den Dauerbetrieb zugelassen sind.

(3) Für die Messungen zur Bestimmung der Stoffe nach § 5 Abs. 1

1. Nummer 3 beträgt die Probenahmezeit mindestens eine halbe Stunde; sie soll zwei Stunden nicht überschreiten,
2. Nummer 4 beträgt die Probenahmezeit mindestens 6 Stunden; sie soll 16 Stunden nicht überschreiten.

Für die im Anhang genannten Stoffe soll die Nachweisgrenze des eingesetzten Analyseverfahrens nicht über 0,005 Nanogramm je Kubikmeter Abgas liegen.

Auslegungshinweise zu § 13

§ 13 (1)/1

Frage:

Nach § 13 (1) hat der Betreiber nach der Errichtung bei der Inbetriebnahme überprüfen zu lassen, ob die Verbrennungsbedingungen nach § 4 Abs. 2 oder 3 erfüllt werden. § 4 Abs. 3 beinhaltet jedoch Emissionsmessungen nach der Inbetriebnahme. Die Inbetriebnahme kann sich erfahrungsgemäß über einen längeren Zeitraum hinziehen. Emissionsmessungen sind nach § 13 (2) nach Erreichen des ungestörten Betriebes (frühestens nach dreimonatigem Betrieb und spätestens sechs Monate nach der Inbetriebnahme) durchführen zu lassen.
Welcher Zeitpunkt ist mit dem Begriff »bei der Inbetriebnahme« in § 13 (1) gemeint? Können anläßlich der Messungen bei der Inbetriebnahme im Sinne von § 13 (1) auch schon Messungen nach § 4 (3) durchgeführt werden, obwohl es in § 4 (3) heißt, daß die Messungen zur evtl. Erteilung einer Ausnahme *nach* Inbetriebnahme durchzuführen sind?

Antwort:

Die Überprüfung der Verbrennungsbedingungen nach § 4 Abs. 2, 3 ist bei der erstmaligen Verfeuerung von Abfällen oder ähnlichen Stoffen durchzuführen. Demgegenüber sind die Emissionsmessungen nach § 13 Abs. 2 nach Erreichen des ungestörten Betriebs in den dort genannten Fristen durchzuführen.
Die Anwendung des § 4 Abs. 3 setzt in der Regel voraus, daß die Anlage unter den Verbrennungsbedingungen gemäß § 4 Abs. 2 in Betrieb gegangen ist und diese gemäß § 13 Abs. 1 nachgewiesen sind. Insofern sind die Messungen nach der Regelung des § 4 Abs. 3 zur Zulassung von abweichenden Verbrennungsbedingungen nach erfolgter Inbetriebnahme durchzuführen.
Ergänzend wird auf die Antwort zu der Frage unter § 4 (3)/3 hingewiesen.

§ 13 (2)/1

s. § 5 (1)/3

§ 13 (2)/2

Frage:

Aus § 13 Abs. 2 Satz 1 (Vorliegen der Voraussetzungen nach § 11 Abs. 3) kann geschlossen werden, daß z.B. bei Vorhandensein einer alkalischen Wäsche lediglich von einer kontinuierlichen Messung der gasförmigen anorganischen Fluorverbindungen zugunsten einer Einzelmessung abgesehen werden darf (§ 11 Abs. 3), im übrigen aber die kontinuierlichen Messungen durchgeführt werden müssen.

Ist die Auslegung zutreffend?

Antwort:

Ja, folgt aus § 11 Abs. 1 und 3

§ 14 Berichte und Beurteilung von Einzelmessungen

(1) Über die Ergebnisse der Messungen nach § 13 ist ein Meßbericht zu erstellen und der zuständigen Behörde unverzüglich vorzulegen. Der Meßbericht muß Angaben über die Meßplanung, das Ergebnis jeder Einzelmessung, das verwendete Meßverfahren und die Betriebsbedingungen, die für die Beurteilung der Meßergebnisse von Bedeutung sind, enthalten.

(2) Die Emissionsgrenzwerte gelten als eingehalten, wenn kein Ergebnis einer Einzelmessung einen Mittelwert nach § 5 Abs. 1 überschreitet.

§ 15 Besondere Überwachung der Emissionen an Schwermetallen

(1) Soweit auf Grund der Zusammensetzung der Einsatzstoffe oder anderer Erkenntnisse, insbesondere der Beurteilung von Einzelmessungen, Emissionskonzentrationen an Stoffen nach § 5 Abs. 1 Nr. 3 zu erwarten sind, die 60 vom Hundert der Emissionsgrenzwerte überschreiten können, hat der Betreiber die Massenkonzentrationen dieser Stoffe einmal wöchentlich zu ermitteln und zu dokumentieren. § 13 Abs. 3 Satz 1 gilt entsprechend.

(2) Auf die Ermittlung der Emissionen kann verzichtet werden, wenn durch andere Prüfungen, zum Beispiel durch Funktionskontrolle der Abgasreinigungseinrichtungen, mit ausreichender Sicherheit festgestellt werden kann, daß die Emissionsbegrenzungen nicht überschritten werden.

§ 16 Störungen des Betriebs

(1) Ergibt sich aus Messungen, daß Anforderungen an den Betrieb der Anlagen oder zur Begrenzung von Emissionen nicht erfüllt werden, hat der Betreiber dies den zuständigen Behörden unverzüglich mitzuteilen. Er hat unverzüglich die erforderlichen Maßnahmen für einen ordnungsgemäßen Betrieb zu treffen; § 4 Abs. 5 Nr. 2 und 3 bleibt unberührt. Die zuständige Behörde trägt durch entsprechende Überwachungsmaßnahmen dafür Sorge, daß der Betreiber seinen rechtlichen Verpflichtungen zu einem ordnungsgemäßen Betrieb nachkommt oder die Anlage außer Betrieb nimmt.

(2) Bei Anlagen, die aus einer Verbrennungseinheit oder aus mehreren Verbrennungseinheiten mit gemeinsamen Abgaseinrichtungen bestehen, soll die Behörde für technisch unvermeidbare Ausfälle der Abgasreinigungseinrichtungen den Zeitraum festlegen, währenddessen von den Emissionsgrenzwerten nach § 5, ausgenommen § 5 Abs. 1 Nr. 1 Buchstabe b und Nr. 2 Buchsta-

be b, unter bestimmten Voraussetzungen abgewichen werden darf. Der Weiterbetrieb darf 8 aufeinanderfolgende Stunden und innerhalb eines Kalenderjahres 96 Stunden nicht überschreiten. Die Emissionsbegrenzung für den Gesamtstaub darf eine Massenkonzentration von 150 Milligramm je Kubikmeter Abgas, gemessen als Halbstundenmittelwert, nicht überschreiten. § 4 Abs. 5, § 5 Abs. 2 und § 11 Abs. 4 gelten entsprechend.

Auslegungshinweise zu § 16

§ 16 (1)/1

Frage:

Wie ist vorzugehen, wenn ein Emissionsmeßgerät (für längere Zeit) ausfällt?

Antwort:

Der Anlagenbetreiber ist nach § 11 Abs. 1 Satz 1, 2 zum Einsatz ordnungsgemäß funktionierender Meßgeräte beim Betrieb der Anlage verpflichtet. Der Ausfall eines Gerätes bedeutet daher einen Verstoß gegen diese Pflicht mit der Folge, daß auch für diesen Fall grundsätzlich die vom BImSchG zur Durchsetzung materieller Rechtspflichten vorgesehenen rechtlichen Instrumentarien wie § 52, § 17 oder Vollzug einer Auflage nach § 12 i. V. m. dem Genehmigungsbescheid als Grundlage für behördliche Anforderungen zur Beseitigung dieses Verstoßes (z. B. unverzüglicher Einbau eines vorrätig gehaltenen Ersatzgerätes) anwendbar sind. Voraussetzung für derartige Maßnahmen ist, daß die Behörde über den Geräteausfall Kenntnis erlangt hat. Hierfür gibt es verschiedene Möglichkeiten, so u. a. eigene Wahrnehmung im Zuge der Überwachung nach § 52 oder eine diesbezügliche Mitteilung des Anlagenbetreibers. Dieser kann durch Anordnung nach § 17 oder Auflage nach § 12 zu einer entsprechenden Mitteilung sogar verpflichtet sein. Eine Mitteilungs- bzw. Anzeigepflicht kann im Einzelfall dann ausgesprochen werden, wenn Verletzungen der Anforderungen zur Emissionsbegrenzung zu befürchten sind.

Vierter Teil   Anforderungen an Altanlagen

§ 17   Übergangsregelungen

(1) Für Altanlagen gelten die Anforderungen dieser Verordnung ab 1. März 1994.

(2) Abweichend von Absatz 1 gelten die Anforderungen dieser Verordnung ab 1. Dezember 1996 für Anlagen,

1. die am 1. Dezember 1990 den Anforderungen der Nummer 3 der TA Luft entsprechen oder
2. für die am 1. Dezember 1990 eine unanfechtbare Verpflichtung besteht, die Anforderungen der Nummer 3 der TA Luft bis zum 1. März 1994 zu erfüllen.

(3) Bei Altanlagen, bei denen die in § 4 Abs. 2 Satz 2 festgelegte Verweilzeit wegen besonderer technischer Schwierigkeiten nicht erreicht werden kann, ist diese Anforderungen spätestens bei einer Neuerrichtung der Verbrennungseinheit oder des Abhitzekessels zu erfüllen.

(4) Beim Betrieb von Altanlagen sollen Massenkonzentrationen an gasförmigen anorganischen Chlorverbindungen, angegeben als Chlorwasserstoff, von mehr als vier Gramm je Kubikmeter Abgas vor der ersten Reinigungsstufe möglichst vermieden werden, insbesondere durch das gleichzeitige Verbrennen von Einsatzstoffen, die kein oder nur geringe Mengen Chlor enthalten. Wird bei Altanlagen ein Tagesmittelwert von vier Gramm je Kubikmeter Abgas vor der ersten Reinigungsstufe überschritten, finden die Emissionsgrenzwerte nach § 5 Abs. 1 Nr. 1 Buchstabe c und Nr. 2 Buchstabe c keine Anwendung. Das Verhältnis der im Abgas emittierten Masse an gasförmigen anorganischen Chlorverbindungen zu der vor der ersten Reinigungsstufe enthaltenen Masse darf im Tagesmittel 0,25 vom Hundert (Emissionszahl) nicht überschreiten; ferner darf ein Tagesmittelwert von 65 Milligramm, angegeben als Chlorwasserstoff, je Kubikmeter Abgas nicht überschritten werden. Die Abgasreinigungseinrichtungen zur Abscheidung der gasförmigen anorganischen Chlorverbindungen sind während dieser Betriebsweise ständig mit ihrer höchsten Abscheideleistung zu betreiben. Durch kontinuierliche Messung und Registrierung geeigneter Betriebsgrößen oder des Abscheidegrades von Abgasreinigungseinrichtungen sind nach näherer Bestimmung der zuständigen Behörde Nachweise zu führen. Diese Nachweise sind der Behörde innerhalb von 3 Monaten nach Ablauf eines jeden Kalenderjahres vorzulegen.

(5) Wird eine Anlage durch Zubau einer oder mehrerer weiterer Verbrennungseinheiten in der Weise erweitert, daß die vorhandenen und die neu zu errichtenden Einheiten eine gemeinsame Anlage bilden, so bestimmen sich die Anforderungen für die neu zu errichtenden Einheiten nach den Vorschriften des zweiten und dritten Teils und die Anforderungen für die vorhandenen Einheiten nach den Vorschriften des vierten Teils dieser Verordnung.

§ 17 (1,2)/1

Frage:

Gelten die Übergangsregelungen der 17. BImSchV auch für Prozeßfeuerungen, in denen neben konventionellen Brennstoffen auch in Nr. 1.2 des Anhangs zur 4. BImSchV nicht genannte Stoffe verbrannt werden und welche Anforderungen der TA Luft müssen gem. § 17 Abs. 2 erfüllt sein, wenn die Frist 1.12.1996 in Anspruch genommen werden soll?

Antwort:

Die Übergangsregelungen nach § 17 gelten für alle Altanlagen und damit auch für Prozeßfeuerungen, mit denen auch in Nr. 1.2 des Anhangs zur 4. BImSchV nicht genannte Stoffe verbrannt werden.
Die Frist 1.12.1996 kann nur in Anspruch genommen werden, wenn

– die Anforderungen der Nr. 3 der TA Luft für die jeweilige Prozeßfeuerung und

– die Anforderungen der Nr. 3 der TA Luft für Anlagen nach Nr. 1.3 bzw. 8.1 des Anhangs zur 4. BImSchV

erfüllt sind oder aufgrund einer unanfechtbaren Verpflichtung zum 1.3.1994 erfüllt sein werden.

Wenn der Anteil der nicht konventionellen Brennstoffe 25 % der Feuerungswärmeleistung der Prozeßfeuerung nicht übersteigt, liegen die Voraussetzungen für die Anwendung der Übergangsfrist 1. 12. 1996 dann vor, wenn die Anforderungen der TA Luft nach Nr. 1.3 bzw. 8.1 des Anhangs zur 4. BImSchV an die Emissionsbegrenzung und Emissionsüberwachung zum Zeitpunkt des Inkrafttretens der Verordnung erfüllt waren oder aufgrund einer unanfechtbaren Verpflichtung zum 1. 3. 1994 erfüllt sein werden. Die Erfüllung sonstiger anlagenspezifischer Anforderungen der TA Luft sind bei der Frage des Sanierungstermins nicht heranzuziehen. Die Anforderungen zur Emissionsbegrenzung beziehen sich nur auf den Teil des Abgasstromes, der dem Verbrennen des höchstzulässigen Anteils der in Nr. 1.2 des Anhangs zur 4. BImSchV nicht genannten Stoffe zuzurechnen ist.

§ 17 (3)/1

Hinweis:

In § 17 Abs. 3 Satz 1 muß es statt »§ 4 Abs. 2 Satz 2« heißen: »§ 4 Abs. 2 Satz 3«.

Antwort:

Der Hinweis ist richtig.

§ 17 (4)

Frage:

Nach § 17 Abs. 4 soll beim Betrieb von Altanlagen die Massenkonzentration an gasförmigen anorganischen Chlorverbindungen von mehr als vier Gramm je Kubikmeter Abgas vor der ersten Reinigungsstufe möglichst vermieden werden.
Überschreitet eine Altanlage einen Tagesmittelwert von vier Gramm je Kubikmeter Abgas vor der ersten Reinigungsstufe, finden die Emissionsgrenzwerte nach § 5 Abs. 1 Nr. 1 Buchstabe c und Nr. 2 Buchstabe c keine Anwendung.
Ab wann gilt die Vorgabe nach § 17 Abs. 4?

Antwort:

Die Vorgaben nach § 17 Abs. 4 sind entsprechend den Fristen nach § 17 Abs. 1 oder 2 einzuhalten.

Fünfter Teil   Gemeinsame Vorschriften

§ 18   Unterrichtung der Öffentlichkeit

Die Betreiber der Anlagen haben die Öffentlichkeit nach erstmaliger Kalibrierung der Meßeinrichtung zur kontinuierlichen Feststellung der Emissionen nach § 10 Abs. 3 und erstmaligen Einzelmessungen nach § 13 Abs. 2 einmal jährlich in der von der zuständigen Behörde festgelegten Weise und Form über die Beurteilung der Messungen von Emissionen und der Verbrennungsbedingungen zu unterrichten. Satz 1 gilt nicht für solche Angaben, aus denen Rückschlüsse auf Betriebs- oder Geschäftsgeheimnisse gezogen werden können.

Auslegungshinweise zu § 18

§ 18/1

Frage:

Welche Vorgaben soll die zuständige Behörde zur (Art und) Weise und Form der Beurteilung der Messungen von Emissionen und der Verbrennungsbedingungen zur Unterrichtung der Öffentlichkeit machen?

Antwort:

Die zuständige Behörde sollte zur Unterrichtung der Öffentlichkeit durch den Betreiber folgende Angaben fordern:

– Betreiber
– Berichtszeitraum
– Anlage
– Ort
– einzuhaltende Verbrennungsbedingungen
– einzuhaltende Emissionsbegrenzungen unter Berücksichtigung zulässiger Ausfallzeiten nach § 16 Abs. 2
– Verbrennungsbedingungen und Emissionsbegrenzungen eingehalten (ja, nein)
– Dauer und Umfang der Nichteinhaltung
– Grund der Nichteinhaltung

Darüber hinaus sollte die zuständige Behörde dem Betreiber folgende weitere Informationen empfehlen:

- Jahresmittelwert der kontinuierlich gemessenen Emissionen
- Mittelwert der durch Einzelmessung bestimmten Emissionen
- getroffene Maßnahmen bei Nichteinhaltung von Anforderungen
- Hinweis, unter welcher Adresse und Telefon-Nr. weitere Auskünfte über die Beurteilung der Messungen von Emissionen und der Verbrennungsbedingungen beim Betreiber eingeholt werden können.

Die geforderten Angaben sind in geeigneter Form der Öffentlichkeit im Einwirkungsbereich der Anlage zugänglich zu machen. Hierbei kommen in Betracht:

- Veröffentlichung in örtlichen Tageszeitungen,
- Tage der offenen Tür,
- Verteilung entsprechender schriftlicher Informationen,
- Postwurfsendungen.

§ 19 Zulassung von Ausnahmen

(1) Die zuständige Behörde kann auf Antrag des Betreibers Ausnahmen von Vorschriften dieser Verordnung zulassen, soweit unter Berücksichtigung der besondere Umstände des Einzelfalls

1. einzelne Anforderungen der Verordnung nicht oder nur mit unverhältnismäßig hohem Aufwand erfüllbar sind,

2. im übrigen die dem Stand der Technik entsprechenden Maßnahmen zur Emissionsbegrenzung angewandt werden,

3. die Schornsteinhöhe nach Nummer 2.4 der TA Luft auch für den als Ausnahme zugelassenen Emissionsgrenzwert ausgelegt ist, es sei denn, auch insoweit liegen die Voraussetzungen der Nummer 1 vor, und

4. die Anforderungen der Richtlinien des Rates der Europäischen Gemeinschaften

   a) vom 25. Juli 1975 über die Altölbesetitigung (75/439/EWG) (ABl. EG Nr. L 194/31), geändert durch die Richtlinie vom 22. Dezember 1986 (87/101/EWG) (ABl. EG Nr. L 42/43)

   b) vom 8. Juni 1989 über die Verhütung der Luftverunreinigung durch neue Müllverbrennungsanlagen (89/369/EWG) (ABl. EG Nr. L 163/32),

   c) vom 21. Juni 1989 über die Verringerung der Luftverunreinigung durch bestehende Müllverbrennungsanlagen (89/429/EWG) (ABl. EG Nr. L 203/50) und

   d) vom 6. April 1976 über die Beseitigung der polychlorierten Biphenyle und polychlorierten Terphenyle (76/403/EWG) (ABl. EG Nr. L 108/42)

   eingehalten werden.

(2) Abweichend von § 3 Abs. 1 kann die zuständige Behörde Anlagen ohne Abfallbunker oder eine teilweise offene Bunkerbauweise in Verbindung mit einer gezielten Luftabsaugung zulassen, wenn durch bauliche oder betriebliche Maßnahmen oder auf Grund der Beschaffenheit der Einsatzstoffe die Entstehung von Staub- und Geruchsemissionen möglichst gering gehalten wird.

(3) Abweichend von § 5 Abs. 1 Nr. 2 Buchstabe b kann die zuständige Behörde eine Überschreitung bis zum Zweifachen des Emissionsgrenzwertes für organische Stoffe als Gesamtkohlenstoff zulassen, soweit die Einsatzstoffe aus Gründen des Arbeitsschutzes und der Anlagensicherheit in Einwegbehältnissen aufgegeben werden.

§ 20 Weitergehende Anforderungen

Die Befugnis der zuständigen Behörde, andere oder weitergehende Anforderungen, insbesondere zur Vermeidung schädlicher Umwelteinwirkungen nach § 5 Abs. 1 Nr. 1 des Bundes-Immissionsschutzgesetzes, zu treffen, bleibt unberührt.

Auslegungshinweise zu § 20

§ 20/1

Frage:

Inwieweit erlaubt die Öffnungsklausel des § 20 der 17. BImSchV, weitergehende Anforderungen anzuordnen?

Antwort:

§ 20 beinhaltet keine eigene Rechtsgrundlage, sondern stellt klar, daß die Befugnis der zuständigen Behörde, über die Vorschriften der 17. BImSchV zu den in § 1 Abs. 4 aufgeführten Bereichen hinaus bei besonderem Anlaß im Einzelfall Anordnungen nach § 17 in Verbindung mit § 5 Abs. 1 Nr. 1 – 4 BImSchG zu treffen, nicht eingeschränkt wird. Insbesondere können auch auf der Grundlage des § 5 Abs. 1 Nr. 1 die notwendigen Anforderungen an Errichtung und Betrieb einer Anlage zum Schutze der Nachbarschaft oder der Allgemeinheit vor schädlichen Umwelteinwirkungen gestellt werden.

§ 21 Ordnungswidrigkeiten

Ordnungswidrig im Sinne des § 62 Abs. 1 Nr. 2 des Bundes-Immissionsschutzgesetzes handelt, wer vorsätzlich oder fahrlässig als Betreiber einer Anlage

1. einer Vorschrift
   a) des § 4 Abs. 2 über die Mindesttemperatur, die Verweilzeit oder den Mindestvolumengehalt an Sauerstoff,
   b) des § 4 Abs. 4 Satz 2 oder Abs. 7 über den Betrieb von Zusatzbrennern,
   c) des § 4 Abs. 5 über die automatischen Vorrichtungen,
   d) des § 4 Abs. 6 Satz 1 oder 2, § 5 Abs. 1, auch in Verbindung mit Abs. 3, oder § 17 Abs. 4 Satz 3, über die Emissionsgrenzwerte oder die Emissionszahl oder
   e) des § 11 Abs. 1 Satz 1 oder § 12 Abs. 1 Satz 1 bis 3 über kontinuierliche Messungen oder ihre Auswertung

   zuwiderhandelt,

2. entgegen § 7 Abs. 2 Satz 1 oder Abs. 4 dort genannte Reststoffe nicht getrennt erfaßt oder nicht in geschlossenen Behältnissen befördert oder zwischenlagert,
3. entgegen § 10 Abs. 3 Satz 1 Meßeinrichtungen nicht kalibrieren, nicht prüfen oder die Kalibrierung nicht oder nicht rechtzeitig wiederholen läßt,
4. entgegen § 10 Abs. 3 Satz 2 einen Bericht nicht oder nicht rechtzeitig vorlegt,
5. entgegen § 12 Abs. 2 Satz 1 oder § 14 Abs. 1 Satz 1 einen Meßbericht nicht oder nicht rechtzeitig vorlegt oder entgegen § 12 Abs. 2 Satz 2 die Aufzeichnungen nicht aufbewahrt,
6. entgegeben § 13 Abs. 1 die Verbrennungsbedingungen nicht oder nicht rechtzeitig überprüfen läßt,
7. entgegen § 13 Abs. 2 Satz 1 oder 2 Messungen nicht, nicht in der vorgeschriebenen Weise oder nicht rechtzeitig durchführen läßt,
8. entgegen § 17 Abs. 4 Satz 6 einen Nachweis nicht oder nicht rechtzeitig vorlegt oder
9. entgegen § 18 Satz 1 die Öffentlichkeit nicht, nicht richtig, nicht vollständig oder nicht rechtzeitig unterrichtet.

Sechster Teil   Schlußvorschriften

§ 22   Inkrafttreten

Diese Verordnung tritt am ersten Tage des auf die Verkündung folgenden Kalendermonats in Kraft.[28]

Der Bundesrat hat zugestimmt.

Bonn, den 23. November 1990

Der Bundeskanzler Dr. Helmut Kohl

Der Bundesminister für Umwelt, Naturschutz und Reaktorsicherheit
Klaus Töpfer

---

28   Die Verordnung ist am 1.12.1990 in Kraft getreten.

Anhang

Für den nach § 5 Abs. 1 Nr. 4 zu bildenden Summenwert sind die im Abgas ermittelten Konzentrationen der nachstehend genannten Dioxine und Furane mit den angegebenen Äquivalenzfaktoren zu multiplizieren und zu summieren.

		Äquivalenzfaktor
2, 3, 7, 8	– Tetrachlordibenzodioxin (TCDD)	1
1, 2, 3, 7, 8	– Pentachlordibenzodioxin (PeCDD)	0,5
1, 2, 3, 4, 7, 8	– Hexachlordibenzodioxin (HxCDD)	0,1
1, 2, 3, 7, 8, 9	– Hexachlordibenzodioxin (HxCDD)	0,1
1, 2, 3, 6, 7, 8	– Hexachlordibenzodioxin (HxCDD)	0,1
1, 2, 3, 4, 6, 7, 8	– Heptachlordibenzodioxin (HpCDD)	0,01
Octachlordibenzodioxin (OCDD)		0,001
2, 3, 7, 8	– Tetrachlordibenzofuran (TCDF)	0,1
2, 3, 4, 7, 8	– Pentachlordibenzofuran (PeCDF)	0,5
1, 2, 3, 7, 8	– Pentachlordibenzofuran (PeCDF)	0,05
1, 2, 3, 4, 7, 8	– Hexachlordibenzofuran (HxCDF)	0,1
1, 2, 3, 7, 8, 9	– Hexachlordibenzofuran (HxCDF)	0,1
1, 2, 3, 6, 7, 8	– Hexachlordibenzofuran (HxCDF)	0,1
2, 3, 4, 6, 7, 8	– Hexachlordibenzofuran (HxCDF)	0,1
1, 2, 3, 4, 6, 7, 8	– Heptachlordibenzofuran (HpCDF)	0,01
1, 2, 3, 4, 7, 8, 9	– Heptachlordibenzofuran (HpCDF)	0,01
Octachlordibenzofuran (OCDF)		0,001

4. BImSchV

Die Verordnung über genehmigungsbedürftige Anlagen ist seit der umfassenden Novellierung im Jahre 1985 mehrfach geändert worden. Die Änderungen durch die Verordnungen vom 19.5.1988 (BGBl. I S. 608) und 28. August 1991 (BGBl. I S. 1838, 2044) waren im wesentlichen erforderlich, um Verpflichtungen nachzukommen, die sich aus den EG-Richtlinien über die Bekämpfung von Luftverunreinigungen durch Industrieanlagen und über die Gefahren schwerer Unfälle bei bestimmten Industrietätigkeiten ergeben haben. Darüber hinaus sind Änderungen vorgenommen worden, um die bei der Anwendung der Verordnung gewonnenen Erfahrungen der Länder zu berücksichtigen.

Die beiden letzten Änderungen im Jahre 1993 verfolgen im wesentlichen das Ziel, durch eine Reduzierung von bisher bestehenden Genehmigungsvorbehalten eine Beschleunigung von Genehmigungsverfahren im Interesse von Investitionserleichterungen zu bewirken.

Vierte Verordnung zur Durchführung des Bundes-Immissionsschutzgesetzes
(Verordnung über genehmigungsbedürftige Anlagen – 4. BImSchV) vom 24. Juli 1985 (BGBl. I S. 1586), zuletzt geändert durch Artikel 9 des Gesetzes vom 22. April 1993 (BGBl. I S. 466)

§ 1 Genehmigungsbedürftige Anlagen

(1) Die Errichtung und der Betrieb der im Anhang genannten Anlagen bedürfen einer Genehmigung, soweit den Umständen nach zu erwarten ist, daß sie länger als während der zwölf Monate, die auf die Inbetriebnahme folgen, an demselben Ort betrieben werden. Für die in den Nummern 2.9, 2.10, 7.4, 7.5, 7.13, 7.14, 9.1, 9.3 bis 9.9, 9.11 bis 9.35 und 10.1 des Anhangs genannten Anlagen gilt dies nur, soweit sie gewerblichen Zwecken dienen oder im Rahmen wirtschaftlicher Unternehmungen verwendet werden. Hängt die Genehmigungsbedürftigkeit der im Anhang genannten Anlagen vom Erreichen oder Überschreiten einer bestimmten Leistungsgrenze oder Anlagengröße ab, ist jeweils auf den rechtlich und tatsächlich möglichen Betriebsumfang abzustellen.

(2) Das Genehmigungserfordernis erstreckt sich auf alle vorgesehenen

1. Anlagenteile und Verfahrensschritte, die zum Betrieb notwendig sind, und

2. Nebeneinrichtungen, die mit den Anlagenteilen und Verfahrensschritten nach Nummer 1 in einem räumlichen und betriebstechnischen Zusammenhang stehen und die für

    a) das Entstehen schädlicher Umwelteinwirkungen,

    b) die Vorsorge gegen schädliche Umwelteinwirkungen oder

    c) das Entstehen sonstiger Gefahren, erheblicher Nachteile oder erheblicher Belästigungen

    von Bedeutung sein können.

(3) Die im Anhang bestimmten Voraussetzungen liegen auch vor, wenn mehrere Anlagen derselben Art in einem engen räumlichen und betrieblichen Zusammenhang stehen (gemeinsame Anlage) und zusammen die maßgeben-

den Leistungsgrenzen oder Anlagengrößen erreichen oder überschreiten werden. Ein enger räumlicher und betrieblicher Zusammenhang ist gegeben, wenn die Anlagen

1. auf demselben Betriebsgelände liegen,
2. mit gemeinsamen Betriebseinrichtungen verbunden sind und
3. einem vergleichbaren technischen Zweck dienen.

(4) Gehören zu einer Anlage Teile oder Nebeneinrichtungen, die je gesondert genehmigungsbedürftig wären, so bedarf es lediglich einer Genehmigung.

(5) Soll die für die Genehmigungsbedürftigkeit maßgebende Leistungsgrenze oder Anlagengröße durch die Erweiterung einer bestehenden Anlage erstmals überschritten werden, bedarf die gesamte Anlage der Genehmigung.

§ 2 Zuordnung zu den Verfahrensarten

(1) Das Genehmigungsverfahren wird durchgeführt nach

1. § 10 des Bundes-Immissionsschutzgesetzes für
   a) Anlagen, die in Spalte 1 des Anhangs genannt sind,
   b) Anlagen, die sich aus in Spalte 1 und in Spalte 2 des Anhangs genannten Anlagen zusammensetzen,
2. § 19 des Bundes-Immissionsschutzgesetzes im vereinfachten Verfahren für in Spalte 2 des Anhangs genannte Anlagen.

Soweit die Zuordnung zu den Spalten von der Leistungsgrenze oder Anlagengröße abhängt, gilt § 1 Abs. 1 Satz 3 entsprechend.

(2) Kann eine Anlage vollständig verschiedenen Anlagenbezeichnungen im Anhang zugeordnet werden, so ist die speziellere Anlagenbezeichnung maßgebend.

(3) Für in Spalte 1 des Anhangs genannte Anlagen, die ausschließlich oder überwiegend der Entwicklung und Erprobung neuer Verfahren, Einsatzstoffe, Brennstoffe oder Erzeugnisse dienen (Versuchsanlagen), wird das vereinfachte Verfahren durchgeführt, wenn die Genehmigung für einen Zeitraum von höchstens drei Jahren nach Inbetriebnahme der Anlage erteilt werden soll;

dieser Zeitraum kann auf Antrag bis zu einem weiteren Jahr verlängert werden. Soll die Lage, die Beschaffenheit oder der Betrieb einer nach Satz 1 genehmigten Anlage für einen anderen Entwicklungs- oder Erprobungszweck geändert werden, ist ein Verfahren nach Satz 1 durchzuführen.

(4) Wird die für die Zuordnung zu den Spalten 1 oder 2 des Anhangs maßgebende Leistungsgrenze oder Anlagengröße durch die Errichtung und den Betrieb einer weiteren Teilanlage oder durch eine sonstige Erweiterung der Anlage erreicht oder überschritten, wird die Genehmigung für die Änderung in dem Verfahren erteilt, dem die Anlage nach der Summe Ihrer Leistung oder Größe entspricht.

§ 3 Aufhebung von Bundesrecht

Die Verordnung über genehmigungsbedürftige Anlagen vom 14. Februar 1975 (BGBl. I S. 499, 727), zuletzt geändert durch § 37 der Verordnung vom 22. Juni 1983 (BGBl. I S. 719), wird aufgehoben.

§ 4 Aufhebung von Landesrecht

Es werden aufgehoben:

1. die Verordnung des Niedersächsischen Landesministeriums über die Errichtung und den Betrieb von Aufbereitungsanlagen für bituminöse Straßenbaustoffe und Teersplittanlagen vom 9. April 1973 (Niedersächsisches Gesetz- und Verordnungsblatt S. 113),
2. die Zweite Verordnung der Landesregierung des Landes Nordrhein-Westfalen zur Durchführung des Immissionsschutzgesetzes (Errichtung und Betrieb von Müllverbrennungsanlagen) vom 24. Juni 1963 (Gesetz- und Verordnungsblatt für das Land Nordrhein-Westfalen – GVNW – S. 234),
3. die Vierte Verordnung der Landesregierung des Landes Nordrhein-Westfalen zur Durchführung des Immissionsschutzgesetzes (Lärmschutz bei Baumaschinen) vom 26. Oktober 1965 (GVNW S. 322), geändert durch Verordnung vom 25. Juli 1967 (GVNW S. 137),
4. die Sechste Verordnung der Landesregierung des Landes Nordrhein-Westfalen zur Durchführung des Immissionsschutzgesetzes (Errichtung und Betrieb von Aufbereitungsanlagen für bituminöse Straßen-

baustoffe einschließlich Teersplittanlagen) vom 17. Oktober 1967 (GVNW S. 184),
5. die Siebente Verordnung der Landesregierung des Landes Nordrhein-Westfalen zur Durchführung des Immissionsschutzgesetzes (Auswurfbegrenzung bei Trockenöfen) vom 1. Oktober 1968 (GVNW S. 320).

§ 5 Berlin-Klausel

Diese Verordnung gilt nach § 14 des Dritten Überleitungsgesetzes in Verbindung mit § 73 des Bundes-Immissionsschutzgesetzes auch im Land Berlin.

Anhang

Spalte 1	Spalte 2
1. Wämeerzeugung, Bergbau, Energie	
1.1 Kraftwerke, Heizkraftwerke und Heizwerke mit Feuerungsanlagen für den Einsatz von festen, flüssigen oder gasförmigen Brennstoffen, soweit die Feuerungswärmeleistung 50 Megawatt übersteigt	—
1.2 Feuerungsanlagen, einschließlich zugehöriger Dampfkessel, für den Einsatz von	Feuerungsanlagen, einschließlich zugehöriger Dampfkessel, für den Einsatz von
a) Kohle, Koks, einschließlich Petrolkoks und Restkoksen aus der Kohlevergasung, Kohlebriketts, Torfbriketts, Brenntorf, Heizölen, Methanol, Äthanol, naturbelassenem Holz sowie von	a) Kohle, Koks, einschließlich Petrolkoks und Restkoksen aus der Kohlevergasung, Kohlebriketts, Torfbriketts, Brenntorf, Heizölen, ausgenommen Heizöl EL, Methanol, Äthanol, naturbelassenem Holz sowie von
aa) gestrichenem, lackiertem oder beschichtetem Holz sowie daraus anfallenden Resten, soweit keine Holzschutzmittel aufgetragen oder enthalten sind und Beschichtungen nicht aus halogenorganischen Verbindungen bestehen oder von	aa) gestrichenem, lackiertem oder beschichtetem Holz sowie daraus anfallenden Resten, soweit keine Holzschutzmittel aufgetragen oder enthalten sind und Beschichtungen nicht aus halogenorganischen Verbindungen bestehen oder von
bb) Sperrholz, Spanplatten, Faserplatten oder sonst verleimtem Holz sowie daraus anfallenden Resten, soweit keine Holzschutzmittel aufgetragen oder enthalten sind und Beschichtungen nicht aus halogenorganischen Verbindungen bestehen	bb) Sperrholz, Spanplatten, Faserplatten oder sonst verleimtem Holz sowie daraus anfallenden Resten, soweit keine Holzschutzmittel aufgetragen oder enthalten sind und Beschichtungen nicht aus halogenorganischen Verbindungen bestehen

Anhang

Spalte 1	Spalte 2
mit einer Feuerungswärmeleistung von 50 Megawatt oder mehr oder	mit einer Feuerungswärmeleistung von 1 Megawatt bis weniger als 50 Megawatt
b) gasförmigen Brennstoffen	b) Heizöl EL mit einer Feuerungswärmeleistung von 5 Megawatt bis weniger als 50 Megawatt oder c) gasförmigen Brennstoffen
aa) Gasen der öffentlichen Gasversorgung, naturbelassenem Erdgas oder Erdölgas mit vergleichbaren Schwefelgehalten, Flüssiggas oder Wasserstoff,	aa) Gasen der öffentlichen Gasversorgung, naturbelassenem Erdgas oder Erdölgas mit vergleichbaren Schwefelgehalten, Flüssiggas oder Wasserstoff,
bb) Klärgas mit einem Volumengehalt an Schwefelverbindungen bis zu 1 vom Tausend, angegeben als Schwefel, oder Biogas aus der Landwirtschaft,	bb) Klärgas mit einem Volumengehalt an Schwefelverbindungen bis zu 1 vom Tausend, angegeben als Schwefel, oder Biogas aus der Landwirtschaft,
cc) Koksofengas, Grubengas, Stahlgas, Hochofengas, Raffineriegas und Synthesegas mit einem Volumengehalt an Schwefelverbindungen bis zu 1 vom Tausend, angegeben als Schwefel,	cc) Koksofengas, Grubengas, Stahlgas, Hochofengas, Raffineriegas und Synthesegas mit einem Volumengehalt an Schwefelverbindungen bis zu 1 vom Tausend, angegeben als Schwefel,
dd) Erdölgas aus der Tertiärförderung von Erdöl,	dd) Erdölgas aus der Tertiärförderung von Erdöl,
mit einer Feuerungswärmeleistung von 50 Megawatt oder mehr	mit einer Feuerungswärmeleistung von 10 Megawatt bis weniger als 50 Megawatt

Anhang

	Spalte 1	Spalte 2
1.3	Feuerungsanlagen, einschließlich zugehöriger Dampfkessel, für den Einsatz anderer als in 1.2 genannter fester, flüssiger oder gasförmiger brennbarer Stoffe mit einer Feuerungswärmeleistung von 1 Megawatt oder mehr	Feuerungsanlagen, einschließlich zugehöriger Dampfkessel, für den Einsatz anderer als in 1.2 genannter fester, flüssiger oder gasförmiger brennbarer Stoffe mit einer Feuerungswärmeleistung von 100 Kilowatt bis weniger als 1 Megawatt
1.4	—	Verbrennungsmotoranlagen für den Einsatz von a) Altöl oder Deponiegas oder b) anderen brennbaren Stoffen als unter Buchstabe a mit einer Feuerungswärmeleistung von 1 Megawatt oder mehr, ausgenommen Verbrennungsmotoranlagen für Bohranlagen und Notstromaggregate
1.5	Gasturbinenanlagen zum Antrieb von Generatoren oder Arbeitsmaschinen mit einer Feuerungswärmeleistung von 50 Megawatt oder mehr, ausgenommen Gasturbinen mit geschlossenem Kreislauf	Gasturbinen zum Antrieb von Generatoren oder Arbeitsmaschinen mit einer Feuerungswärmeleistung von weniger als 50 Megawatt, ausgenommen Gasturbinen mit geschlossenem Kreislauf
1.7	Kühltürme mit einem Kühlwasserdurchsatz von 10 000 Kubikmetern oder mehr je Stunde	—
1.8	—	Elektroumspannanlagen mit einer Oberspannung von 220 Kilovolt oder mehr einschließlich der Schaltfelder, ausgenommen eingehauste Elektroumspannanlagen
1.9	—	Anlagen zum Mahlen oder Trocknen von Kohle mit einer Leistung von 1 Tonne oder mehr je Stunde

Anhang

Spalte 1	Spalte 2
1.10 Anlagen zum Brikettieren von Braun- oder Steinkohle	—
1.11 Anlagen zur Trockendestillation, insbesondere von Steinkohle, Braunkohle, Holz, Torf oder Pech (z. B. Kokereien, Gaswerke und Schwelereien), ausgenommen Holzkohlenmeiler	—
1.12 Anlagen zur Destillation oder Weiterverarbeitung von Teer oder Teererzeugnissen oder von Teer- oder Gaswasser	—
1.13 Anlagen zur Erzeugung von Generator- oder Wassergas aus festen Brennstoffen	—
1.14 Anlagen zur Vergasung oder Verflüssigung von Kohle	—
1.15 Anlagen zur Erzeugung von Stadt- oder Ferngas aus Kohlenwasserstoffen durch Spalten	—
1.16 Anlagen über Tage zur Gewinnung von Öl aus Schiefer oder anderen Gesteinen oder Sanden sowie Anlagen zur Destillation oder Weiterverarbeitung solcher Öle	—
2. Steine und Erden, Glas, Keramik, Baustoffe	
2.1 —	Steinbrüche, in denen Sprengstoffe oder Flammstrahler verwendet werden
2.2 —	Anlagen zum Brechen, Mahlen oder Klassieren von natürlichem oder künstlichem Gestein einschließlich Schlacke und Abbruchmaterial, ausgenommen Klassieranlagen für Sand oder Kies und Anlagen zur Behandlung von Abbruchmaterial am Entstehungsort

Anhang

	Spalte 1	Spalte 2
2.3	Anlagen zur Herstellung von Zementklinker oder Zementen	—
2.4	—	Anlagen zum Brennen von Bauxit, Dolomit, Gips, Kalkstein, Kieselgur, Magnesit, Quarzit oder von Ton zu Schamotte
2.5	—	Anlagen zum Mahlen von Gips, Kieselgur, Magnesit, Mineralfarben, Muschelschalen, Talkum, Ton, Tuff (Traß) oder Zementklinker
2.6	Anlagen zur Gewinnung, Bearbeitung oder Verarbeitung von Asbest	Anlagen zur mechanischen Be- und Verarbeitung von Asbesterzeugnissen auf Maschinen
2.7	—	Anlagen zum Blähen von Perlite, Schiefer oder Ton
2.8	Anlagen zur Herstellung von Glas, auch soweit es aus Altglas hergestellt wird, einschließlich Glasfasern, die nicht für medizinische oder fernmeldetechnische Zwecke bestimmt sind	—
2.9	—	Anlagen zum Säurepolieren oder Mattätzen von Glas oder Glaswaren unter Verwendung von Flußsäure
2.10	Anlagen zum Brennen keramischer Erzeugnisse, soweit der Rauminhalt der Brennanlage vier Kubikmeter oder mehr und die Besatzdichte 300 Kilogramm oder mehr je Kubikmeter Rauminhalt der Brennanlage beträgt, ausgenommen elektrisch beheizte Brennöfen, die diskontinuirlich und ohne Abluftführung betrieben werden	Anlagen zum Brennen keramischer Erzeugnisse, soweit der Rauminhalt der Brennanlage vier Kubikmeter oder mehr und die Besatzdichte mehr als 100 Kilogramm und weniger als 300 Kilogramm je Kubikmeter Rauminhalt der Brennanlage beträgt ausgenommen elektrisch beheizte Brennöfen, die diskontinuierlich und ohne Abluftführung betrieben werden

Anhang

Spalte 1	Spalte 2
2.11 Anlagen zum Schmelzen mineralischer Stoffe	—
2.13 —	Anlagen zur Herstellung von Beton, Mörtel oder Straßenbaustoffen unter Verwendung von Zement mit einer Leistung von 100 Kubikmetern je Stunde oder mehr, auch soweit die Einsatzstoffe lediglich trocken gemischt werden
2.14 —	Anlagen zur Herstellung von Formstücken unter Verwendung von Zement oder anderen Bindemitteln durch Stampfen, Schocken, Rütteln oder Vibrieren mit einer Produktionsleistung von einer Tonne oder mehr je Stunde
2.15 Anlagen zur Herstellung oder zum Schmelzen von Mischungen aus Bitumen oder Teer mit Mineralstoffen einschließlich Aufbereitungsanlagen für bituminöse Straßenbaustoffe und Teersplittanlagen mit einer Produktionsleistung von 200 Tonnen oder mehr je Stunde	Anlagen zur Herstellung oder zum Schmelzen von Mischungen aus Bitumen oder Teer mit Mineralstoffen einschließlich Aufbereitungsanlagen für bituminöse Straßenbaustoffe und Teersplittanlagen mit einer Produktionsleistung bis weniger als 200 Tonnen je Stunde;
3. **Stahl, Eisen und sonstige Metalle einschließlich Verarbeitung**	
3.1 Anlagen zum Rösten (Erhitzen unter Luftzufuhr zur Überführung in Oxide), Schmelzen oder Sintern (Stückigmachen von feinkörnigen Stoffen durch Erhitzen) von Erzen	—

Anhang

Spalte 1	Spalte 2
3.2 Anlagen zur Gewinnung von Roheisen oder Nichteisenrohmetallen aus Erzen oder Sekundärrohstoffen	Anlagen zur thermischen Aufbereitung von Hüttenstäuben für die Gewinnung von Metallen oder Metallverbindungen im Drehrohr oder in einer Wirbelschicht
3.3 Anlagen zur Stahlerzeugung sowie Anlagen zum Erschmelzen von Gußeisen oder Stahl, ausgenommen Schmelzanlagen für Gußeisen oder Stahl mit einer Schmelzleistung bis zu 2,5 Tonnen je Stunde	Anlagen zum Erschmelzen von Gußeisen oder Stahl mit einer Schmelzleistung bis zu 2,5 Tonnen je Stunde sowie Vakuum-Schmelzanlagen für Gußeisen oder Stahl für einen Einsatz von 5 Tonnen oder mehr
3.4 Schmelzanlagen für Zink oder Zinklegierungen für einen Einsatz von 1000 Kilogramm oder mehr oder Schmelzanlagen für sonstige Nichteisenmetalle einschließlich der Anlagen zur Raffination für einen Einsatz von 500 Kilogramm oder mehr, ausgenommen — Vakuum-Schmelzanlagen, — Schmelzanlagen für Gußlegierungen aus Zinn und Wismut oder aus Feinzink und Aluminium in Verbindung mit Kupfer oder Magnesium, — Schmelzanlagen, die Bestandteil von Druck- oder Kokillengießmaschinen sind, — Schmelzanlagen für Edelmetalle oder für Legierungen, die nur aus Edelmetal-	Schmelzanlagen für Zink oder Zinklegierungen für einen Einsatz von 50 bis weniger als 1000 Kilogramm oder Schmelzanlagen für sonstige Nichteisenmetalle einschließlich der Anlagen zur Raffination für einen Einsatz von 50 bis weniger als 500 Kilogramm, ausgenommen — Vakuum-Schmelzanlagen, — Schmelzanlagen für Gußlegierungen aus Zinn und Wismut oder aus Feinzink und Aluminium in Verbindung mit Kupfer oder Magnesium, — Schmelzanlagen, die Bestandteil von Druck- oder Kokillengießmaschinen sind oder die ausschließlich im Zusammenhang mit einzelnen Druck- oder Kokillengießmaschinen gießfertige Nichteisenmetalle oder gießfertige Legierungen niederschmelzen — Schmelzanlagen für Edelmetalle oder für Legierungen, die nur aus Edelmetal-

Anhang

	Spalte 1	Spalte 2
	len oder aus Edelmetallen und Kupfer bestehen, und — Schwallötbäder	len oder aus Edelmetallen und Kupfer bestehen, und — Schwallötbäder
3.5	—	Anlagen zum Abziehen der Oberflächen von Stahl, insbesondere von Blöcken, Brammen, Knüppeln, Platinen oder Blechen durch Flämmen
3.6	Anlagen zum Walzen von Metallen, ausgenommen Anlagen zum Walzen von Nichteisenmetallen mit einer Leistung von weniger als 8 Tonnen Schwermetall oder weniger als 2 Tonnen Leichtmetall je Stunde	Anlagen zum Walzen von Kaltband mit einer Bandbreite ab 650 Millimeter sowie Anlagen zum Walzen von Nichteisenmetallen mit einer Leistung von 1 Tonne bis weniger als 8 Tonnen Schwermetall oder von 0,5 Tonnen bis weniger als 2 Tonnen Leichtmetall je Stunde
3.7	Eisen-, Temper- oder Stahlgießereien, ausgenommen Anlagen, in denen Formen oder Kerne auf kaltem Wege hergestellt werden, soweit deren Leistung weniger als 80 Tonnen Gußteile je Monat beträgt	Eisen-, Temper- oder Stahlgießereien, in denen Formen oder Kerne auf kaltem Wege hergestellt werden mit einer Leistung von weniger als 80 Tonnen Gußteile je Monat
3.8	Gießereien für Nichteisenmetalle, ausgenommen — Gießereien für Glocken- oder Kunstguß — Gießereien, in denen in metallische Formen abgegossen wird, — Gießereien, in denen das Metall in ortsbeweglichen Tiegeln niedergeschmolzen wird, und — Gießereien zur Herstellung von Blas- oder Ziehwerkzeugen aus den in Nummer 3.4 genannten niedrigschmelzenden Gußlegierungen	Anlagen, die aus einer oder mehreren Druckgießmaschinen mit Zuhaltekräften von 2 Meganewton oder mehr bestehen

Anhang

Spalte 1	Spalte 2
3.9 Anlagen zum Aufbringen von metallischen Schutzschichten auf Metalloberflächen	Anlagen zum Aufbringen von metallischen Schutzschichten auf Metalloberflächen
a) aus Blei, Zinn oder Zink oder ihren Legierungen mit Hilfe von schmelzflüssigen Bädern mit einer Leistung von zehn Tonnen Rohgutdurchsatz oder mehr je Stunde, ausgenommen Anlagen zum kontinuierlichen Verzinken nach dem Sendzimirverfahren, oder	a) aus Blei, Zinn oder Zink oder ihren Legierungen mit Hilfe von schmelzflüssigen Bädern mit einer Leistung von 500 Kilogramm bis weniger als zehn Tonnen Rohgutdurchsatz je Stunde, ausgenommen Anlagen zum kontinuierlichen Verzinken, oder
b) durch Flamm- oder Lichtbogenspritzen mit einem Durchsatz an Blei, Zinn, Zink, Nickel, Kobalt oder ihren Legierungen von 50 Kilogramm oder mehr je Stunde	b) durch Flamm- oder Lichtbogenspritzen mit einem Durchsatz an Blei, Zinn, Zink, Nickel, Kobalt oder ihren Legierungen von zwei Kilogramm bis weniger als 50 Kilogramm je Stunde
3.10 —	Anlagen zur Oberflächenbehandlung von Metallen unter Verwendung von Fluß- oder Salpetersäure, ausgenommen Chromatieranlagen
3.11 Anlagen, die aus einem oder mehreren maschinell angetriebenen Hämmern bestehen, wenn die Schlagenergie eines Hammers 20 Kilojoule überschreitet; den Hämmern stehen Fallwerke gleich	Anlagen, die aus einem oder mehreren maschinell angetriebenen Hämmern bestehen, wenn die Schlagenergie eines Hammers 1 Kilojoule bis weniger als 20 Kilojoule beträgt, den Hämmern stehen Fallwerke gleich
3.13 Anlagen zur Sprengverformung oder zum Plattieren mit Sprengstoffen bei einem Einsatz von 10 Kilogramm Sprengstoff oder mehr je Schuß	—

Anhang

Spalte 1	Spalte 2
3.14 Anlagen zum Zerkleinern von Schrott durch Rotormühlen mit einer Nennleistung des Rotorantriebes von 500 Kilowatt oder mehr	Anlagen zum Zerkleinern von Schrott durch Rotormühlen mit einer Nennleistung des Rotorantriebes von 100 Kilowatt bis weniger als 500 Kilowatt
3.15 —	Anlagen zur Herstellung oder Reparatur von a) ... b) Behältern aus Blech mit einem Rauminhalt von fünf Kubikmetern oder mehr oder c) Containern von sieben Quadratmetern Grundfläche oder mehr
3.16 Anlagen zur Herstellung von warmgefertigten nahtlosen oder geschweißten Rohren aus Stahl	
3.18 Anlagen zur Herstellung oder Reparatur von Schiffskörpern oder -sektionen aus Metall mit einer Länge von 20 Metern oder mehr	
3.20 —	Anlagen zur Oberflächenbehandlung von Gegenständen aus Stahl, Blech oder Guß mit festen Strahlmitteln, die außerhalb geschlossener Räume betrieben werden, ausgenommen nicht begehbare Handstrahlkabinen
3.21 Anlagen zur Herstellung von Bleiakkumulatoren mit einer Leistung von 1500 Starterbatterien oder Industriebatteriezellen oder mehr je Tag	Anlagen zur Herstellung von Bleiakkumulatoren mit einer Leistung von weniger als 1500 Starterbatterien oder Industriebatteriezellen je Tag
3.22 —	Anlagen zur Herstellung von Metallpulver durch Stampfen

Anhang

Spalte 1	Spalte 2
3.23 Anlagen zur Herstellung von Aluminium-, Eisen- oder Magnesiumpulver oder -pasten oder von blei- oder nickelhaltigen Pulvern oder Pasten in einem anderen als dem in Nummer 3..22 genannten Verfahren	Anlagen zur Herstellung von Metallpulvern oder -pasten nach einem anderen als dem in Nummer 3.22 genannten Verfahren, ausgenommen Anlagen zur Herstellung von Edelmetallpulver

4. **Chemische Erzeugnisse, Arzneimittel, Mineralölraffination und Weiterverarbeitung**

4.1 Anlagen zur fabrikmäßigen Herstellung von Stoffen durch chemische Umwandlung, insbesondere —

  a) zur Herstellung von anorganischen Chemikalien wie Säuren, Basen, Salze,

  b) zur Herstellung von Metallen oder Nichtmetallen auf nassem Wege oder mit Hilfe elektrischer Energie,

  c) zur Herstellung von Korund oder Karbid,

  d) zur Herstellung von Halogenen oder Halogenerzeugnissen oder von Schwefel oder Schwefelerzeugnissen,

  e) zur Herstellung von phosphor- oder stickstoffhaltigen Düngemitteln,

  f) zur Herstellung von unter Druck gelöstem Acetylen (Dissousgasfabriken),

  g) zur Herstellung von organischen Chemikalien oder Lösungsmitteln wie Alkohole, Aldehyde, Ketone, Säuren, Ester Acetate, Äther,

Anhang

Spalte 1	Spalte 2

h) zur Herstellung von Kunststoffen oder Chemiefasern,

i) zur Herstellung von Cellulosenitraten,

k) zur Herstellung von Kunstharzen,

l) zur Herstellung von Kohlenwasserstoffen,

m) zur Herstellung von synthetischem Kautschuk,

n) —   Anlagen zur fabrikmäßigen Herstellung von Stoffen durch chemische Umwandlung zum Regenerieren von Gummi oder Gummimischprodukten unter Verwendung von Chemikalien

o) zur Herstellung von Teerfarben oder Teerfarbenzwischenprodukten,

p) zur Herstellung von Seifen oder Waschmitteln;

hierzu gehören nicht Anlagen zur Erzeugung oder Spaltung von Kernbrennstoffen oder zur Aufarbeitung bestrahlter Kernbrennstoffe

4.2 Anlagen, in denen Pflanzenschutz- oder Schädlingsbekämpfungsmittel oder ihre Wirkstoffe gemahlen oder maschinell gemischt, abgepackt oder umgefüllt werden, soweit Stoffe gehandhabt werden, bei denen die Voraussetzungen des § 1

Anlagen, in denen Pflanzenschutz- oder Schädlingsbekämpfungsmittel oder ihre Wirkstoffe gemahlen oder maschinell gemischt, abgepackt oder umgefüllt werden, soweit keine Stoffe gehandhabt wer-

Anhang

Spalte 1	Spalte 2
der Störfall-Verordnung vorliegen, auch soweit den Umständen nach zu erwarten ist, daß die Anlagen weniger als während der zwölf Monate, die auf die Inbetriebnahme folgen, an demselben Ort betrieben werden	den, bei denen die Voraussetzungen des § 1 der Störfall-Verordnung vorliegen
4.3 —	Anlagen zur fabrikmäßigen Herstellung von Arzneimitteln oder Arzneimittelzwischenprodukten, soweit a) Pflanzen, Pflanzenteile oder Pflanzenbestandteile extrahiert, destilliert oder auf ähnliche Weise behandelt werden, ausgenommen Extraktionsanlagen mit Ethanol ohne Erwärmen b) Tierkörper, auch lebender Tiere, sowie Körperteile, Körperbestandteile und Stoffwechselprodukte von Tieren eingesetzt werden oder c) Mikroorganismen sowie deren Bestandteile oder Stoffwechselprodukte verwendet werden, ausgenommen Anlagen, die ausschließlich der Herstellung der Darreichungsform dienen
4.4 Anlagen zur Destillation oder Raffination oder sonstigen Weiterverarbeitung von Erdöl oder Erdölerzeugnissen in Mineralöl-, Altöl- oder Schmierstoffraffinerien, in petrochemischen Werken oder bei der Gewinnung von Paraffin	—
4.5 Anlagen zur Herstellung von Schmierstoffen, wie Schmieröle, Schmierfette, Metallbearbeitungsöle	—

Anhang

Spalte 1	Spalte 2
4.6 Anlagen zur Herstellung von Ruß	—
4.7 Anlagen zur Herstellung von Kohlenstoff (Hartbrandkohle) oder Elektrographit durch Brennen, zum Beispiel für Elektroden, Stromabnehmer oder Apparateteteile	—
4.8 Anlagen zur Aufarbeitung von organischen Lösungsmitteln durch Destillieren mit einer Leistung von 3 Tonnen oder mehr je Stunde	Anlagen zur Aufarbeitung von organischen Lösungsmitteln durch Destillieren mit einer Leistung von 1 Tonne bis weniger als 3 Tonnen je Stunde
4.9 —	Anlagen zum Erschmelzen von Naturharzen oder Kunstharzen mit einer Leistung von 1 Tonne oder mehr je Tag
4.10 —	Anlagen zur Herstellung von Anstrich- oder Beschichtungsstoffen (Lasuren, Firnis, Lacke, Dispersionsfarben) oder von Druckfarben mit einer Leistung von 10 Tonnen oder mehr je Tag

5. Oberflächenbehandlung mit organischen Stoffen, Herstellung von bahnenförmigen Materialien aus Kunststoffen, sonstige Verarbeitung von Harzen und Kunststoffen

5.1 Anlagen zum Beschichten, Lackieren, Kaschieren, Imprägnieren oder Tränken von Gegenständen, Glas- oder Mineralfasern oder bahnen- oder tafelförmigen Materialien einschließlich der zugehörigen Trocknungsanlagen mit	Anlagen zum Beschichten, Lackieren, Kaschieren, Imprägnieren oder Tränken von Gegenständen, Glas- oder Mineralfasern oder bahnen- oder tafelförmigen Materialien einschließlich der zugehörigen Trocknungsanlagen mit
a) Lacken, die organische Lösungsmittel enthalten und von diesen 250 Kilogramm oder mehr je Stunde eingesetzt werden,	a) Lacken, die organische Lösungsmittel enthalten und von diesen 25 Kilogramm bis weniger als 250 Kilogramm je Stunde eingesetzt werden,

Anhang

Spalte 1	Spalte 2
b) Kunstharzen, die unter weitgehender Selbstvernetzung ausreagieren (Reaktionsharze), wie Melamin-, Harnstoff-, Phenol-, Epoxid-, Furan-, Kresol-, Resorcin- oder Polyesterharzen, sofern die Menge dieser Harze 25 Kilogramm oder mehr je Stunde beträgt, oder	b) Kunstharzen, die unter weitgehender Selbstvernetzung ausreagieren (Reaktionsharze), wie Melamin-I, Harnstoff-, Phenol-, Epoxid-, Furan-, Kresol-, Resorcin- oder Polyesterharzen, sofern die Menge dieser Harze 10 Kilogramm bis weniger als 25 Kilogramm je Stunde beträgt, oder
c) Kunststoffen oder Gummi unter Einsatz von 250 Kilogramm organischen Lösungsmitteln oder mehr je Stunde,	c) Kunststoffen oder Gummi unter Einsatz von 25 Kilogramm bis weniger als 250 Kilogramm organischen Lösungsmitteln oder mehr je Stunde,
ausgenommen Anlagen für den Einsatz von Pulverlacken oder Pulverbeschichtungsstoffen	ausgenommen Anlagen für den Einsatz von Pulverlacken oder Pulverbeschichtungsstoffen

5.2 Anlagen zum Bedrucken von bahnen- oder tafelförmigen Materialien mit Rotationsdruckmaschinen einschließlich der zugehörigen Trocknungsanlagen, soweit die Farben oder Lacke

Anlagen zum Bedrucken von bahnen- oder tafelförmigen Materialien mit Rotationsdruckmaschinen einschließlich der zugehörigen Trocknungsanlagen, soweit die Farben oder Lacke

a) organische Lösungsmittel mit einem Anteil von mehr als 50 Gew.-% an Ethanol enthalten und insgesamt 500 Kilogramm je Stunde oder mehr organische Lösungsmittel eingesetzt werden oder	a) organische Lösungsmittel mit einem Anteil von mehr als 50 Gew.-% an Ethanol enthalten und insgesamt 50 Kilogramm bis weniger als 500 Kilogramm je Stunde organische Lösungsmittel eingesetzt werden oder
b) sonstige organische Lösungsmittel enthalten und von diesen 250 Kilogramm je Stunde oder mehr eingesetzt werden, ausgenommen Anlagen, in denen hochsiedende Öle als Lö-	b) sonstige organische Lösungsmittel enthalten und von diesen 25 Kilogramm bis weniger als 250 Kilogramm je Stunde eingesetzt werden, ausgenommen Anlagen, in denen hoch-

Anhang

Spalte 1	Spalte 2
sungsmittel ohne Wärmebehandlung eingesetzt werden.	siedende Öle als Lösungsmittel ohne Wärmebehandlung eingesetzt werden
5.4 —	Anlagen zum Tränken oder Überziehen von Stoffen oder Gegenständen mit Teer, Teeröl oder heißem Bitumen, ausgenommen Anlagen zum Tränken oder Überziehen von Kabeln mit heißen Bitumen
5.5 —	Anlagen zum Isolieren von Drähten unter Verwendung von Phenol- oder Kresolharzen
5.6 —	Anlagen zur Herstellung von bahnenförmigen Materialien auf Streichmaschinen einschließlich der zugehörigen Trocknungsanlagen unter Verwendung von Gemischen aus Kunststoffen und Weichmachern oder von Gemischen aus sonstigen Stoffen und oxidiertem Leinöl
5.7 —	Anlagen zur Verarbeitung von flüssigen ungesättigten Polyesterharzen mit Styrol-Zusatz oder flüssigen Epoxidharzen mit Aminen zu a) Formmassen (zum Beispiel Harzmatten oder Faser-Formmassen) oder b) Formteilen oder Fertigerzeugnissen, soweit keine geschlossenen Werkzeuge (Formen) verwendet werden, für einen Harzverbrauch von 500 Kilogramm oder mehr je Woche

Anhang

	Spalte 1	Spalte 2
5.8	—	Anlagen zur Herstellung von Gegenständen unter Verwendung von Amino- oder Phenoplasten, wie Furan-, Harnstoff-, Phenol-, Resorcin- oder Xylolharzen mittels Wärmebehandlung, soweit die Menge der Ausgangsstoffe 10 Kilogramm oder mehr je Stunde beträgt
5.9	—	Anlagen zur Herstellung von Reibbelägen unter Verwendung von Phenoplasten oder sonstigen Kunstharzbindemitteln, soweit kein Asbest eingesetzt wird
5.10	—	Anlagen zur Herstellung von künstlichen Schleifscheiben, -körpern, -papieren oder -geweben unter Verwendung organischer Binde- oder Lösungsmittel
5.11	—	Anlagen zur Herstellung von Polyurethanformteilen, Bauteilen unter Verwendung von Polyurethan, Polyurethanblöcken in Kastenformen oder zum Ausschäumen von Hohlräumen mit Polyurethan, soweit die Menge der Polyurethan-Ausgangsstoffe 200 Kilogramm oder mehr je Stunde beträgt, ausgenommen Anlagen zum Einsatz von thermoplastischem Polyurethangranulat
6.	**Holz, Zellstoff**	
6.1	Anlagen zur Gewinnung von Zellstoff aus Holz, Stroh oder ähnlichen Faserstoffen	—

Anhang

Spalte 1	Spalte 2
6.2 —	Anlagen, die aus einer oder mehreren Maschinen zur fabrikmäßigen Herstellung von Papier und Pappe bestehen, soweit die Bahnlänge des Papiers oder der Pappe bei einer Maschine 75 Meter oder mehr beträgt
6.3 Anlagen zur Herstellung von Holzfaserplatten, Holzspanplatten oder Holzfasermatten	—
6.4 —	Anlagen zur Herstellung von Wellpappe

7. **Nahrungs-, Genuß und Futtermittel, landwirtschaftliche Erzeugnisse**

7.1 Anlagen zum Halten oder zur Aufzucht von Geflügel oder zum Halten von Schweinen mit

    a) 7 000 Hennenplätzen,
    b) 14 000 Junghennenplätzen,
    c) 14 000 Mastgeflügelplätzen,
    d) 7 000 Truthühnermastplätzen,
    e) 700 Mastschweineplätzen oder
    f) 250 Sauenplätzen

oder mehr; bei gemischten Beständen werden die Vom-Hundert-Anteile, bis zu denen die vorgenannten Platzzahlen jeweils ausgeschöpft werden, addiert; erreicht die Summe der Vom-Hundert-Anteile einen Wert von 100, ist ein Genehmigungsverfahren durchzuführen

Anhang

Spalte 1	Spalte 2
7.2 Anlagen zum Schlachten von a) 5 000 Kilogramm oder mehr Lebendgewicht Geflügel oder b) 40 000 Kilogramm oder mehr Lebendgewicht sonstiger Tiere je Woche	Anlagen zum Schlachten von a) 500 bis weniger als 5 000 Kilogramm Lebendgewicht Geflügel oder b) 8 000 bis weniger als 40 000 Kilogramm Lebendgewicht sonstiger Tiere je Woche
7.3 Anlagen zum Schmelzen von tierischen Fetten mit Ausnahme der Anlagen zur Verarbeitung von selbstgewonnenen tierischen Fetten zu Speisefetten in Fleischereien mit einer Leistung bis zu 200 Kilogramm Speisefett je Woche	—
7.4 Anlagen zur fabrikmäßigen Herstellung von Tierfutter durch Erwärmen der Bestandteile tierischer Herkunft	Anlagen zur Verarbeitung von Kartoffeln, Gemüse, Fleisch oder Fisch für die menschliche Ernährung, soweit 1 Tonne dieser Nahrungsmittel je Tag oder mehr durch Erwärmen verarbeitet wird, ausgenommen — Anlagen zum Sterilisieren oder Pasteurisieren dieser Nahrungsmittel in geschlossenen Behältnissen und — Küchen von Gaststätten, Kantinen, Krankenhäusern und ähnlichen Einrichtungen

Anhang

	Spalte 1	Spalte 2
7.5	—	Anlagen zum Räuchern von Fleisch- oder Fischwaren, ausgenommen
		— Anlagen in Gaststätten und
		— Räuchereien mit einer Räucherleistung von weniger als 1 000 Kilogramm Fleisch- oder Fischwaren je Woche
7.6	—	Anlagen zum Reinigen oder zum Entschleimen von tierischen Därmen und Mägen, ausgenommen Anlagen, in denen weniger Därme oder Mägen je Tag behandelt werden als beim Schlachten von weniger als 4 000 Kilogramm sonstiger Tiere nach Nummer 7.2 Spalte 2 Buchstabe b anfallen
7.7	—	Anlagen zur Zubereitung oder Verarbeitung von Kälbermägen zur Labgewinnung, ausgenommen Anlagen, in denen weniger Kälbermägen je Tag eingesetzt werden als beim Schlachten von weniger als 4 000 Kilogramm Tiere nach Nummer 7.2 Spalte 2 Buchstabe b anfallen
7.8	Anlagen zur Herstellung von Gelatine, Hautleim, Lederleim oder Knochenleim	—
7.9	Anlagen zur Herstellung von Futter- oder Düngemitteln oder technischen Fetten aus den Schlachtnebenprodukten Knochen, Tierhaare, Federn, Hörner, Klauen oder Blut	—

Anhang

Spalte 1	Spalte 2
7.10 Anlagen zum Lagern oder Aufarbeiten unbehandelter Tierhaare mit Ausnahme von Wolle, ausgenommen Anlagen für selbstgewonnene Tierhaare in Anlagen, die nicht durch Nummer 7.2 erfaßt werden	—
7.11 Anlagen zum Lagern unbehandelter Knochen, ausgenommen Anlagen für selbstgewonnene Knochen — in Fleischereien, in denen je Woche weniger als 4 000 Kilogramm Fleisch verarbeitet werden, und — Anlagen, die nicht durch Nummer 7.2 erfaßt werden	—
7.12 Anlagen zur Tierkörperbeseitigung sowie Anlagen, in denen Tierkörperteile oder Erzeugnisse tierischer Herkunft zur Beseitigung in Tierkörperbeseitigungsanlagen gesammelt oder gelagert werden	—
7.13 —	Anlagen zum Trocknen, Einsalzen, Lagern oder Enthaaren ungegerbter Tierhäute oder Tierfelle, ausgenommen Anlagen, in denen weniger Tierhäute oder Tierfelle je Tag behandelt werden als beim Schlachten von weniger als 4 000 Kilogramm sonstiger Tiere nach Nummer 7.2 Spalte 2 Buchstabe b anfallen
7.14 —	Anlagen zum Gerben einschließlich Nachgerben von Tierhäuten oder Tierfellen
7.15 Kottrocknungsanlagen	—

Anhang

Spalte 1	Spalte 2
7.16 Anlagen zur Herstellung von Fischmehl oder Fischöl	—
7.17 Anlagen zur Aufbereitung oder zur ungefaßten Lagerung von Fischmehl	Anlagen zum Umschlag oder zur Verarbeitung von ungefaßtem Fischmehl, soweit 200 Tonnen oder mehr je Tag bewegt oder verarbeitet werden können
7.18 Garnelendarren (Krabbendarren) oder Kochereien für Futterkrabben	—
7.19 —	Anlagen, in denen Sauerkraut hergestellt wird, soweit 10 Tonnen Kohl oder mehr je Tag verarbeitet werden
7.20 —	Malzdarren
7.21 Mühlen für Nahrungs- oder Futtermittel mit einer Produktionsleistung von 500 Tonnen je Tag oder mehr	Mühlen für Nahrungs- oder Futtermittel mit einer Produktionsleistung von 100 Tonnen bis weniger als 500 Tonnen je Tag
7.22 —	Anlagen zur Herstellung von Hefe oder Stärkemehlen, ausgenommen Anlagen, die ausschließlich Forschungszwecken dienen
7.23 Anlagen zum Extrahieren pflanzlicher Fette oder Öle, soweit die Menge des eingesetzten Extraktionsmittel seine Tonne oder mehr beträgt	—
7.24 Anlagen zur Herstellung oder Raffination von Zucker unter Verwendung von Zuckerrüben oder Rohzucker	—

Anhang

Spalte 1	Spalte 2
7.25 —	Anlagen zur Trocknung von Grünfutter, ausgenommen Anlagen zur Trocknung von selbstgewonnenem Grünfutter im landwirtschaftlichen Betrieb
7.26 —	Hopfen-Schwefeldarren
7.27 —	Melassebrennereien, Biertrebertrocknungsanlagen und Brauereien mit einem Ausstoß von 5 000 hl Bier oder mehr je Jahr
7.28 —	Anlagen zur Herstellung von Speisewürzen aus tierischen oder pflanzlichen Stoffen unter Verwendung von Säuren
7.29 —	Anlagen zum Rösten oder Mahlen von Kaffee oder Abpacken von gemahlenem Kaffee mit einer Leistung von jeweils 250 Kilogramm oder mehr je Stunde
7.30 —	Anlagen zum Rösten von Kaffee-Ersatzprodukten, Getreide, Kakaobohnen oder Nüssen mit einer Leistung von 75 Kilogramm oder mehr je Stunde
7.31 —	Anlagen zur a) Herstellung von Lakritz b) Herstellung von Kakaomasse aus Rohkakao oder c) thermischen Veredelung von Kakao- oder Schokoladenmasse
7.32 —	Anlagen zum Trocknen von Milch, Erzeugnissen aus Milch oder von Milchbestandteilen mit Sprühtrocknern

Anhang

Spalte 1	Spalte 2
7.33 —	Anlagen zum Befeuchten von Tabak unter Zuführung von Wärme oder Aromatisieren oder Trocknen von fermentiertem Tabak

8. Verwertung und Beseitigung von Reststoffen und Abfällen

	Spalte 1	Spalte 2
8.1	Anlagen zur teilweisen oder vollständigen Beseitigung von festen, flüssigen oder gasförmigen Stoffen oder Gegenständen durch Verbrennen; für Anlagen zur Beseitigung von Stoffen, die halogenierte Kohlenwasserstoffe enthalten, gilt das Genehmigungserfordernis auch, soweit den Umständen nach zu erwarten ist, daß sie weniger als während der zwölf Monate, die auf die Inbetriebnahme folgen, an demselben Ort betrieben werden	—
8.2	Anlagen zur thermischen Zersetzung brennbarer fester oder flüssiger Stoffe unter Sauerstoffmangel (Pyrolyseanlagen)	—
8.3	Anlagen zur Rückgewinnung von einzelnen Bestandteilen aus festen Stoffen durch Verbrennen	Anlagen zur thermischen Behandlung a) edelmetallhaltiger Rückstände einschließlich der Präparation, soweit die Menge der Ausgangsstoffe 10 Kilogramm oder mehr pro Tag beträgt, oder b) von mit organischen Verbindungen verunreinigten Metallen, wie z.B. Walzzunder, Aluminiumspäne

Anhang

Spalte 1	Spalte 2
8.4 Anlagen, in denen feste, flüssige oder gasförmige Abfälle, auf die die Vorschriften des Abfallgesetzes Anwendung finden, aufbereitet werden, mit einer Leistung von 10 Tonnen oder mehr je Stunde, ausgenommen Anlagen, in denen Stoffe aus in Haushaltungen anfallenden oder aus gleichartigen Abfällen durch Sortieren für den Wirtschaftskreislauf zurückgewonnen werden	Anlagen, in denen a) feste, flüssige oder gasförmige Abfälle, auf die die Vorschriften des Abfallgesetzes Anwendung finden, aufbereitet werden, mit einer Leistung von 1 Tonne bis weniger als 10 Tonnen je Stunde oder b) Stoffe aus in Haushaltungen anfallenden oder gleichartigen Abfällen durch Sortieren für den Wirtschaftskreislauf zurückgewonnen werden, mit einer Leistung von 1 Tonne oder mehr je Stunde
8.5 Anlagen zur Kompostierung mit einer Durchsatzleistung von mehr als 10 Tonnen je Stunde (Kompostwerke)	Anlagen zur Kompostierung mit einer Durchsatzleistung von 0,75 Tonnen bis weniger als 10 Tonnen je Stunde
8.6 Anlagen zur chemischen Aufbereitung von cyanidhaltigen Konzentraten, Nitriten, Nitraten oder Säuren, soweit hierdurch eine Verwertung als Reststoff oder eine Entsorgung als Abfall ermöglicht werden soll; Nummer 4.1 bleibt unberührt	—
8.7 Anlagen zur Behandlung von verunreinigtem Boden, der nicht ausschließlich am Standort der Anlage entnommen wird	Anlagen zur Behandlung von verunreinigtem Boden, der ausschließlich am Standort der Anlage entnommen wird
8.8 Anlagen zur chemischen Behandlung von Abfällen	—
8.9 —	Anlagen zur Lagerung oder Behandlung von Autowracks; Nummer 3.14 bleibt unberührt

Anhang

Spalte 1	Spalte 2

8.10 Abfallentsorgungsanlagen zur Lagerung oder Behandlung von Abfällen im Sinne des § 2 Abs. 2 des Abfallgesetzes —

8.11 — Abfallentsorgungsanlagen zur Lagerung oder Behandlung von Abfällen

9. **Lagerung, Be- und Entladen von Stoffen und Zubereitungen**

9.1 Anlagen, die der Lagerung von brennbaren Gasen in Behältern mit einem Fassungsvermögen von 30 Tonnen oder mehr dienen, ausgenommen Anlagen zum Lagern von brennbaren Gasen oder Erzeugnissen, die brennbare Gase z.B. als Treibmittel oder Brenngas enthalten, soweit es sich um Einzelbehältnisse mit einem Volumen von jeweils nicht mehr als 1 000 Kubikzentimeter handelt

a) Anlagen zur Lagerung von brennbaren Gasen oder Erzeugnissen, die brennbare Gase z.B. als Treibmittel oder Brenngas enthalten, soweit es sich um Einzelbehältnisse mit einem Volumen von jeweils nicht mehr als 1 000 Kubikzentimeter handelt, mit einer Lagermenge von insgesamt 30 Tonnen oder mehr,

b) sonstige Anlagen zur Lagerung von brennbaren Gasen in Behältern mit einem Fassungsvermögen von 3 Tonnen bis weniger als 30 Tonnen

9.2 Anlagen, die der Lagerung von Mineralöl, flüssigen Mineralölerzeugnissen oder Methanol aus anderen Stoffen In Behältern mit einem Fassungsvermögen von 50.000 Tonnen oder mehr dienen

Anlagen, die der Lagerung von

a) 5 000 Tonnen bis weniger als 50 000 Tonnen Mineralölerzeugnissen, die einen Flammpunkt unter 21° C haben und deren Siedepunkt bei Normaldruck (1013 mbar) über 20° C liegt,

b) von 5 000 Tonnen bis weniger als 50 000 Tonnen Methanol aus anderen Stoffen als Mineralöl oder

Anhang

Spalte 1	Spalte 2
	c) 10 000 Tonnen bis weniger als 50 000 Tonnen Mineralöl oder sonstiger flüssiger Mineralölerzeugnisse
	in Behältern dienen
9.3 Anlagen, die der Lagerung von 200 Tonnen oder mehr Acrylnitril dienen	Anlagen, die der Lagerung von 20 Tonnen bis weniger als 200 Tonnen Acrylnitril dienen
9.4 Anlagen, die der Lagerung von 75 oder mehr Tonnen Chlor dienen	Anlagen, die der Lagerung von 10 Tonnen bis weniger als 75 Tonnen Chlor dienen
9.5 Anlagen, die der Lagerung von 250 Tonnen oder mehr Schwefeldioxid dienen	Anlagen, die der Lagerung von 20 Tonnen bis weniger als 250 Tonnen Schwefeldioxid dienen
9.6 Anlagen, die der Lagerung von 2000 Tonnen oder mehr flüssigen Sauerstoffs dienen	Anlagen, die der Lagerung von 200 Tonnen bis weniger als 2 000 Tonnen flüssigen Sauerstoffs dienen
9.7 Anlagen, die der Lagerung von 500 Tonnen oder mehr Ammoniumnitrat oder ammoniumnitrathaltiger Zubereitungen der Gruppe A nach Anhang IV Nr. 2 der Gefahrstoffverordnung vom 26. August 1986 (BGBl. I S. 1470), zuletzt geändert durch die Zweite Verordnung zur Änderung der Gefahrstoffverordnung vom 23. April 1990 (BGBl. I S. 790), dienen	Anlagen, die der Lagerung von 25 Tonnen bis weniger als 500 Tonnen Ammoniumnitrat oder ammoniumnitrathaltiger Zubereitungen der Gruppe A nach Anhang IV Nr. 2 der Gefahrstoffverordnung vom 26. August 1986 (BGBl. I S. 1470), zuletzt geändert durch die Zweite Verordnung zur Änderung der Gefahrstoffverordnung vom 23. April 1990 (BGBl. I S. 790), dienen
9.8 Anlagen, die der Lagerung von 100 Tonnen oder mehr Alkalichlorat dienen	Anlagen, die der Lagerung von 5 Tonnen bis weniger als 100 Tonnen Alkalichlorat dienen
9.9 Anlagen, die der Lagerung von 100 Tonnen oder mehr Pflanzenschutz- oder Schädlingsbekämpfungsmitteln oder ihrer Wirkstoffe dienen	Anlagen, die der Lagerung von 5 Tonnen bis weniger als 100 Tonnen Pflanzenschutz- oder Schädlingsbe-

Anhang

Spalte 1	Spalte 2
	kämpfungsmitteln oder ihrer Wirkstoffe dienen
9.10 Anlagen zum Umschlagen von festen Abfällen im Sinne von § 1 Abs. 1 des Abfallgesetzes mit einer Leistung von 100 Tonnen oder mehr je Tag, ausgenommen Anlagen zum Umschlagen von Erdaushub oder von Gestein, das bei der Gewinnung oder Aufbereitung von Bodenschätzen anfällt	—
9.11 —	Offene oder unvollständig geschlossene Anlagen zum Be- oder Entladen von Schüttgütern, die im trockenen Zustand stauben können, durch Kippen von Wagen oder Behältern oder unter Verwendung von Baggern, Schaufelladegeräten, Greifern, Saughebern oder ähnlichen Einrichtungen, soweit 200 Tonnen Schüttgüter oder mehr je Tag bewegt werden können, ausgenommen Anlagen zum Be- oder Entladen von Erdaushub oder von Gestein, das bei der Gewinnung oder Aufbereitung von Bodenschätzen anfällt; für nur saisonal genutzte Getreideannahmestellen tritt die Genehmigungspflicht erst bei einer Umschlagsleistung von 400 Tonnen oder mehr je Tag ein
9.12 Anlagen, die der Lagerung von 100 Tonnen oder mehr Schwefeltrioxid dienen	Anlagen, die der Lagerung von 15 Tonnen bis weniger als 100 Tonnen Schwefeltrioxid dienen
9.13 Anlagen, die der Lagerung von 2 500 Tonnen oder mehr ammoniumnitrathaltiger Zubereitungen der Gruppe B nach Anhang IV Nr.	Anlagen, die der Lagerung von 100 Tonnen bis weniger als 2 500 Tonnen ammoniumnitrathaltiger Zubereitungen der Gruppe B nach An-

Anhang

Spalte 1	Spalte 2
2 der Gefahrstoffverordnung dienen	hang IV Nr. 2 der Gefahrstoffverordnung dienen
9.14 Anlagen, die der Lagerung von 30 Tonnen oder mehr Ammoniak dienen	Anlagen, die der Lagerung von 3 Tonnen bis weniger als 30 Tonnen Ammoniak dienen
9.15 Anlagen, die der Lagerung von 0,75 Tonnen oder mehr Phosgen dienen	Anlagen, die der Lagerung von 0,075 Tonnen bis weniger als 0,75 Tonnen Phosgen dienen
9.16 Anlagen, die der Lagerung von 50 Tonnen oder mehr Schwefelwasserstoff dienen	Anlagen, die der Lagerung von 5 Tonnen bis weniger als 50 Tonnen Schwefelwasserstoff dienen
9.17 Anlagen, die der Lagerung von 50 Tonnen oder mehr Fluorwasserstoff dienen	Anlagen, die der Lagerung von 5 Tonnen bis weniger als 50 Tonnen Fluorwasserstoff dienen
9.18 Anlagen, die der Lagerung von 20 Tonnen oder mehr Cyanwasserstoff dienen	Anlagen, die der Lagerung von 5 Tonnen bis weniger als 20 Tonnen Cyanwasserstoff dienen
9.19 Anlagen, die der Lagerung von 200 Tonnen oder mehr Schwefelkohlenstoff dienen	Anlagen, die der Lagerung von 20 Tonnen bis weniger als 200 Tonnen Schwefelkohlenstoff dienen
9.20 Anlagen, die der Lagerung von 200 Tonnen oder mehr Brom dienen	Anlagen, die der Lagerung von 20 Tonnen bis weniger als 200 Tonnen Brom dienen
9.21 Anlagen, die der Lagerung von 50 Tonnen oder mehr Acetylen dienen	Anlagen, die der Lagerung von 5 Tonnen bis weniger als 50 Tonnen Acetylen (Ethin) dienen
9.22 Anlagen, die der Lagerung von 30 Tonnen oder mehr Wasserstoff dienen	Anlagen, die der Lagerung von 3 Tonnen bis weniger als 30 Tonnen Wasserstoff dienen
9.23 Anlagen, die der Lagerung von 50 Tonnen oder mehr Ethylenoxid dienen	Anlagen, die der Lagerung von 5 Tonnen bis weniger als 50 Tonnen Ethylenoxid dienen

Anhang

Spalte 1	Spalte 2
9.24 Anlagen, die der Lagerung von 50 Tonnen oder mehr Propylenoxid dienen	Anlagen, die der Lagerung von 5 Tonnen bis weniger als 50 Tonnen Propylenoxid dienen
9.25 Anlagen, die der Lagerung von 200 Tonnen oder mehr Acrolein dienen	Anlagen, die der Lagerung von 20 Tonnen bis weniger als 200 Tonnen Acrolein dienen
9.26 Anlagen, die der Lagerung von 50 Tonnen oder mehr Formaldehyd oder Paraformaldehyd (Konzentration $\geq$ 90 %) dienen	Anlagen, die der Lagerung von 5 Tonnen bis weniger als 50 Tonnen Formaldehyd oder Paraformaldehyd (Konzentration $\geq$ 90 % dienen)
9.27 Anlagen, die der Lagerung von 200 Tonnen oder mehr Brommethan dienen	Anlagen, die der Lagerung von 20 Tonnen bis weniger als 200 Tonnen Brommethan dienen
9.28 Anlagen, die der Lagerung von 0,15 Tonnen oder mehr Methylisocyanat dienen	Anlagen, die der Lagerung von 0,015 Tonnen bis weniger als 0,15 Tonnen Methylisocyanat dienen
9.29 Anlagen, die der Lagerung von 50 Tonnen oder mehr Tetraethylblei oder Tetramethylblei dienen	Anlagen, die der Lagerung von 5 Tonnen bis weniger als 50 Tonnen Tetraethylblei oder Tetramethylblei dienen
9.30 Anlagen, die der Lagerung von 50 Tonnen oder mehr 1,2-Dibromethan dienen	Anlagen, die der Lagerung von 5 Tonnen bis weniger als 50 Tonnen 1,2-Dibromethan dienen
9.31 Anlagen, die der Lagerung von 200 Tonnen oder mehr Chlorwasserstoff (verflüssigtes Gas) dienen	Anlagen, die der Lagerung von 20 Tonnen bis weniger als 200 Tonnen Chlorwasserstoff (verflüssigtes Gas) dienen
9.32 Anlagen, die der Lagerung von 200 Tonnen oder mehr Diphenylmethandiisocyanat (MDI) dienen	Anlagen, die der Lagerung von 20 Tonnen bis weniger als 200 Tonnen Diphenylmethandiisocyanat dienen

Anhang

Spalte 1	Spalte 2
9.33 Anlagen, die der Lagerung von 100 Tonnen oder mehr Toluylendiisocyanat (TDI) dienen	Anlagen, die der Lagerung von 10 Tonnen bis weniger als 100 Tonnen Toluylendiisocyanat dienen
9.34 Anlagen, die der Lagerung von 20 Tonnen oder mehr sehr giftiger Stoffe und Zubereitungen dienen	Anlagen, die der Lagerung von 2 Tonnen bis weniger als 20 Tonnen sehr giftiger Stoffe und Zubereitungen dienen
9.35 Anlagen, die der Lagerung von 200 Tonnen oder mehr von sehr giftigen, giftigen, brandfördernden oder explosionsgefährlichen Stoffen oder Zubereitungen dienen	Anlagen, die der Lagerung von 10 Tonnen bis weniger als 200 Tonnen von sehr giftigen, giftigen, brandfördernden oder explosionsgefährlichen Stoffen oder Zubereitungen dienen
9.36 —	Anlagen zur Lagerung von Gülle mit einem Fassungsvermögen von 2 500 Kubikmetern oder mehr

10. **Sonstiges**

10.1 Anlagen zur Herstellung, Bearbeitung, Verarbeitung, Wiedergewinnung oder Vernichtung von explosionsgefährlichen oder explosionsfähigen Stoffen im Sinne des Sprengstoffgesetzes, die zur Verwendung als Sprengstoffe, Zündstoffe, Treibstoffe, pyrotechnische Sätze oder zur Herstellung dieser Stoffe bestimmt sind; hierzu gehören auch die Anlagen zum Laden, Entladen oder Delaborieren von Munition oder sonstigen Sprengkörpern, ausgenommen Anlagen zur Herstellung von Zündhölzern und ortsbewegliche Mischladegeräte — —

Anhang

Spalte 1	Spalte 2
10.2 Anlagen zur Herstellung von Zellhorn	—
10.3 Anlagen zur Herstellung von Zusatzstoffen zu Lacken oder Druckfarben auf der Basis von Cellulosenitrat, dessen Stickstoffgehalt bis zu 12,6 vom Hundert beträgt	—
10.4 —	Anlagen zum Schmelzen oder Destillieren von Naturasphalt
10.5 —	Pechsiedereien
10.6 —	Anlagen zur Reinigung oder zum Aufbereiten von Sulfatterpentinöl oder Tallöl
10.7 —	Anlagen zum Vulkanisieren von Natur- oder Synthesekautschuk unter Verwendung von Schwefel oder Schwefelverbindungen, ausgenommen Anlagen, in denen — weniger als 50 Kilogramm Kautschuk je Stunde verarbeitet werden oder — ausschließlich vorvulkanisierter Kautschuk eingesetzt wird
10.8 —	Anlagen zur Herstellung von Bautenschutz-, Reinigungs- oder Holzschutzmitteln, soweit diese Produkte organische Lösemittel enthalten und von diesen eine Tonne je Stunde oder mehr eingesetzt werden; Anlagen zur Herstellung von Klebemitteln mit einer Leistung von einer Tonne oder mehr je Tag, ausgenommen Anlagen, in denen diese Mittel ausschließlich unter Verwendung von Wasser als Ver-

Anhang

	Spalte 1	Spalte 2
		dünnungsmittel hergestellt werden; Nummer 4.1 bleibt unberührt
10.9	—	Anlagen zur Herstellung von Holzschutzmitteln unter Verwendung von halogenierten aromatischen Kohlenwasserstoffen; Nummer 4.1 bleibt unberührt
10.10	—	Anlagen zum Färben von Flocken, Garnen oder Geweben unter Verwendung von Färbebeschleunigern einschließlich der Spannrahmenanlagen, wenn die Färbekapazität täglich 1 Tonne Flocken, Garne oder Gewebe übersteigt, ausgenommen Anlagen, die unter erhöhtem Druck betrieben werden
10.11	—	Anlagen zum Bleichen von Garnen oder Geweben unter Verwendung von alkalischen Stoffen, Chlor oder Chlorverbindungen
10.15	—	Prüfstände für oder mit Verbrennungsmotoren oder Gasturbinen mit einer Leistung von 300 Kilowatt oder mehr
10.16	—	Prüfstände für oder mit Luftschrauben, Rückstoßantrieben oder Strahltriebwerken
10.17	—	Anlagen, die an fünf Tagen oder mehr je Jahr der Übung oder Ausübung des Motorsports dienen, ausgenommen Modellsportanlagen
10.18	—	Schießstände für Handfeuerwaffen, ausgenommen solche in geschlossenen Räumen, und Schließplätze

Anhang

Spalte 1	Spalte 2
10.19 —	Anlagen zur Luftverflüssigung mit einem Durchsatz von 25 Tonnen Luft je Stunde oder mehr
10.20 —	Anlagen zur Reinigung von Werkzeugen, Vorrichtungen oder sonstigen metallischen Gegenständen durch thermische Verfahren
10.21 —	Anlagen zur Innenreinigung von Eisenbahnkesselwagen, Straßentankfahrzeugen oder Tankcontainern sowie Anlagen zur automatischen Reinigung von Fässern einschließlich zugehöriger Aufarbeitungsanlagen, soweit die Behälter von organischen Stoffen gereinigt werden, ausgenommen Anlagen, in denen Behälter ausschließlich von Nahrungs-, Genuß- oder Futtermitteln gereinigt werden
10.22 —	Begasungs- und Sterilisationsanlagen, soweit der Rauminhalt der Begasungs- oder Sterilisationskammer 1 Kubikmeter oder mehr beträgt und sehr giftige oder giftige Stoffe oder Zubereitungen eingesetzt werden
10.23 —	Anlagen zur Textilveredlung durch Sengen, Thermofixieren, Thermosolieren, Beschichten, Imprägnieren oder Appretieren, einschließlich der zugehörigen Trocknungsanlagen, ausgenommen Anlagen, in denen weniger als 500 Quadratmeter Textilien je Stunde behandelt werden
10.24 —	Krematorien
10.25 Kälteanlagen mit einem Gesamtinhalt an Kältemittel von 30 Tonnen Ammoniak oder mehr	Kälteanlagen mit einem Gesamtinhalt an Kältemittel von 3 bis weniger als 30 Tonnen Ammoniak